Beck'sche Reihe
BsR 441

W0056672

Lange Zeit wurden die tödlichen Auswirkungen radioaktiver Niedrigstrahlung unterschätzt. Die wissenschaftliche Lehrmeinung, die sich vor allem auf die Erfahrungen mit den Strahlenopfern von Hiroshima und Nagasaki stützte, war – und ist vielfach noch: je geringer die Strahlenbelastung, desto geringer das Risiko, lebensbedrohende Gesundheitsschäden davonzutragen. Diese Lehrmeinung wird in *Tödliche Täuschung Radioaktivität* gründlich in Frage gestellt. Bei der Auswertung umfangreichen Datenmaterials von Gesundheitsbehörden und aus Sterberegistern haben die Autoren festgestellt, daß nach jeder Freisetzung von Radioaktivität überdurchschnittlich viele Todesfälle zu verzeichnen waren – besonders bei Säuglingen und kleinen Kindern und bei Menschen mit Immunschwächekrankheiten. Aus der Fülle der vorgetragenen Fakten geht hervor: Einen Grenzwert, jenseits dessen die radioaktive Strahlenbelastung unbedenklich sei, gibt es nicht. Auch wenn viele Einzelfragen noch der Klärung bedürfen, kann für die menschengemachte Radioaktivität keine Unbedenklichkeitserklärung abgegeben werden. Diese Erkenntnis trifft ins Mark der Nuklearindustrie. *Tödliche Täuschung Radioaktivität* ist darum zugleich auch ein streitbares Buch.

Dr. Jay M. Gould, Autor mehrerer Bücher, war Mitglied des wissenschaftlichen Beirats des US-Umweltbundesamtes. Er beteiligte sich an der Firma *Public Data Access Inc.*, die vor allem auch umweltrelevante Daten zugänglich machte, und gehört zu den Mitbegründern des Projekts *Strahlung und öffentliche Gesundheit*. – *Benjamin A. Goldman* ist mit einer Reihe von Publikationen hervorgetreten, darunter der *Gift- und Sterblichkeitsatlas von Amerika*.

JAY M. GOULD/BENJAMIN A. GOLDMAN
KATE MILLPOINTER

Tödliche Täuschung Radioaktivität

Niedrige Strahlung – Hohes Risiko

VERLAG C.H. BECK MÜNCHEN

Titel der amerikanischen Originalausgabe: Deadly Deceit
Low-Level Radiation, High-Level Cover-up
Copyright © Jay M. Gould
Verlag Four Walls Eight Windows, New York
Erste Auflage 1990 – Zweite, erweiterte Auflage 1991
Aus dem Amerikanischen übersetzt von Wolfgang Rhiel
Deutsche Ausgabe in autorisierter Neubearbeitung
Mit 63 Abbildungen und 10 Tabellen im Text

Die Deutsche Bibliothek – CIP-Einheitsaufnahme
Gould, Jay M.: Tödliche Täuschung Radioaktivität : niedrige Strah-
lung – hohes Risiko / Jay M. Gould ; Benjamin A. Goldman ; Kate
Millpointer. [Aus dem Amerikan. übers. von Wolfgang Rhiel].
– Dt. Orig.-Ausg. – München : Beck, 1992
  (Beck'sche Reihe ; 441)
  Einheitssacht.: Deadly deceit <dt.>
  ISBN 3-406-34033-4
NE: Goldman, Benjamin A.:; Millpointer, Kate:; GT

Deutsche Originalausgabe
ISBN 3 406 34033 4

Umschlaggestaltung: Uwe Göbel, München
© Für die deutsche Ausgabe: Verlag C. H. Beck, München, 1992
Gesamtherstellung: Presse-Druck- und Verlags-GmbH, Augsburg
Printed in Germany

Inhalt

Anhang II

Vorwort

Von Wolfgang Köhnlein

Seit der Entdeckung der ionisierenden Strahlung vor fast 100 Jahren hat sich die Anwendung dieser energiereichen Strahlung in einem ungeahnten Maß auf fast alle Bereiche der Forschung, Technik und natürlich auch der Medizin ausgedehnt. Immer mehr Menschen wurden in der Folgezeit während ihres Berufslebens ionisierender Strahlung ausgesetzt. In der Regel sind es niedrige Dosen, die über lange Zeiträume verteilt auf die Menschen einwirken. Die Strahlenbelastungen stammen von beabsichtigten und unbeabsichtigten Abgaben aus Kernkraftwerken, Wiederaufbereitungsanlagen und Nuklearwaffenfabriken, vom Fallout aus atmosphärischen und von Leckagen aus unterirdischen Kernwaffentests und Deponien mit radioaktivem Abfall. Hinzu kommen die massiven Freisetzungen von Radioaktivität bei Reaktorunfällen wie der Katastrophe von Tschernobyl.

So ist es in den zurückliegenden Jahrzehnten zu einer stetigen Erhöhung der Strahlenbelastung gekommen. Welche Auswirkungen diese anthropogene Strahlenbelastung auf die Gesundheit des Menschen hat, wird unglücklicherweise sehr verschieden bewertet. Die entsprechenden Risikoabschätzungen der nationalen und internationalen Strahlenschutzkommissionen liegen teilweise um Größenordnungen unter denen einzelner Wissenschaftler und Forschergruppen.

Auch tendieren die offiziellen Experten dazu, die Gefährdung durch kleine Strahlenbelastungen zu verharmlosen. In den Reihen des Kernenergie-Establishments gewinnt sogar die mehr als spekulative Theorie von den biopositiven Wirkungen niedriger Strahlendosen immer mehr Anhänger. Dagegen zeigen in jüngster Zeit Berichte über die Häufung von Leukämiefällen um Atomanlagen und erhöhte Krebssterblichkeit bei den Angestellten der Atomwaffenfabriken in den USA und Großbritannien die Gefährlichkeit von Strahlung selbst im damals zulässigen Dosisbereich. Aber auch hier fehlt es nicht an Gegenstimmen, die einen kausalen Zusammenhang verneinen.

In dem seit vielen Jahrzehnten andauernden wissenschaftlichen Streit um die Gefährlichkeit ionisierender Strahlung für die Menschen haben sich immer wieder warnende Stimmen zu Wort gemeldet und auf bis dato noch unerkannte Risiken und Zusammenhänge hingewiesen. Stellvertretend für viele sei hier nur das Lebenswerk von Alice Stewart erwähnt, die gegen zahlreiche Anfeindungen mit großer Ausdauer und Deutlichkeit auf die Gefährdung des Embryos durch röntgendiagnostische Untersuchungen an der Mutter aufmerksam gemacht und letztlich erreicht hat, daß diese ärztlichen Maßnahmen reduziert und eingestellt wurden.

Erwähnenswert sind auch die warnenden Stimmen der Nobelpreisträger Linus Pauling und Andrej Sacharow, die auf dem Höhepunkt des Kalten Krieges und in der Zeit der zahlreichen Atomwaffentests in der Atmosphäre auf die Langzeitfolgen des radioaktiven Fallouts hingewiesen haben. Damals ging das von den Strahlenexperten tradierte Wissen davon aus, daß niedrige Strahlendosen pro Dosiseinheit eine geringere Gefährlichkeit haben als höhere Strahlendosen pro Dosiseinheit.

Angesichts neuer Forschungsergebnisse über die mutationsauslösende und krebsinduzierende Wirkung der ionisierenden Strahlung haben die nationalen und internationalen Expertengremien wiederholt ihre Risikoabschätzung nach oben revidiert.

Doch haben die in den Atomwaffenprogrammen der USA und Großbritanniens eingebundenen Wissenschaftler und die für diese Programme verantwortlichen Politiker und Militärs immer unter der Sicherheit nicht so sehr die Zurückhaltung der Radioaktivität von der Biosphäre, sondern eher die Unterbindung des Informationsflusses an die Bürger verstanden. Wie aus den Annalen der Atomenergiekommission hervorgeht, haben militärpolitische Gründe sehr wesentlich die Festsetzung der maximal zulässigen Strahlenbelastungen beeinflußt.

Im Chor der frühen Warner vor den Gefahren der Radioaktivität hat auch Ernest Sternglass wiederholt seine Stimme erhoben. Seine epidemiologischen Studien über die Kindersterblichkeit in den USA in den Jahren der Fallout-Belastung sind von vielen Seiten stark kritisiert worden. So werden auch etliche Thesen der Autoren von „Tödliche Täuschung", die sich auf die Arbeiten von Sternglass stützen, von einer Reihe von Wissenschaftlern als höchst spekulativ bewertet werden – etwa die im vorliegenden Buch gezeigten Zusammenhänge von Erkrankungen beim Menschen mit Radioaktivitätsabgaben an die Umwelt und die Auswirkungen solcher Abgaben auf die Reproduktion in der Vogelwelt.

Sicher ist es noch zu früh für ein abschließendes Urteil, ob eine geringe Strahlenbelastung in der frühen Kindheit eine bleibende Schwächung des Immunsystems hervorgebracht haben kann. Denn unser derzeitiger Kenntnisstand über das Zusammenwirken strahleninduzierter Radikale mit wichtigen Zellstrukturen ist noch lückenhaft.

Sicher ist aber auch, daß ionisierende Strahlung – die natürliche wie die zivilisatorisch bedingte – der Gesundheit abträglich ist.

Ebenso sicher wurden und werden wichtige Informationen über Radioaktivitätsabgaben an die Umwelt der Öffentlichkeit nicht bekannt. Die Verschleierungspolitik der Atombehörden hat die Akzeptanz der Atomenergienutzung keinesfalls erhöht.

Die einerseits mit dem Menetekel von Hiroshima, Nagasaki, Windscale, Harrisburg und Tschernobyl belastete, aber andererseits die vielen hilfreichen Methoden in der Forschung, Technik und Medizin erst ermöglichende Technologie wird auch weiterhin den Widerstreit der Meinungen hervorrufen.

Nach der Lektüre dieses Buches werden beim kritischen Leser viele Fragen unbeantwortet bleiben. Vielleicht erkennt der Leser aber auch erst die bisher noch ungeklärten Probleme. Und das wäre gut! So könnte dieses Buch dazu beitragen, daß neue Anstrengungen zur Klärung der hier angesprochenen und vermuteten Zusammenhänge gemacht werden.

Münster, im Oktober 1991   *Wolfgang Köhnlein*

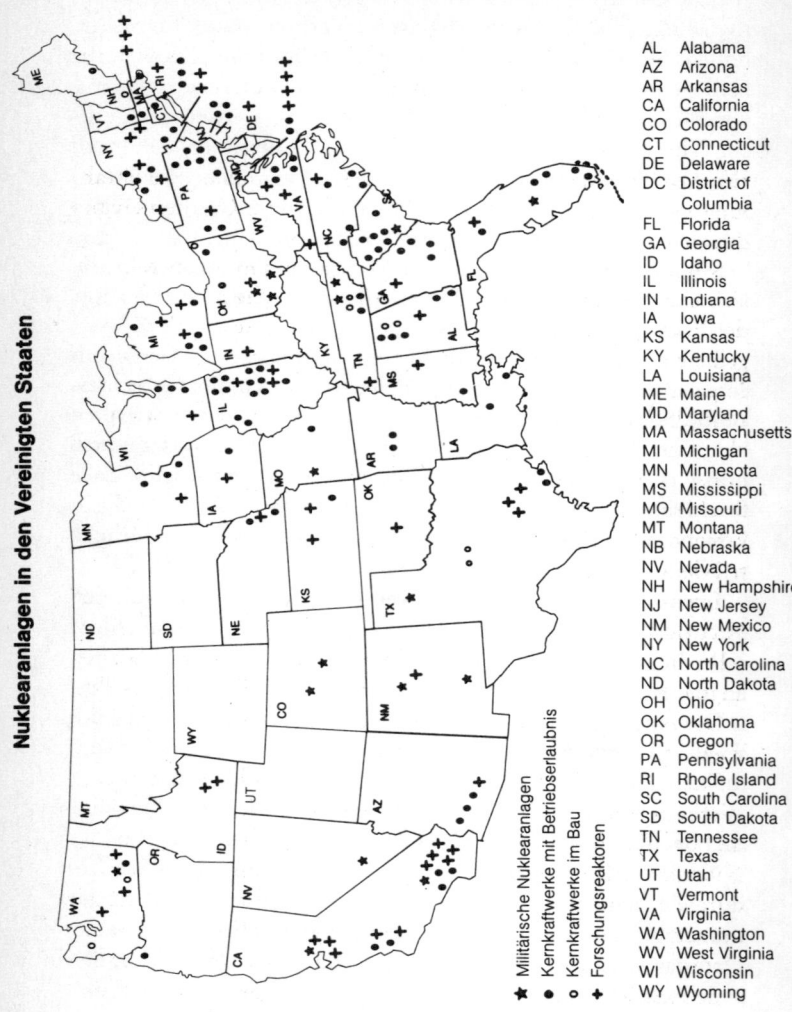

Nuklearanlagen in den Vereinigten Staaten

AL	Alabama
AZ	Arizona
AR	Arkansas
CA	California
CO	Colorado
CT	Connecticut
DE	Delaware
DC	District of Columbia
FL	Florida
GA	Georgia
ID	Idaho
IL	Illinois
IN	Indiana
IA	Iowa
KS	Kansas
KY	Kentucky
LA	Louisiana
ME	Maine
MD	Maryland
MA	Massachusetts
MI	Michigan
MN	Minnesota
MS	Mississippi
MO	Missouri
MT	Montana
NB	Nebraska
NV	Nevada
NH	New Hampshire
NJ	New Jersey
NM	New Mexico
NY	New York
NC	North Carolina
ND	North Dakota
OH	Ohio
OK	Oklahoma
OR	Oregon
PA	Pennsylvania
RI	Rhode Island
SC	South Carolina
SD	South Dakota
TN	Tennessee
TX	Texas
UT	Utah
VT	Vermont
VA	Virginia
WA	Washington
WV	West Virginia
WI	Wisconsin
WY	Wyoming

★ Militärische Nuklearanlagen
● Kernkraftwerke mit Betriebserlaubnis
○ Kernkraftwerke im Bau
✛ Forschungsreaktoren

Quellen: Informationsdienst Kernkraft und Ressourcen, US-Energieministerium, Liga der Kriegsdienstverweigerer

1. Überblick

Die von Nukleartechnologien freigesetzte radioaktive Strahlung hat für die Umwelt und die menschliche Gesundheit be-
drohliche Auswirkungen nach sich gezogen.

Seit dem Atombombenangriff auf Japan im Jahr 1945 hat
sich die Forschung verstärkt auf die gesundheitlichen Folgen
der radioaktiven Strahlung konzentriert. Erste Untersuchungen befaßten sich mit den Überlebenden von Hiroshima und
Nagasaki. In späteren Laborexperimenten wurde analog die
Bestrahlung des ganzen Körpers analysiert. Diese umfangreiche Forschung führte zu der allgemeinen Erkenntnis, daß
hohe, durch Bombenexplosionen verursachte radioaktive
Strahlendosen die menschliche Gesundheit erheblich schädigen
können, kleine Dosen des radioaktiven Fallouts, die sogenannte Niedrigstrahlung, dagegen wenig Schaden anrichten.

Inzwischen besteht jedoch Grund zu der Befürchtung, daß
Niedrigstrahlung aus Fallouts und Kernkraftwerken den Menschen und anderes Leben weit mehr geschädigt hat als bisher
angenommen und daß der weitere Betrieb ziviler und militärischer Atomkraftwerke auch zukünftigen Generationen nicht
wiedergutzumachenden Schaden zufügt.

Die wichtigsten Erkenntnisse dieses Buches kreisen um statistische Schätzungen „überdurchschnittlich vieler" Todesfälle,
die bei der öffentlichen Diskussion über die Gefahren der
Niedrigstrahlung bisher selten eine Rolle gespielt haben. Es ist
durchaus denkbar, daß der Leser schockiert ist, denn es wurde
immer wieder versucht, der Öffentlichkeit offiziell ermittelte
Daten vorzuenthalten, worauf wir in Kapitel 6 näher eingehen.

Schon 1943 erkannten Atomphysiker, daß in die Atmosphäre freigesetzte Spaltprodukte in die Nahrungskette eingehen
und, mit der Nahrung aufgenommen, weltweit Millionen Menschen einen früheren Tod bringen können. 1958 errechneten

Linus Pauling und Andrej Sacharow, daß Millionen Menschen vorzeitig aufgrund der Spaltprodukte sterben würden, die aus dem Fallout der in der Atmosphäre durchgeführten Atombombenversuche stammen und die mit der Nahrung aufgenommen werden.

Heute können wir die offizielle US-Sterblichkeitsstatistik der letzten 90 Jahre auswerten. Wir stellen fest, daß die bedrückenden Voraussagen Paulings und Sacharows vielleicht nicht nur für die Zeit der Atombombenversuche in der Atmosphäre gelten, sondern auch für jede größere un- oder zufallsbedingte Freisetzung atomarer Spaltprodukte.

Die meisten bisherigen Untersuchungen über die gesundheitlichen Auswirkungen der Niedrigstrahlung beruhten auf der theoretischen Fortschreibung der Zahl an Krebstoten, mit denen bei einer Kontamination mit hoher Strahlung zu rechnen ist. Dabei ging man von den Erfahrungen mit den Opfern von Hiroshima und Nagasaki aus. Im vorliegenden Buch gehen wir ganz anders und pragmatisch vor: Wir untersuchen die Sterblichkeitsdaten anhand amtlicher Sterberegister, die jeweils nach einem schweren Fallout angelegt wurden. Auf diese Weise können wir die Dosiswirkung der Niedrigstrahlung nach den tatsächlichen Gegebenheiten schätzen und sind nicht auf theoretische Spekulationen angewiesen.

Als Statistiker definieren wir „überdurchschnittlich viele" oder „zusätzliche" Todesfälle zu einem bestimmten Zeitpunkt an einem bestimmten Ort als die Differenz zwischen den tatsächlich festgestellten Todesfällen und der Zahl, die im Land normalerweise zu erwarten gewesen wäre, sofern diese Differenz so hoch ist, daß sie nicht mehr als Zufall gelten kann (näheres dazu im methodischen Anhang). Wir haben festgestellt, daß die durch Kernkraftwerke und militärische Kernanlagen freigesetzte Niedrigstrahlung immer eine hohe Zahl zusätzlicher Todesfälle zur Folge hatte.

In Kapitel 2 geht es um unsere vielleicht beunruhigendste Entdeckung, daß nämlich auf die radioaktive Strahlung nach der Katastrophe von *Tschernobyl* am 26. April 1986, die die USA Anfang Mai 1986 erreichte, fast augenblicklich eine ungewöhnlich hohe Sterblichkeit folgte, die in den Sommermonaten, insbesondere im Mai, auf vermutlich 40 000 zusätzliche Todesfälle stieg. Die erhöhte Sterblichkeit betraf vor allem sehr junge, sehr alte und Menschen, die an einer Infektionskrankheit wie AIDS litten. Das legt die Vermutung nahe, daß die Aufnahme von Tschernobyl-Spaltprodukten mit der Nahrung sich sofort nachteilig auf Personen auswirkte, deren Immunsystem anfällig war.

Durch die Katastrophe von *Tschernobyl* gelangten große Mengen spaltbares Material derart schnell in die Atmosphäre, daß die unmittelbaren Auswirkungen sich in der monatlichen Sterblichkeitsstatistik zweier Länder niederschlugen, obwohl diese Länder Tausende von Kilometern vom Ort des Geschehens entfernt waren: die USA und das damalige Westdeutschland.

Wir hatten nicht mit solchen Ergebnissen gerechnet, doch als wir die Sterblichkeitsdaten noch einmal überprüften, die mit schweren früheren Strahlenunfällen in Verbindung gebracht werden, stießen wir auf das gleiche Muster: überdurchschnittlich viele Todesfälle unter den ganz jungen und alten Bewohnern. Wir stellten einen sprunghaften Anstieg der Säuglingssterblichkeit und – vorwiegend bei älteren Menschen – der Todesfälle insgesamt fest, auf die später eine jährliche Zunahme von zusätzlichen Krebstoten folgte. Diese zusätzlichen Todesfälle können damit in Verbindung gebracht werden, daß das Immunsystem durch die Aufnahme spaltbarer Produkte in der Nahrung geschwächt wurde: insbesondere radioaktives Jod, das die fetale Schilddrüse schädigt, und radioaktives Strontium, das sich im Knochenmark anreichert.

Man kann dieses Buch wie einen epidemiologischen Kriminalroman lesen, in dem der Verdächtige 1986 durch *Tschernobyl* entlarvt und das Netz der Indizien und Beweise bis ins Jahr 1945 zurückverfolgt wurde.

Tödliche Täuschung besteht aus zwei großen Teilen. Der erste Teil (Kapitel 2 bis 6) ist eine Darstellung unserer Erkenntnisse aus umfangreichen amtlichen Strahlen- und Sterblichkeitsstatistiken (wie dieses in Datenbanken gesammelte Material aufbereitet wurde, wird im Nachwort beschrieben). In diesem Teil wird mit statistischen Tests eine signifikante Zunahme der Sterblichkeit festgestellt und, gelegentlich auch mit Tests mit mehreren Variablen, auf alternative Erklärungen bei geographischen und zeitlichen Vergleichsgruppen hin geprüft.

Im zweiten Teil des Buchs (Kapitel 7 bis 12) werden die Folgerungen aus den Erkenntnissen der Fallstudien geprüft, die zukünftigen Untersuchungen den Weg weisen, indem sie einige spekulative Hypothesen aufstellen, die sich aus diesen Erkenntnissen ergeben.

Viele der besonders aufschlußreichen Informationen in diesem Buch finden sich in den Grafiken. Sie ermöglichen dem Leser, sich ein Bild von den Erkenntnissen zu machen, ohne sich durch das umfangreiche Material kämpfen zu müssen, auf dem sie aufbauen und das für den an ausführlichen Daten interessierten Leser bestimmt ist. Bemerkenswerterweise wurde unser gesamtes Datenmaterial in einem Bericht von *Greenpeace*, USA, genutzt, in dem nachgewiesen wurde, wie giftig der Mississippi ist. *Greenpeace* fand heraus, daß es in den am Fluß liegenden Countys zwischen 1968 und 1983 etwa 66 000 zusätzliche Todesfälle gegeben hat – eine Zahl, die jene der im Vietnamkrieg gefallenen Amerikaner übersteigt.

Im vorliegenden Buch stießen wir im Zusammenhang mit Strahlenunfällen auf ähnlich erschreckende Anhäufungen zusätzlicher Todesfälle. Zum Beispiel: 50 000 bis 100 000 zusätzliche Todesfälle waren zu verzeichnen, nachdem bei Unfällen in der *Atomwaffenfabrik am Savannah* im Jahr 1970 und dann 1979 in *Three Mile Island* radioaktive Strahlung freigesetzt wurde. Daß die atomaren Brennstäbe in der Nuklearanlage am Savannah 1970 geschmolzen waren, kam erst bei einer von Senator Glenn initiierten Anhörung im amerikanischen Kongreß ans Tageslicht: 18 Jahre lang war der Vorfall offiziell verschwiegen worden.

Die Behandlung der signifikanten Sterblichkeitszunahme im US-Bundesstaat South Carolina und in den südlichen Nachbarstaaten nach dem Unfall am Savannah von 1970 (Kapitel 4) ist die erste derartige Untersuchung, die veröffentlicht wurde.

Unter den vielen Ursachen für die erhöhte Sterblichkeit fanden wir einen ungewöhnlichen Anstieg der Säuglingssterblichkeit als Folge von Geburtsfehlern. Die Regierung behauptet, bei den Unfällen sei keine radioaktive Strahlung ausgetreten, aber da die Anlagen am Savannah unter militärischer Kontrolle stehen, sind keine amtlichen Emissionsdaten verfügbar. Der bedeutende Anstieg der zusätzlichen Todesfälle läßt darauf schließen, daß es tatsächlich zu einem nicht unerheblichen Strahlenaustritt gekommen ist.

Das Forschungszentrum *Brookhaven National Laboratory* hat Hunderte, wenn nicht Tausende von Fällen registriert, in denen seit Mitte der 60er Jahre „routinemäßig" und zufällig radioaktive Strahlung aus zivilen Kernreaktoren ausgetreten ist; der schwerste Zwischenfall ereignete sich 1979 in *Three Mile Island.* Kapitel 5 beschreibt die signifikante Sterblichkeitszunahme nach dem Unfall, vor allem im Gebiet der zehn Countys, die dem schwer beschädigten Reaktor am nächsten liegen. Wie schon im Fall am Savannah nahmen die zusätzlichen Todesfälle bei Säuglingen als Folge von Geburtsfehlern nach dem Unfall von *Three Mile Island* signifikant zu, ebenso die zusätzlichen Todesfälle bei kindlichem Krebs, Lungenkrebs, Herz- und anderen Erkrankungen.

Kapitel 6 liefert Beweise für die amtliche Vertuschung und Verfälschung wichtiger Daten über radioaktive Strahlung und ihre gesundheitlichen Auswirkungen und zeigt, warum diese Erkenntnisse bisher nie an die Öffentlichkeit gelangten. Nur selten wurden offiziell die eigentlichen politischen Gründe für das Herunterspielen der potentiellen gesundheitlichen Auswirkungen der Niedrigstrahlung genannt. So erklärte beispielsweise 1981 William H. Taft, Bevollmächtigter des amerikanischen Außenministeriums: „Der falsche Eindruck (daß Niedrigstrahlung gefährlich sei; d. A.) birgt die Gefahr, daß alle Atomwaffen- und atomaren Antriebsprogramme des Verteidigungsministeriums ernsthaft beeinträchtigt werden ... Das könnte unsere Beziehungen zu unseren europäischen Verbündeten nachteilig beeinflussen." [1]

Dieses Buch bietet Grund zu der Annahme, daß der tödliche

Charakter der Niedrigstrahlung kein „falscher Eindruck" ist. Rachel Carson, Linus Pauling und Andrej Sacharow haben das Ausmaß der potentiellen Gefährdung vorausgesehen. Unterstützt wurden sie später durch Warnungen von John Gofman, Arthur Tamplin, Alice Stewart, Thomas Mancuso, Karl Morgan, Carl Johnson und Ernest Sternglass.

Wir glauben, daß die Massierung von Atombombentests in der Atmosphäre erklären kann, was bisher ein großes epidemiologisches Geheimnis war (Kapitel 7): In den Jahren zwischen 1950 und 1965 sanken die Sterblichkeitsraten aus unerklärlichen Gründen nicht mehr, nachdem die Sterblichkeitsstatistik dank der Entdeckung der antiseptischen Wundbehandlung zu Beginn des 19. Jahrhunderts jahrzehntelang eine positive Entwicklung genommen hatte. Die Menge der Spaltprodukte, die in jenem Zeitraum in die Atmosphäre gelangten, entsprach der von 40 000 Hiroshima-Bomben, wie eine eingehende Auswertung der seismischen Aufzeichnungen durch den *Rat zur Verteidigung der natürlichen Ressourcen* in den USA ergab. Diese Horrorzahlen waren sowohl den Führern der Sowjetunion bekannt, auf deren Konto zwei Drittel der gesamten Strahlenbelastung gingen (größtenteils 1961 und 1962), wie auch den Präsidenten Eisenhower und Kennedy. Obwohl diese atomare Orgie der Öffentlichkeit damals weitgehend verborgen blieb, führte sie 1963 doch zum amerikanisch-sowjetischen Abkommen über das Verbot von Atombombentests in der Atmosphäre: Danach zeigten die Sterblichkeitsraten wieder jährliche Rückgänge, wenn auch leicht abgeschwächt.

Kapitel 7 liefert beunruhigende Beweise dafür, daß viele aus der Babyboom-Generation, die im Atomzeitalter geboren wurden, ein erkennbares Maß an Immunsystemschäden davontrugen. Die nach 1945 geborenen Jahrgangsgruppen, die im Mutterleib, bei der Geburt oder in der frühen Kindheit durch die Aufnahme von Spaltprodukten mit der Nahrung belastet wurden, weisen inzwischen eine bedenkliche Zunahme der Sterblichkeitsrate auf. Diese Generationen sind überdurchschnittlich stark von verschiedenen Immunschwächekrankheiten betroffen, darunter AIDS, chronischer Eppstein-Barr-Virus (auch

16

Yuppie-Grippe oder chronisches Müdigkeitssyndrom genannt) und viele andere.

In Kapitel 11 gehen wir einer sehr gewagten Hypothese nach, die erstmals von den Strahlenphysikern Ernest Sternglass und Jens Scheer aufgestellt wurde. Sie könnte erklären, warum AIDS 1980 zuerst in den feuchten Regionen Afrikas aufkam. Diese besonders niederschlagsreichen Gebiete erlebten in den Jahren der atmosphärischen Atombombentests den schwersten Fallout, wie die Ende der 50er Jahre durchgeführten statistischen Erhebungen der *Vereinten Nationen* zeigen. Aus den Unterlagen geht hervor, daß die Knochen der Menschen dort die weltweit höchste Konzentration von Strontium-90 aufwiesen. Die Hypothese stellt einen Zusammenhang her zwischen dem geschädigten Immunsystem von Personen, deren sexuell aktivste Zeit in die 80er Jahre fiel, und durch Strahlung mutierten Viren. Auch essensbedingte Umstände wie die Kalziumaufnahme spielen eine Rolle. Sternglass und Scheer führen den ungewöhnlichen Fall der Insel Trinidad an, deren Bevölkerung überwiegend afrikanischer und asiatischer Abstammung ist: Dort findet man AIDS nur bei den Bewohnern afrikanischer Herkunft, bei den Asiaten dagegen überhaupt nicht. Dieser Unterschied geht nach Sternglass und Scheer möglicherweise auf die überwiegend aus kalziumreichem Fisch und Reis bestehende asiatische Nahrung zurück, die der Tendenz des radioaktiven Strontiums entgegenwirkt, sich in Knochen anzureichern (Strontium hat einen dem Kalzium ähnlichen chemischen Aufbau).

Kapitel 9 untersucht die möglichen Folgen der gewaltigen Emissionen nach dem Unfall von 1975 im Kernkraftwerk *Millstone* im US-Staat Connecticut, dem in den USA zweitschwersten zivilen Zwischenfall nach *Three Mile Island*. Diese Emissionen haben unter Umständen eine Krebsepidemie ausgelöst, deren Schwerpunkt in den beiden Nachbarcountys Middlesex und New London liegt und die noch immer andauert. Bei unseren Versuchen, dieser Krankheitshäufung auf lokaler Ebene nachzugehen, fanden wir heraus, daß die Veröffentlichung von Daten zur Krebssterblichkeit im Verwaltungsbezirk, die seit den 30er Jahren routinemäßig durch das Gesundheitsministerium von Connecticut erfolgte, 1977 eingestellt wurde. Wir glauben, daß die Sterblichkeits- und Erkrankungszahlen der Jahre 1976 und später, die für die in der Nähe des Kernkraftwerks *Millstone* liegenden Städte erhoben wurden, auch Licht auf den Ausbruch der Lyme-Krankheit werfen, die erstmals im Raum Millstone im Herbst 1975 auftrat.

Eine ähnlich alarmierende Hypothese wird in Kapitel 8 aufgestellt: Dort behaupten wir, daß Frischmilch aus Molkereien in der Nähe von Atomkraftwerken, neben wachsender Armut und anderen Ursachen, in den letzten zwei Jahrzehnten zum Anstieg der Säuglingssterblichkeit in bestimmten Stadtgebieten beigetragen haben könnte.

Zu dieser Annahme kamen wir, als das Atomkraftwerk *Peach Bottom* an der Grenze von Pennsylvania und Maryland am 31. März 1987 durch die amerikanische Atomaufsichtsbehörde in einer beispiellosen Aktion stillgelegt wurde. Die Stillegung erfolgte, weil die Anlage zum Teil schon seit 1974 fahrlässig betrieben worden war. Bei den Reaktoren war immer wieder ein überhöhter Austritt des kurzlebigen radioaktiven Elements Jod-131 festgestellt worden. Die *Peach Bottom*-Reaktoren liegen in einem der produktivsten Milchwirtschaftsgebiete des Landes, das den gesamten mittelatlantischen Raum einschließlich der Städte Baltimore und Washington mit Frischmilch versorgt. Nach der Stillegung von *Peach Bottom* sank die Säuglingssterblichkeit im Staat Washington im Sommer 1987 auf den niedrigsten Stand seit etwa 20 Jahren.

Bei der Auswertung des statistischen Materials stellten wir einen signifikanten Zusammenhang zwischen der Säuglingssterblichkeit der letzten 20 Jahre und den regionalen Risiken beim Verzehr von Milch fest, die durch die Emission ziviler Atomkraftwerke seit 1974 radioaktiv verseucht wurde. Die 14 Staaten im Mittelwesten und mittelatlantischen Raum, in denen das Risiko, radioaktiv verseuchte Milch zu verzehren, am größten ist, wiesen auch die höchste Säuglingssterblichkeit auf. Bei der Analyse der Daten entdeckten wir, daß das Belastungsrisiko in acht Staaten des Mittelwestens zwar 440mal höher war als in drei nördlichen Neuengland-Staaten, die Säuglingssterblichkeit aber nur zehn Prozent höher. Das Ergebnis läßt darauf schließen, daß die Dosiswirkung „supralinear" verläuft, nicht linear. Mit anderen Worten: Die Säuglingssterblichkeit nimmt bei geringen Dosen stärker zu.

Ein anderes Beispiel für die supralineare Beziehung bot sich uns nach dem Unfall von *Tschernobyl*. Der Anstieg der Säuglingssterblichkeit betrug in den USA im Juni 1986 gegenüber dem Juni des Vorjahrs die Hälfte bis ein Drittel der erhöhten Säuglingssterblichkeit in Baden-Württemberg, obwohl die in den USA gemessene radioaktive Strahlung nur ein Hundertstel bis ein Tausendstel der Strahlung erreicht hatte, die in Baden-Württemberg auftrat.

Diese wichtige Beobachtung bekräftigt die 1972 ermittelten Laborergebnisse des kanadischen Radiobiologen Dr. Abram Petkau, mit denen die gefährliche Wirkung freier Radikaler bei Niedrigstrahlung festgestellt wurde. Freie Radikale sind geladene Teilchen, die in die Blutzellen des Immunsystems eindringen und sie zerstören können – vor allem bei geringer radioaktiver Strahlung.

Unsere Erkenntnisse über eine supralineare Wirkung decken sich mit ähnlichen Ergebnissen, zu denen vier anerkannte Fachleute für die Krebssterblichkeit durch Niedrigstrahlung gekommen sind: Dr. John Gofman, Dr. Karl Z. Morgan, Dr. Thomas Mancuso und Dr. Alice Stewart. Alle vier Wissenschaftler haben zu unterschiedlichen Zeitpunkten für die amerikanische Atomenergiekommission oder das Energieministerium gearbeitet. Alle vier sind zu dem Schluß gekommen, daß die Beziehung Dosis–Wirkung supralinear ist, oder anders ausgedrückt: Auch das niedrigste Strahlungsniveau kann nicht als „sicher" bezeichnet werden. Der Staat beendete das Anstellungsverhältnis der vier Wissenschaftler, als sie, jeder für sich, die – wie Dr. Gofman bemerkte – „falsche" Antwort gaben, d.h. das Gegenteil von dem sagten, was die Kommission hören wollte.

Vielleicht gilt die supralineare Dosis-Wirkung-Beziehung der Säuglingssterblichkeit für alle Todesfälle, die ihren Grund darin haben, daß strahleninduzierte freie Radikale das Immunsystem geschädigt hatten (auf den „Petkau-Effekt" gehen wir im methodischen Anhang ein). Diese Verallgemeinerung wird durch eine Hochrechnung des gegenwärtigen Trends bei der altersbedingten Sterblichkeit in den USA gestützt (vgl. Kapitel 7). Nach dieser Hochrechnung steigt, falls keine grundlegenden Veränderungen eintreten, die Sterblichkeit in allen Altersgruppen wahrscheinlich mit Beginn des 21. Jahrhunderts, so daß alle bisherigen Fortschritte, das Leben zu verlängern, zunichte gemacht werden.

An dieser Stelle sollte eine bemerkenswerte Zahl genannt werden: Die statistische Wahrscheinlichkeit, daß die im Sommer nach dem *Tschernobyl*-Unfall in den USA registrierten zusätzlichen Todesfälle ein Zufall waren, ist weniger als eins zu eine Million. Genauso verhält es sich mit den zusätzlichen Todesfällen, die im gleichen Zeitraum in Westdeutschland festgestellt wurden.

Der Ornithologe David DeSante machte zur gleichen Zeit folgende Beobachtung: Die Zahl der gerade geschlüpften Landvögel, die die Vogelwarte Point Reyes in Kalifornien im späten Frühjahr und Sommer 1986 zählte, lag um 62 Prozent unter dem Durchschnitt der vorangegangenen zehn Jahre. Die Wahrscheinlichkeit, daß das gleichzeitige Emporschnellen der Todesfälle im Sommer 1986 in den USA, Westdeutschland und unter den Vögeln Zufallsereignisse sind, die nichts miteinander zu tun haben, läßt sich mathematisch ausdrücken: Sie ist $1 : 10^{30}$ oder

$$1 : 1\,000\,000\,000\,000\,000\,000\,000\,000\,000\,000.$$

Trotzdem räumen wir ein, daß etwas anderes als radioaktive Strahlung oder Zufall dieses ungewöhnliche Zusammentreffen von Todesfällen im Sommer 1986 verursacht haben könnte. Das gilt auch für die anderen signifikanten Anstiege der Todesfälle, die in diesem Buch mit der Freisetzung radioaktiver Strahlung in Verbindung gebracht werden. Unser Beweismaterial besteht weitgehend aus Statistiken und ist daher nicht 100prozentig schlüssig. Aber andererseits können diese signifikanten Zahlen nicht einfach übergangen werden. Dieses Buch ist eine Herausforderung an die Wissenschaft, andere plausible Erklärungen zu liefern.

Die hier erhobenen Vorwürfe sind zu schwerwiegend, als daß man ihre Lösung allein den Experten überlassen könnte. Die weitere Nutzung nuklearer Technologien kann eine ständige Bedrohung des Lebens auf der Erde darstellen. Die potentielle Gefahr rechtfertigt eine größtmögliche öffentliche Diskussion. Wie im Schlußkapitel dargelegt wird, ist es noch nicht zu spät, die Hauptursachen der radioaktiven Verseuchung auszuschalten. Als hoffnungsvolles Beispiel können wir Wyoming und Montana anführen, zwei US-Bundesstaaten weitab aller radioaktiven Emissionen, in denen die Säuglingssterblichkeit heute so gering ist wie sonst kaum noch irgendwo auf der Erde.

FALLSTUDIEN

2. Der Fallout von Tschernobyl

Vor dem Unfall in dem ukrainischen Kernkraftwerk am Samstag, den 26. April 1986, kannte kaum jemand auf der Welt den Namen Tschernobyl. Doch als ein amerikanischer Überwachungssatellit am 29. April entdeckte, daß der Tschernobyl-Reaktor Nr. 4 lichterloh brannte, und damit Gerüchte aus Schweden über einen gefährlichen nuklearen Unfall bestätigte, erlangte Tschernobyl über Nacht traurige Berühmtheit, besonders in den mehr als 20 Ländern, über die der Fallout hinwegzog.

Das Unglück von Tschernobyl, das heute als der weltweit schwerste nukleare Unfall gilt, wurde nach den Worten des Vorsitzenden des *Sowjetischen Staatskomitees für die Nutzung der Atomenergie* durch „unglaubliche" Fehler der Werkstechniker bei der Beurteilung kritischer Situationen hervorgerufen.[2] Peinlicherweise hatten sowjetische Atomwissenschaftler kurz vor dem Unfall erklärt, eine Katastrophe im Werk Tschernobyl sei „unmöglich".

Doch das Unmögliche geschah. Um 1.23 Uhr nachts hob an jenem verhängnisvollen Samstag eine gewaltige Explosion den massiven Betondeckel des Kernreaktors und setzte eine Wolke radioaktiver Spaltprodukte frei, die 2000 Meter hoch geschleudert wurden. Schon bei der ersten Explosion zerbarst der Reaktorkern, und die umliegenden Gebäude fingen Feuer. Der Reaktorkern brannte noch zwei Wochen, in denen ununterbrochen radioaktive Stoffe freigesetzt wurden. Innerhalb weniger Tage gelangten nach Angaben des *Nationalen Forschungszentrums Livermore* in Kalifornien mehrere 100 Millionen Curie radioaktiver Strahlung in die Biosphäre. Mengenmäßig wurde vielleicht ein Zehntel der nuklearen Spaltprodukte freigesetzt, die bei sämtlichen Atombombentests seit 1945 über die Erde verteilt wurden.

Der Unfall von Tschernobyl kann die Gefahr deutlich machen, die Niedrigstrahlung für alle Lebensformen darstellt. Die Beweise dafür, daß der Tschernobyl-Fallout weit todbringender war als offiziell zugegeben, entstammen nicht nur Statistiken, sondern auch den Erkenntnissen aus Biochemie, Medizin, Strahlenphysik, Epidemiologie und Ornithologie.

Beweise für die unerwarteten gesundheitsschädlichen Auswirkungen des Tschernobyl-Unfalls wurden erstmals im Mai 1987 auf einer Konferenz über die gesundheitlichen Folgen radioaktiver Strahlung vorgelegt, die der Informationsdienst *World Information Service on Energy* in Amsterdam veranstaltete. Erschreckende Berichte aus allen Teilen Europas über die Auswirkungen der starken Strahlenbelastung nach Tschernobyl wurden vorgetragen – auch Berichte über Fehlgeburten bei Menschen und Tieren.

Auf der Konferenz waren zwei sowjetische Ärzte anwesend, die von dem Kampf um die Rettung der Feuerwehrleute berichteten, die in Tschernobyl hochradioaktiver Strahlung ausgesetzt waren. Die Ärzte bekannten allerdings, nichts über die gesundheitlichen Auswirkungen der Niedrigstrahlung zu wissen. Zwei Ärzte aus Krakau schockierten dagegen die Zuhörer mit ihrer Vermutung, die Lebendgeburten in Polen seien nach Tschernobyl beängstigend zurückgegangen. Sie gaben jedoch nicht an, ob dieser Rückgang nach dem Eintreffen des Tschernobyl-Fallouts auf Fehlgeburten oder Abtreibungen zurückzuführen war.

Anfragen bei der polnischen Botschaft in Washington erbrachten die Auskunft, daß 1986 die Zahl der Lebendgeborenen in Polen gegenüber dem Vorjahr um zehn Prozent gesunken sei. Das ist der Jahresdurchschnitt. Nach dem Eintreffen der radioaktiven Strahlung von Tschernobyl mag es einen Rückgang von 14 Prozent, in den Sommermonaten vielleicht bis zu 20 Prozent gegeben haben. Diese Anzeichen dramatischer Auswirkungen auf die Säuglingssterblichkeit in Europa warfen die Frage auf, ob soviel radioaktive Strahlung die USA erreicht habe, daß nachweisbare Gesundheitsschäden auftraten.

Am 5. Mai, neun Tage nach dem Unfall von Tschernobyl, entdeckten Meßstationen im US-Bundesstaat Washington – 14 500 Kilometer von der Ukraine entfernt – radioaktives Jod-131 im Regen. Stationen in den angrenzenden Bundesstaaten meldeten Höchstwerte zwischen dem 12. und 19. Mai. Die ersten in Richland und Olympia gemessenen Werte ergaben eine Konzentration von Jod-131 im Niederschlag von etwa 170 Pikocurie pro Liter (pCi/l). Die höchsten Werte wurden in Spokane im Nordwesten an der Pazifikküste gemessen, wo sie am 12. Mai über 6600 pCi/l erreichten. Am 16. Mai meldeten etwa 50 Milchüberwachungsstationen der Umweltschutzbehörde (EPA) Niedrigstrahlung in Bundesstaaten, in denen „Tschernobyl-Regen" niedergegangen war. Die Gesundheitsbehörden warnten nicht vor dem Verzehr der Milch, weil die mitgeteilten Werte als ungefährlich angesehen wurden. Von nun an informierte die EPA ausführlich über die Fallout-Daten.[3]

Regierungsamtliche Daten lassen darauf schließen, daß es im Mai 1986 auch in den USA einen statistisch signifikanten Anstieg der Todesfälle gab.[4] Diese Statistiken wiesen für den Mai 1986 eine überraschende Zunahme der Gesamtzahl der Todesfälle in den USA von 5,3 Prozent gegenüber dem gleichen Monat des Vorjahres aus. Das war nicht nur statistisch signifikant (die Wahrscheinlichkeit eines Zufallsereignisses war kleiner als eins zu tausend): Es war vielmehr der höchste registrierte jährliche Anstieg der Mai-Todesfälle in den USA seit 50 Jahren. Auch die drei nächsten Monate verzeichneten einen hohen prozentualen Anstieg der Todesfälle.

Abbildung 2.1 zeigt die tägliche Verteilung von radioaktivem Jod in der Frischmilch einer Molkerei im Stadtbereich New York–New Jersey im Mai 1986; die Zahlen stammen vom *Department of Energy's Environmental Measurement Laboratory*. Da die Radioaktivität von Jod-131 schnell abfällt (es hat eine Halbwertzeit von nur acht Tagen), lag der Höchstwert um den 15. Mai. Es wurden auch andere radioaktive Isotope wie Cae-

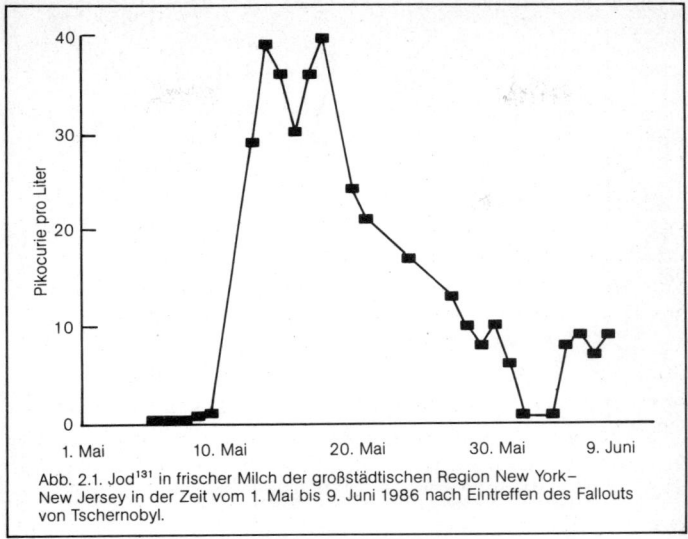

Abb. 2.1. Jod[131] in frischer Milch der großstädtischen Region New York–New Jersey in der Zeit vom 1. Mai bis 9. Juni 1986 nach Eintreffen des Fallouts von Tschernobyl.

sium-137, Strontium-89, Strontium-90 und Barium-140 nachgewiesen.

Abbildung 2.2 zeigt, daß südliche Bundesstaaten am Atlantik im Juni 1986 einen massiven, 28prozentigen Anstieg der Säuglingssterblichkeit gegenüber dem Juni des Vorjahrs verzeichneten. In den USA insgesamt stieg die Säuglingssterblichkeit im Vergleich zum Juni 1985 sprunghaft um 12,3 Prozent.[5] Die Säuglingssterblichkeit, angegeben als Zahl der Kinder pro 1000 Lebendgeborene, die im ersten Lebensjahr sterben, ist einer der sensibelsten Indikatoren für monatliche Veränderungen in der Volksgesundheit.

Abbildung 2.3 gibt eine statistisch signifikante Zunahme der Zahl der Todesfälle im Mai 1986 gegenüber dem Mai 1985 an: erstens für die beiden Altersgruppen der 25- bis 34jährigen und der Personen über 65 Jahre, zweitens für die drei Todesursachen Infektionskrankheiten, Krankheiten aus dem AIDS-Umfeld und Lungenentzündung. Die Wahrscheinlichkeit, daß eine dieser Abweichungen ein Zufallsergebnis ist, liegt bei weniger

25

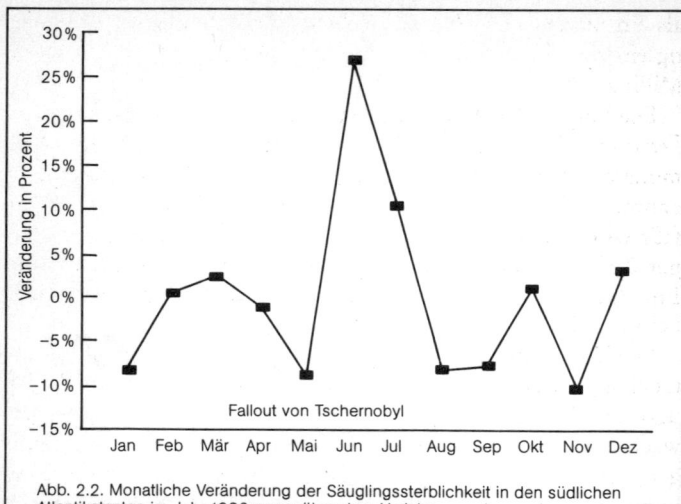

Abb. 2.2. Monatliche Veränderung der Säuglingssterblichkeit in den südlichen Atlantikstaaten im Jahr 1986 gegenüber dem Vorjahr.

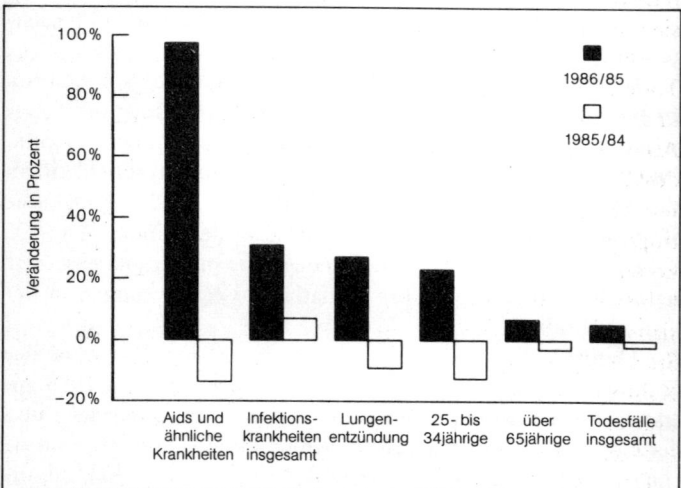

Abb. 2.3. Veränderung der Sterblichkeitsrate in den USA im Mai 1986 gegenüber dem Mai des Vorjahres und im Mai 1985 gegenüber dem Mai 1984.

als eins zu tausend; die Wahrscheinlichkeit, daß alles gleichzeitig ein Zufallsergebnis ist, ist demnach geringer als eins zu eine Million.

Die jüngste Schätzung des *Nationalen Zentrums für Gesundheitsstatistik* über die Zahl der Todesfälle in den vier Sommermonaten 1986 liegt bei 674 000, was einer 2,5prozentigen Zunahme gegenüber 1985 entspricht. Weil so viele Personen erfaßt wurden, ist das ein statistisch signifikanter Anstieg mit einer Zufallswahrscheinlichkeit von weniger als eins zu tausend. Im September 1986 waren die meisten unmittelbaren Sterblichkeitsauswirkungen offenbar zurückgegangen.

Die Daten sprechen eindeutig für einen landesweiten Zusammenhang zwischen der gemessenen Radioaktivität von Milch und den Abweichungen der monatlichen Sterblichkeit bei Erwachsenen und Säuglingen. Eine Überprüfung der Abweichungen bei der Gesamtzahl der Todesfälle in den neuen Erhebungsgebieten des Landes für Mai–August 1986 gegenüber dem entsprechenden Vorjahreszeitraum ergab eine hohe Korrelation zur radioaktiven Belastung pasteurisierter Milch, wie sie von der EPA registriert wurde.

Abbildung 2.4 gibt an, daß die prozentuale Zunahme der Todesfälle insgesamt um so höher ist, je mehr radioaktives Jod in der Milch eines Gebietes gefunden wurde. Die Rechtecke in Abbildung 2.4 bezeichnen den prozentualen Anstieg aller Todesfälle im Mai, bei der jeweils höchsten Konzentration von Jod-131 in den einzelnen Gebieten.[6] Das Gebiet mit dem geringsten Niederschlag im Mai 1986 und der niedrigsten Jodkonzentration in der Milch (17 pCi/l) war der Westen der südlichen Zentralregion: die Bundesstaaten Texas, Arkansas, Louisiana und Oklahoma. In ihnen wurde keine Abweichung der Sterblichkeitsrate festgestellt. Das pazifische Gebiet, vor allem Kalifornien und Washington, wies dagegen die höchste Jodkonzentration in Milch auf (44 pCi/l) und verzeichnete den größten Anstieg der Todesfälle insgesamt.

Der beobachtete Datenverlauf wird am besten durch die gebogene durchgehende Linie wiedergegeben, die eine „logarithmische" Anpassung darstellt. Das bedeutet, daß die Sterblich-

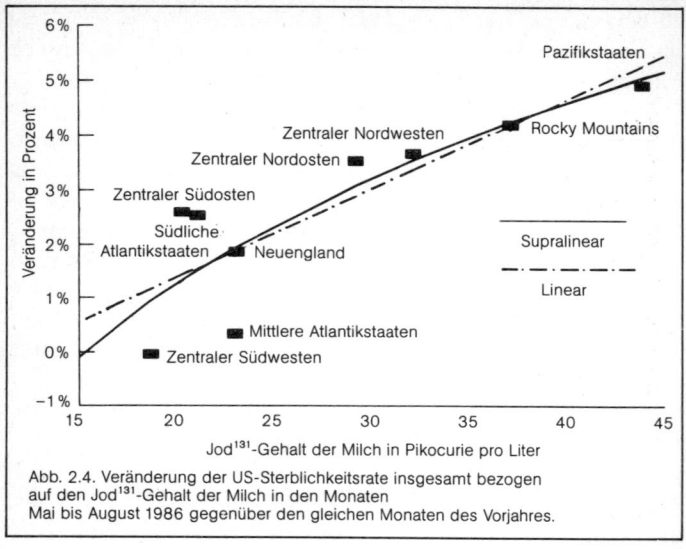

Abb. 2.4. Veränderung der US-Sterblichkeitsrate insgesamt bezogen auf den Jod[131]-Gehalt der Milch in den Monaten Mai bis August 1986 gegenüber den gleichen Monaten des Vorjahres.

keitsrate bei höheren Belastungen mit radioaktiver Strahlung schwächer steigt. Die strichpunktierte Linie in Abbildung 2.4 stellt eine direkte „lineare" Anpassung an die Daten dar, wonach die Todesfälle mit steigender Strahlenbelastung konstant zunehmen.

Abbildung 2.5 zeigt den logarithmischen Charakter der Funktion von Dosis und Wirkung aus der vorigen Abbildung und weitet sie auf die höheren Strahlungskonzentrationen aus, die nach dem Unfall von Tschernobyl in Europa gemessen wurden. Sie gibt an, daß die Todesfälle bei Jod-131-Werten unter 100 Pikocurie pro Liter rasch zunehmen, die prozentuale Zunahme bei höherer Belastung mit radioaktiver Strahlung jedoch geringer wird. Die strichpunktierte Linie stellt die Beziehung zwischen Dosis und Sterblichkeit dar, wie Physiker und Gesundheitsbeamte sie seit Hiroshima für zutreffend gehalten haben. Wie man der Abbildung entnehmen kann, unterschätzt die herkömmliche Annahme bezüglich Dosis und Wirkung, die als Extrapolation aus hohen Belastungen abgeleitet wurde, die

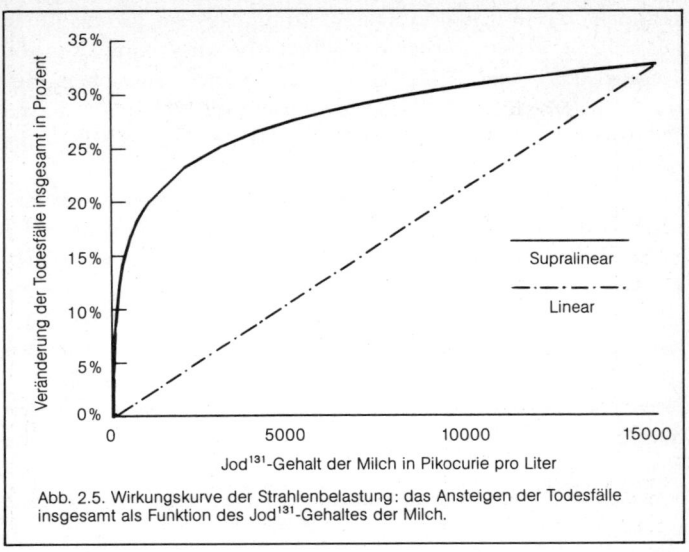

Abb. 2.5. Wirkungskurve der Strahlenbelastung: das Ansteigen der Todesfälle insgesamt als Funktion des Jod¹³¹-Gehaltes der Milch.

Auswirkungen geringer Strahlenbelastung erheblich. Diese Annahme war offenbar falsch, denn sie stützte sich auf Erfahrungen mit kurzer, hochgradiger Belastung durch radioaktive Strahlung, etwa in der medizinischen Therapie oder bei einer Atombombenexplosion. Deren Auswirkung schädigte in erster Linie die DNA in der Zelle, ein Schaden, der jedoch wirksam mit Enzymen behoben werden kann. Dieser Prozeß unterscheidet sich grundlegend von jenem indirekten, das Immunsystem beinträchtigenden Mechanismus, bei dem freie Radikale des Sauerstoffs (O_2^{-1}) beteiligt sind und der bei Schäden durch ganz geringe radioaktive Strahlendosen bestimmend ist.[7] (Zu weiteren Einzelheiten vgl. die Diskussion im methodischen Anhang über den Petkau-Effekt als ursächlichen Faktor, der vielleicht für die wichtigsten letalen Auswirkungen der Niedrigstrahlung verantwortlich ist.)

Besonders bei Säuglingen, jungen Erwachsenen mit Infektionskrankheiten und älteren Menschen stieg die Zahl der Todesfälle im Sommer 1986 drastisch an. Diesen Bevölkerungsgruppen ist ein relativ anfälliges Immunsystem gemein. Jede zusätzliche Verletzung eines solchen Immunsystems kann die Gegenreaktion auf Erkrankungen und Streß schwächen. Betroffene ältere Menschen waren vielleicht schon krank, und die Belastung durch Tschernobyl hat die Widerstandsfähigkeit ihres Immunsystems weiter gestört.

Die vielleicht ernüchterndsten Zahlen betreffen junge Erwachsene, die unter einer ungewöhnlich hohen Zunahme der Todesfälle zu leiden hatten. Offenbar steckt ein geschädigtes Immunsystem hinter dem signifikanten Anstieg der Todesfälle durch Lungenentzündung und Infektionskrankheiten, vor allem den mit AIDS verwandten, der im Mai 1986 und in den darauffolgenden Monaten einen Höhepunkt erreichte. Normalerweise treten Infektionskrankheiten mit Todesfolge in den Sommermonaten am seltensten auf, weil Grippe- und ähnliche Epidemien in aller Regel im Winter grassieren.

Sollte der Tschernobyl-Fallout für diese steile und höchst unwahrscheinliche Zunahme der Sterblichkeit verantwortlich sein, wäre dies der erste, durch die Einbeziehung großer Bevölkerungskreise gestützte Beweis, der darauf schließen ließe, daß die Dosis-Wirkungs-Kurve bei Kontaminationen mit ganz geringen Dosen eines radioaktiven Fallouts logarithmisch verläuft und nicht linear – also anders als allgemein angenommen. Die Mediziner und Wissenschaftler haben aufgrund linearer Extrapolationen hoher Dosen lange Zeit geglaubt, die Niedrigstrahlung von Fallouts und bei Freisetzungen aus Kernkraftwerken als unbedeutend abtun zu können. Die Erfahrung von Tschernobyl zeigt, daß diese Annahme die Wirkung niedriger Strahlendosen auf die besonders anfälligen Bevölkerungsschichten mit einem Faktor von etwa eins zu tausend unterschätzt.

Diese Erkenntnisse aus Tschernobyl wurden von Dr. Donald Louria und Dr. Marvin Lavenhar untersucht, die in der Abteilung für Präventivmedizin und öffentliche Gesundheit an der Hochschule für Medizin in New Jersey arbeiten. Trotz anfänglicher Skepsis konnten sie selbst nach zweimonatiger Prüfung weder einen Berechnungsfehler noch eine andere plausible Erklärung finden. Die Ergebnisse wurden auf der *First Global*

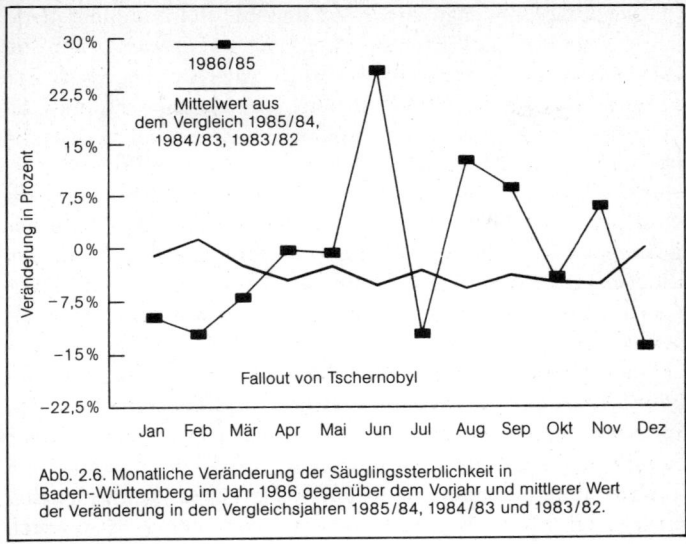

Abb. 2.6. Monatliche Veränderung der Säuglingssterblichkeit in Baden-Württemberg im Jahr 1986 gegenüber dem Vorjahr und mittlerer Wert der Veränderung in den Vergleichsjahren 1985/84, 1984/83 und 1983/82.

Radiation Victims Conference (Erste Weltkonferenz der Strahlenopfer) in New York im September 1987 der Öffentlichkeit zugänglich gemacht und schließlich durch die *American Chemical Society* in einem Artikel von Jay Gould und Ernest Sternglass in der Januar-Ausgabe 89 der Zeitschrift *Chemtech* veröffentlicht.[8]

Nach der ersten Veröffentlichung der amerikanischen Sterblichkeitsdaten in *Chemtech* bemerkte ein Kritiker: Wenn diese Ergebnisse der Strahlenbelastung durch Tschernobyl zugeschrieben werden könnten, „hätten die Menschen in Europa wie die Fliegen sterben müssen", da die Strahlenwerte dort so viel höher waren. Die Antwort, und eine weitere Bestätigung der logarithmischen Natur der Dosis-Wirkungs-Kurve, lieferte bald darauf Professor Jens Scheer von der Universität Bremen. Seine Mitarbeiter Michael Schmidt und Heiko Ziggel hatten monatliche Zahlen über die Sterblichkeit in Gebieten Westdeutschlands gesammelt, die der radioaktiven Strahlung von Tschernobyl besonders stark ausgesetzt waren.[9]

Abbildung 2.6 zeigt, daß die Zunahme der Säuglingssterblichkeit in Baden-Württemberg, genau wie in den USA, im Juni 1986 einen Höhepunkt erreichte. Aber im Gegensatz zur 12,3prozentigen Steigerung in den USA gegenüber dem Juni 1985 lag die entsprechende Zunahme in dem sehr viel stärker bestrahlten westdeutschen Bundesland nur bei 25 Prozent. Das war die höchste Zunahme, die in Westdeutschland festgestellt wurde. Im nicht so stark bestrahlten Norden waren die Auswirkungen weit geringer. Das ist ein klares Zeichen dafür, daß die Zunahme in Süddeutschland auf radioaktive Strahlung zurückging, nicht auf irgendeinen anderen hypothetischen Umstand.

Nach Professor Scheer war besonders auffällig, daß Säuglinge in der ersten Lebenswoche starben; und bei genauerer Prüfung war auch eine auffällige Zunahme der Sterblichkeit der Säuglinge festzustellen, deren Zeugung in die erste Woche nach Tschernobyl fiel oder die sich im letzten Schwangerschaftsmonat der Mutter befanden und im Sommer 1986 geboren wurden.[10] Er stellte außerdem fest, daß Westdeutschland eine kleine, aber signifikante Zunahme des Down-Syndroms bei Kindern verzeichnete, die im Mai 1986 gezeugt wurden. Darüber hinaus berichtete er, daß allergische Erkrankungen zu einer gegenüber den letzten zehn Jahren deutlich gestiegenen Inanspruchnahme einer Krankenversicherung führten.

Das amerikanische *Nationale Zentrum für Gesundheitsstatistik* berichtete, daß 1986 für die USA auch das Jahr mit den meisten akuten Erkrankungen und Krankschreibungen war, die im Zeitraum 1982–87 mit solchen Krankheiten in Verbindung gebracht werden können.[11]

Die amerikanischen Medien schenkten den Erkenntnissen über die Sterblichkeit in den USA zunächst überhaupt keine Beachtung, obwohl führende japanische und kanadische Zeitungen im September und Oktober 1987 auf der ersten Seite darüber berichteten. Im Januar 1988 wurden die Tschernobyl-Daten zum Gegenstand eines Leitartikels im Londoner *Independent*, der überschrieben war: „Der lange Arm des Sensenmannes: Neue amerikanische Untersuchungen mit alarmierenden Folgen." Ihm folgten schon bald „Ein tödlicher Sommer" im Londoner *Economist* (30. Januar 1988), der gleichzeitig in Dutzenden großer US-Zeitungen erschien, und eine Geschichte in der italienischen Wochenzeitschrift *Il Mondo*: „Erinnern Sie sich noch an Tschernobyl?" Nachdem *The Wall Street Journal* am 8. Februar über das Thema berichtete, erschienen schließlich auch in den USA und anderen Ländern weitere Artikel.

Die Veröffentlichungen führten zu einigen interessanten Anmerkungen führender Personen aus dem Gesundheitswesen. So zitierte *The Wall Street Journal* Dr. Louria von der Hochschule für Medizin in New Jersey: „Man kann sich diese Zahlen nicht ansehen und sagen: ‚Na und?' ... Ich bin überzeugt, daß hier einiges ist, das ein genaueres Hinsehen lohnt. Es wäre unklug, Goulds Erkenntnisse einfach abzutun, und genauso unklug, zuviel in sie hineinzudeuten." [12]

Von Offiziellen der Bundesgesundheitsbehörden kamen einige vorsichtige Kommentare. Neal Nelson, Strahlenbiologe bei der EPA, wurde vom *The Wall Street Journal* so zitiert: „Die zusätzliche radioaktive Strahlung nach Tschernobyl stellt nur einen winzigen Bruchteil der normalen Untergrundstrahlung dar. Zu behaupten, daß ein solcher Anstieg eine derartige Veränderung der Immunanfälligkeit auslöst, erscheint mir nicht vernünftig ... doch die Arbeit (von Gould und Sternglass; d. A.) sollte auf ihren Wert hin überprüft werden." [13]

Sharon Ramirez, Sprecherin des amerikanischen *Nationalen Zentrums für Gesundheitsstatistik* (NCHS), sagte der *Seattle Times*, die Zahlen über die Sterblichkeit seien Regierungsveröffentlichungen korrekt entnommen worden, und fuhr fort: „Uns unterläuft kein Fehler mit 2300 Toten; normalerweise treffen wir ins Schwarze." Diesem Zitat wurde später durch eine Erklärung von Patricia Starzyk widersprochen, Inspektorin der Abteilung für Sozial- und Gesundheitsdienste des Bundesstaates Washington, die erklärte: „Ich weiß nicht, woher sie ihre Zahlen haben, aber die Zahlen sind falsch ... Ich kann nur annehmen, daß in der Veröffentlichung, die sie benutzt haben, irgendein Fehler war." Anstatt den Widerspruch dieser beiden

Aussagen aufzuklären, zitierte die *Seattle Times* einen Bericht des Amtes für Strahlenschutz des Bundesstaates Washington vom August 1986, in dem es heißt: „Die Gesundheit und Sicherheit der Bürger des Staates waren durch den Fallout des Unfalls in Tschernobyl zu keiner Zeit gefährdet." [14]

Dr. Harry Rosenberg, Leiter der Sterblichkeitsstatistik beim NCHS, wurde vom *Toronto Globe* wie folgt zitiert: „Man kann diese Daten nicht von vornherein abtun, sondern muß sie sehr sorgfältig prüfen und hoffen, daß Gould und Sternglass etwas Licht in die Problematik der Radioaktivität bringen." [15]

Die Äußerungen von Beamten aus dem Kernkraftbereich waren sehr viel ablehnender. Warren Sinclair vom staatlich geförderten *Nationalen Rat für Strahlenschutz* wurde von der *Medical News* des amerikanischen Ärztebundes *American Medical Association* so zitiert: „Ich halte nicht sehr viel von dieser ganzen Niedrigstrahlung, die nach Tschernobyl in diesem Land aufgetreten ist. Wahrscheinlich ruft sie keine solchen Veränderungen wie die in den Statistiken genannten hervor." [16]

Als schon einige der Artikel erschienen waren, erhielten wir einen Brief von Dr. David DeSante, Wissenschaftler an der *Vogelwarte Point Reyes* in Kalifornien, in dem es hieß: „Wir haben im Sommer 1986 bei den meisten Landvogelarten auf unserer Feldstation Palomarin (40 km nördlich von San Francisco) einen massiven und beispiellosen Fortpflanzungsausfall registriert. Die Zahl der (gerade geschlüpften) Jungvögel aus unserem standardisierten Fangprogramm lag bei nur 37,7 Prozent des Mittels der letzten zehn Jahre ... Interessanterweise setzte der Fortpflanzungsausfall nicht zu Beginn der Brutsaison ein, sondern erst etwa einen Monat danach, d.h. bei den Vögeln, die um Mitte Mai geschlüpft sind ... Gegen Ende der Saison erholte sich die Fortpflanzungsfähigkeit offenbar wieder etwas ... Könnte das mit Jod-131 zusammenhängen?" [17]

In Abbildung 2.7 sind die Ergebnisse von Dr. DeSante zusammengefaßt. Sie zeigt einen zahlenmäßigen Rückgang der gerade geschlüpften Landvögel, die zwischen dem 10. Mai und 17. August 1986 gezählt wurden. Noch einmal sei darauf hingewiesen: Die Wahrscheinlichkeit, daß der festgestellte Fortpflanzungsausfall ein Zufallsereignis war, ist verschwindend gering.[18] DeSantes Feststellungen zeigen, daß die beobachteten Auswirkungen auf die menschliche Sterblichkeit und das Versagen der Fortpflanzungsfähigkeit und des Immunsystems von Vögeln sich im exakt gleichen Zeitraum ereigneten – Mitte Mai bis Mitte August 1986. (Im nächsten Kapitel mehr über die Feststellungen von DeSante.)

So tragisch die Folgen des Unfalls von Tschernobyl sind, so bietet er doch die Gelegenheit zu überdenken, ob der Preis des weiteren Betriebs von Kernkraftwerken für den Menschen nicht zu hoch ist. Die folgenden Besonderheiten des Unfalls von Tschernobyl zwingen zu einer erneuten Überpüfung:

1. Es ging um weit *mehr betroffene Menschen* als bei allen bisherigen Untersuchungen.

2. Es ging um die *Durchschnittsbevölkerung,* nicht nur um Krankenhauspatienten, Arbeiter von 18 bis 65 Jahren oder Überlebende eines traumatischen Ereignisses, wie der Zerstörung Hiroshimas und Nagasakis.

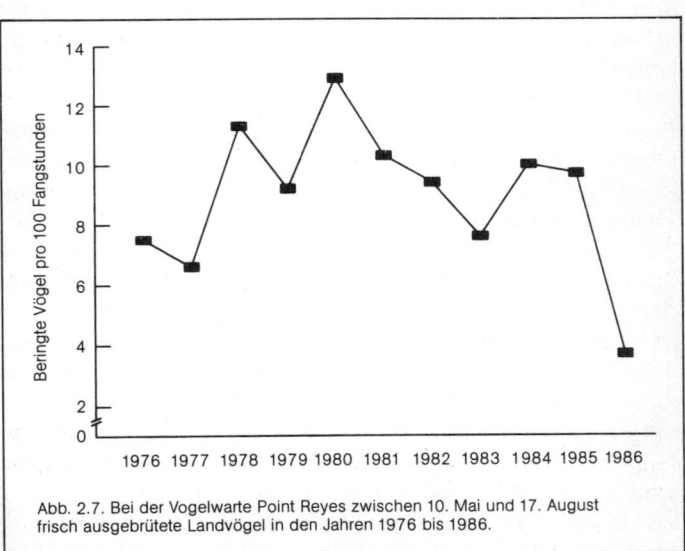

Abb. 2.7. Bei der Vogelwarte Point Reyes zwischen 10. Mai und 17. August frisch ausgebrütete Landvögel in den Jahren 1976 bis 1986.

3. Es ging um *extrem niedrige Strahlendosen,* vergleichbar etwa jenen, denen man bei einer Atombombenexplosion in großer Entfernung ausgesetzt ist, oder bei der radioaktiven Strahlung, die heute von Kernkraftwerken und Plutonium-Trennanlagen freigesetzt wird und als zulässig gilt. Es besteht folglich keine Notwendigkeit zu irgendwelchen Annahmen darüber, wie man theoretisch am besten die Auswirkungen extrapoliert, mit denen man bei ganz niedrigen Strahlendosen rechnet.

4. Es ging um *genau gemessene Mengen Radioaktivität in der Nahrung,* einschließlich Milch, innerhalb einer großen Bandbreite von Konzentrationen, vor allem wenn europäische Daten berücksichtigt werden. So genaue Meßwerte über Strahlendosen standen bisher nicht zur Verfügung, weder bei früheren Untersuchungen der Belastung der Umwelt mit radioaktiver Strahlung noch bei direkter radioaktiver Strahlenbelastung in Hiroshima oder Nagasaki.

5. Es ging um die *innere Belastung mit radioaktiver Strahlung* durch Inhalation von Spaltprodukten oder deren Aufnahme mit der Nahrung; und zwar der Strahlung, die durch Kernkraftwerke oder Atombombenexplosionen freigesetzt wurde – im Gegensatz zur normalen äußeren radioaktiven Untergrundstrahlung, zu zufälliger Belastung, Röntgenstrahlen bei der Diagnose oder Therapie und zu Neutronen, die bei den Überlebenden von Hiroshima und den Feuerwehrleuten von Tschernobyl eine Rolle spielten.

Die aus der Katastrophe von Tschernobyl hervorgegangenen statistischen Erhebungen erlauben somit zum ersten Mal, für eine normale Bevölkerungsgruppe einen Zusammenhang zwischen Dosis und Wirkung bei extrem geringen Dosen aufzustellen, bis hinunter zu einem Bruchteil der Dosen, wie sie ganz normal in der Umwelt vorkommen. Dieser Zusammenhang konnte dadurch auf seinen Voraussagewert geprüft werden, daß man die Auswirkungen auf die Sterblichkeit in den Vereinigten Staaten und Europa verglich, wo die Bevölkerung weit höheren Strahlendosen ausgesetzt war.

Die Daten belegen, daß eine längere innere Strahlenbelastung mit niedrigen Dosen, verglichen mit einer kurzen, aber hohen Belastung, keine verringerte, sondern eine erhöhte Grenzwirkung zur Folge hat. Sie belegen auch, daß es keinen sicheren Schwellenwert für geringe Belastungen gibt, die mit denen der normalen Untergrundstrahlung vergleichbar wären. Und ganz bestimmt gibt es keine „günstigen" Wirkungen, wie jüngst von Befürwortern der Kerntechnologie behauptet wurde. Die normale Untergrundstrahlung, die in die Nahrungskette gelangt, stellte für den Menschen schon immer ein Gesundheitsrisiko dar. Aber die Gefahren der Niedrigstrahlung aus vom Menschen hergestellten Spaltprodukten sind vergleichsweise neu.

Fachlich gesehen zeigen Berechnungen auf der Grundlage von Gesundheitsdaten nach Tschernobyl, daß die Dosis-Wirkungs-Kurve für niedrige Dosen weder durch eine quadratische (aufwärts gebogene Kurve) noch eine lineare (Gerade) Funktion dargestellt werden kann. Sie ist vielmehr eine supralineare oder logarithmische Funktion, die bei geringen Dosen schneller steigt als bei hohen. Diese logarithmische Form der Dosis-Wirkungs-Kurve steht in Einklang mit den Laborergebnissen Petkaus und anderer über die indirekte, durch freie Radikale vermittelte Wirkung radioaktiver Strahlung auf Zellmembranen; das gilt insbesondere für das freie Sauerstoff-Radikal, dessen Beteiligung an vielen Immunschwächekrankheiten inzwischen bekannt ist (vgl. dazu den methodischen Anhang).[19]

Die logarithmische Form der Dosis-Wirkungs-Kurve bedeutet auch, daß kein Widerspruch besteht zwischen den neuen Erkenntnissen über die schwerwiegenden Wirkungen sehr niedriger, aber längerer Strahlenbelastungen und den Ergebnissen früherer Untersuchungen über hohe Strahlenbelastungen bei Versuchstieren und Überlebenden eines Atombombenabwurfs. Bei hoher, aber kurzer Strahlenbelastung ist die Wirkung pro Einheitsdosis weit geringer als bei langdauernder Niedrigstrahlung. Das geht vielleicht auf die schwächere Schädigung durch freie Radikale bei hohen Strahlendosen zurück, bei denen freie Radikale in großer Zahl sich in ihrer Wirkung gegenseitig aufheben.

Da man unabhängig davon bei Vögeln ähnliche Auswirkungen entdeckt hat, besteht Grund zu der Annahme, daß die durch freie Radikale ausgelöste Wirkung der Niedrigstrahlung auch andere Tiere erfaßt, vielleicht sogar Pflanzen.[20] Die starke Anfälligkeit junger Erwachsener ist allerdings besonders beunruhigend. In Kapitel 7 wird postuliert, daß die jungen Erwachsenen 1986 deshalb in so großer Zahl starben, weil sie in den 50er Jahren geboren wurden, in denen die meisten Atombombentests in der Atmosphäre stattfanden. Vielleicht wurde ihr in der Entwicklung befindliches Immunsystem dadurch so stark geschädigt, daß die unmittelbaren Auswirkungen von Tschernobyl im Vergleich damit geradezu harmlos sind.

3. Stummer Sommer*

Vor 30 Jahren warnte Rachel Carson, eine der Wegbereiterinnen der Ökologie, in ihrem weitsichtigen Buch *Der stumme Frühling*: Wenn die Menschen nicht aufhörten, die Biosphäre mit Chemikalien und radioaktiven Giftstoffen zu verseuchen, werde der Frühling irgendwann „nur noch Stille ... über den Feldern, Wäldern und Sümpfen" bringen.

Der Frühling, den Rachel Carson vor Augen hatte, kam der Wirklichkeit 1986 bedrohlich nahe, als der Ornithologe Dr. David F. DeSante auf der *Vogelwarte Point Reyes* (PRBO) etwa 40 Kilometer nördlich von San Francisco einen massiven und beispiellosen Rückgang des Bestands an Landvögeln erlebte und dokumentierte.

„Normalerweise", so DeSante, „ist eine Menge los, wenn man im Juli die Pfade mit den Netzen entlanggeht. Scharen von Jungvögeln und ganze Schwanzmeisenfamilien schwirren durcheinander. Junge Sperlinge kommen in kleinen Gruppen zusammen, und Grasmücken fliegen durch die Bäume. Die Jungvögel ziepen und zwitschern, und die erwachsenen Vögel singen zum Teil."[21]

Als er jedoch am 22. Juli 1986 die Pfade entlanglief, war es ganz anders. Statt des fröhlichen Gesangs vieler erwachsener Vögel, die sich dem Brutgeschäft und Füttern widmeten, und dem Geziepe und Gezwitscher der eben flügge gewordenen Jungen begegnete ihm eine unheilvolle Stille.

„Es waren keine Jungvögel da", erklärte er, „und die alten hatten aufgehört zu singen. Ich glaube, sie hatten einfach aufgegeben."

DeSante, der in Stanford in Biologie promoviert hatte und Diplomingenieur war, leitet seit über zehn Jahren ein standar-

* Verfasserin dieses Kapitels ist Kate Millpointer.

disiertes Fang- und Beringungsprojekt an der PRBO, das Überwachungsprogramm für Landvögel. Die jungen Vögel werden mit feinmaschigen Netzen gefangen, gezählt und dann beringt, damit man ihren Weg verfolgen kann. Anders als die meisten Wissenschaftler, die sich normalerweise nur mit *einer* Art beschäftigen, überwachte DeSante den Bestand von 51 Landvogelarten, was ihn zu einem „Breitwand"-Ornithologen machte.[22]

Die meisten Beringungsprogramme werden im Herbst oder Winter durchgeführt, wenn die Vögel ziehen. DeSante machte seine Untersuchungen jedoch im Frühling und Sommer während der Brutzeit, wenn die Vögel zu Tausenden auf der Feldstation der PRBO in Palomarin nisteten, die im Südzipfel des *Point Reyes National Seashore* im County Marin liegt. So gesehen war seine Arbeit in Nordamerika einmalig.

Die Brutzeit 1986 hatte vielversprechend angefangen, und im Mai sah es so aus, als würde sie überdurchschnittlich gut werden. Aufgrund der ziemlich hohen Niederschläge, die Kalifornien in diesem Winter gehabt hatte, rechneten DeSante und seine Mitarbeiter bei den Landvögeln mit einer Produktivität von zehn Prozent über dem Normalwert. In den ersten 30 Tagen der Überwachungszeit, vom 10. Mai bis 8. Juni, lag die Fangquote auch tatsächlich um fast zwölf Prozent über dem Normalwert. Dann, Mitte Juni, während der vierten zehntägigen Überwachungsperiode, bemerkten die Wissenschaftler, daß die Zahl der ins Netz gegangenen Vögel nur bei 56 Prozent des Zehnjahresdurchschnitts lag. Das war zwar eine geringere Fortpflanzungsrate als üblich, doch ist, wie DeSante erklärte, ein Rückgang in diesem Abschnitt der Brutperiode nichts Außergewöhnliches. Die Wissenschaftler maßen diesem frühen Anzeichen, daß etwas nicht stimme, folglich keine Bedeutung bei und rechneten mit einem schnellen Wiederanstieg.

Doch zu diesem Anstieg kam es nie. Die Zahlen gingen vielmehr immer stärker zurück – fast täglich. In der achten Überwachungsperiode Ende Juli fiel die Produktivität auf 24 Prozent des Normalwerts, und das in einem Zeitraum, in dem normalerweise die meisten Vögel gefangen werden. Zwischen 1976 und 1985 waren im Juli durchschnittlich mehr als 30 Vögel am Tag gefangen worden, und 60, selbst 90 Vögel am Tag waren laut DeSante keine Seltenheit. Aber im Juli 1986 wurden an keinem Tag mehr als 24 Vögel gefangen, und es gab Tage, an denen nur drei Vögel ins Netz gingen.

Aufgeschreckt von diesen Ergebnissen, analysierten DeSante und seine Mitarbeiter mit Hilfe eines Computers in mühsamer Arbeit sieben Wochen lang die Fangquoten für neuberingte Vögel von 1976 bis 1986 in der Hoffnung, die so gewonnenen Daten würden einen Fingerzeig auf die mysteriösen Rückgänge bei Jungvögeln geben. Sie schlossen Pestizide, Herbizide und andere Chemikalien aus, da sie wußten, daß in den letzten elf Jahren im Umkreis von mindestens zwei Kilometern keine derartigen Stoffe eingesetzt worden waren.[23] Und Verhungern kam offensichtlich nicht in Frage, da das Nahrungsangebot im Vergleich zu den letzten Jahren reichlich war.

„Keiner konnte sich das erklären", so DeSante. „Und da sagte ich im Spaß: ‚Dann war's also Tschernobyl', und alle fingen an zu lachen. Denn als dieser Fallout über unser Gebiet gezogen war, und als es geregnet hatte, hieß es im Radio immer, es gebe keinen Grund zur Beunruhigung – ‚Sie brauchen nicht einmal das Obst und Gemüse zu waschen; die radioaktive Strahlenmenge ist unbedeutend; seien Sie unbesorgt; es ist alles in Ordnung.' Wir haben also nicht mehr daran gedacht."

Doch DeSante kam der Gedanke, daß er vielleicht nicht der einzige Wissenschaftler wäre, der den drastischen Rückgang der Vogelpopulation bemerkt hatte, und er rief Dr. Donald L. Dahlsten von der *University of California* an. Dahlsten führt Nistplatz-, Fortpflanzungs- und Altersuntersuchungen an zwei amerikanischen Meisenarten durch (Gambel- und Rotrückenmeisen), in Blodgett Forest im Westen der Sierra Nevada seit 1972 und seit 1964 im County Modoc im Nordosten Kaliforniens, etwa 550 Kilometer von Sacramento entfernt.

Dahlsten, ehemals einer der Chefredakteure von *Environment,* ist Professor für Insektenkunde (Entomologie) und leitete bis vor kurzem die Abteilung für Artenschutz an der *University of California,* Berkeley. Er hat sich darauf spezialisiert, wie Vögel in die Verbreitung von Waldinsekten eingreifen, und er hat sich dabei besonders den Störungen dieses natürlichen Gleichgewichts gewidmet, die durch den übermäßigen Einsatz von Pestiziden hervorgerufen werden. Dahlsten und seine Mitarbeiter fangen die jungen und erwachsenen Vögel nicht mit Netzen, sondern sie beobachten und beringen die Nestlinge oder Jungvögel, solange sie noch in den Nistkästen sitzen.

Auf DeSantes Frage, was seine Meisen machten, erwiderte Dahlsten, Blodgett Forest sei in diesem Jahr eine einzige Katastrophe gewesen, und er wisse nicht warum. „Als wir die ersten Nester sahen, wußten wir, daß etwas nicht in Ordnung war", sagte Dahlsten. „Etwas anderes gab es gar nicht. Uns war klar, daß die Sterblichkeit wahnsinnig hoch gewesen sein mußte, aber wir konnten uns keinen Reim darauf machen. Einen solchen Ausfall habe ich noch nie gesehen."[24]

Als Dahlsten die Ausfälle aufnahm und das Ergebnis mit früheren Jahren verglich, stellte er für Blodgett Forest insgesamt den höchsten Rückgang seit 15 Jahren fest, was die Nestlings- und Eisterblichkeit betraf.[25] Auch hier wurden Pestizide und Verhungern als mögliche Erklärung der beispiellosen Sterblichkeitshäufung ausgeschlossen.

Im kalifornischen Naturreservat *Lamphere-Christiansen* nördlich von Eureka machte Dr. C. J. Ralph ähnliche Beobachtungen. Ralph stellte gegenüber den letzten vier Jahren einen 60prozentigen Rückgang bei frisch geschlüpften Dachsammern (*Zonotrichia leucophrys*) fest. Der Ornithologe, Forschungswissenschaftler bei der US-Forstverwaltung und außerordentlicher Professor an der *Humboldt State University,* befaßte sich seit 1982 mit der Fortpflanzungsbiologie der Weißschopf- und Singspatzen.

„Wir wissen nicht, ob die Sterblichkeit besonders hoch war oder ein Bruterfolg ausgeblieben ist, aber wir hatten 1986 nicht so viele Jungvögel zu beringen", erklärte er im Spätsommer 1988.[26] „Für sich genommen bedeuten unsere Daten gar nichts. Bringt man sie jedoch mit DeSantes Arbeit zusammen, wird es interessant, weil alles auf eine geographische Komponente hinweist." Dennoch meinte Ralph, daß das, was geschehen war, „ein zufälliges Zusammentreffen" sein könnte.

Wissenschaftler in der *Harvey Monroe Hall Research Natural Area* in der subalpinen Sierra Nevada stellten einen deutlichen Rückgang bei den nordamerikanischen Schneefinken fest. Aus den Daten der neun vorangegangenen Jahre ging hervor, daß zahlreiche Schneefinkengruppen von 30 bis 150 Vögeln im Hoch- bis Spätsommer die westlichen Hänge der Sierra hinauf in subalpines Gebiet zogen. 1986 wurden jedoch nur einige versprengte Scharen junger Schneefinken beobachtet, deren größte Gruppe aus nur vier Vögeln bestand. Und junge Sängervireos *(Vireo gilvus)* und Schwarzkopfkernbeißer *(Pheucticus melanocephalus)* fehlten offenbar ganz.

Diese gleichartigen Ergebnisse gaben DeSante die Gewißheit, daß der beispiellose Fortpflanzungsausfall nicht auf Palomarin beschränkt war, sondern weite Gebiete Nordkaliforniens erfaßt hatte. DeSantes Daten deuteten auch an, daß diese Ausfälle sich um den 10. oder 15. Mai ereigneten, weil die ersten zahlenmäßigen Rückgänge bei den Jungvögeln drei bis vier Wochen später festgestellt wurden – die in den feinmaschigen Netzen gefangenen Vögel sind „versprengte Junge", die vor drei oder vier Wochen das Nest verlassen haben. Der Fortpflanzungsrückgang bei fast allen Landvogelarten in Palomarin hatte nicht zu Beginn der Brutzeit eingesetzt, sondern erst etwa 30 Tage später. Ab dem 9. Juni ging die Zahl der gefangenen Jungvögel zurück – von zunächst 56 Prozent des Normalwerts über 42 und 39 Prozent auf nur noch 24 Prozent Ende Juli. Etwas ganz Außergewöhnliches war Anfang Mai geschehen – aber was?

Eigenartigerweise lagen die Fortpflanzungszahlen in Dahlstens Forschungsstätte im County Modoc im äußersten Nordosten Kaliforniens *über* dem Durchschnitt. Wissenschaftler aus dem südlichen Teil des Bundesstaates berichteten das gleiche. Die Erklärung hing offenbar mit den starken Regenfällen zusammen, die am 6. Mai über dem größten Teil Nordkaliforniens niedergegangen waren, den Nordosten und Süden des Staates aber ausgespart hatten.

In diesem Stadium der Untersuchung bemerkte laut DeSante einer seiner Kollegen: „Da ist die Tschernobyl-Wolke vorbeigezogen", und er drängte darauf, diese Hypothese zu überprüfen. Jetzt lachte niemand mehr, als Tschernobyl erwähnt wurde.

DeSante und seine Kollegen teilten die Vogelarten nach ihrem Zugverhalten, den bevorzugten Habitaten und den Nistplätzen ein, stellten jedoch fest, daß die Rückgänge von diesen Einflüssen nicht berührt worden waren. Als sie die Arten aber nach dem Verhalten bei der Nahrungssuche einteilten, machten sie eine erstaunliche Entdeckung – nur Spechte und Schwalben waren nicht betroffen.

Zunächst verstanden die Wissenschaftler nicht, warum gerade diese beiden Arten von den Rückgängen verschont worden waren, doch das Wissen um die Nahrung der Vögel lieferte einen Hinweis. Spechte füttern ihre Jungen mit Maden und Käfern, die sich ihrerseits von absterbendem, abgestorbenem und sich zersetzendem Holz ernähren. Schwalben füttern ihre Jungen mit Fluginsekten, die im Gebiet von Palomarin hauptsächlich am fließenden Wasser kleiner Bäche vorkommen, in denen Faulstoffe enthalten sind. Was immer also auf die Mehrzahl der Vögel in Palomarin eingewirkt hatte, betraf offenbar die ersten Tiere in der Nahrungskette, etwa Raupen und andere Larven, die Pflanzen fressen und selbst von vielen Vogelarten gefressen werden. Sie sind eine wichtige Nahrungsquelle für Grünspatzen und Schwarzkopffinken. In den gesamten einhundert Tagen, an denen die Wissenschaftler Vögel fingen und beringten, ging ihnen kein einziger Grünspatz und Schwarzkopffink ins Netz. DeSante nimmt an, daß diese Arten 1986 im Raum Palomarin keine Jungen ausbrüteten.

Mitte September 1986 hatte DeSante in mühevoller Arbeit die Daten von Palomarin und anderen Gebieten an der Westküste aufgearbeitet und stellte dabei folgendes fest: Die Rate der *erwachsenen* Vögel, die im Sommer 1986 pro 100 Netzstunden beringt wurden, lag um acht Prozent unter dem Mittelwert der vorangegangenen zehn Jahre, die Rate der *jungen* Vögel um 62 Prozent. Überdurchschnittlich gute Bruterfolge gab es dagegen bei Bergmeisen östlich der Sierra Nevada, im subalpinen Bereich an den Osthängen der Sierra Nevada und in Südkalifornien. Den Wetterkarten zufolge waren diese Gebiete vom Tschernobyl-Fallout verschont geblieben.

DeSante entdeckte außerdem, daß die Fortpflanzungsausfälle geographisch mit dem Weg zusammenfielen, den die Tschernobyl-Wolke am 6. Mai 1986 über das Küstengebiet von Washington, Oregon und Nordkalifornien nahm. Weder frühere schwere Regenfälle im Frühling, Dürreperioden noch andere ungewöhnliche Witterungsbedingungen wie der Winter 1982/83 mit seinen extremen Niederschlägen hatten so nachhaltige Auswirkungen auf die Produktivität der Landvögel, wie sie im Sommer 1986 auftraten. Die Ereignisse der Vergangenheit bewirkten, daß die Produktivität der Landvögel nur um 19 bis 32 Prozent zurückging.

Bei Spechten und anderen Vögeln, die sich von Insekten in abgestorbenem und zerfallendem Holz ernähren, das kein Regenwasser und damit keine Strahlung aufnimmt, war überhaupt kein Rückgang zu erkennen. Bei Vögeln, die sich von Insekten ernähren, die ihrerseits Pflanzen fressen, zeigte sich dagegen ein Rückgang von 63 bis 65 Prozent, und Samenfresser wiesen einen Rückgang von etwa 50 Prozent auf. Die Umstände sprachen sehr klar für DeSantes Nahrungskettenhypothese.

DeSantes Erklärung, inwieweit der Tschernobyl-Fallout den Tod von Nestlingen und Jungvögeln zahlenmäßig verstärkt haben könnte, beruht auf der Tatsache, daß die radioaktiven Schadstoffe sich beim Durchlaufen der Nahrungskette immer stärker konzentrieren. Ein erstaunliches und beunruhigendes Beispiel für die Wirkungsweise dieses „Transferfaktors" ist etwa, daß Fisch, der sich von Algen und Meeressediment ernährt, Radionuklide in einem Ausmaß ansammeln kann, das bei weitem die Konzentration des Wassers übersteigt, in dem die Fische leben. Als Übeltäter hinter dem Fortpflanzungsausfall vermutete DeSante Jod-131, den Hauptbestandteil des in Nordamerika niedergegangenen Fallouts.

Die gesundheitsschädlichen Wirkungen von Jod-131 sind bei Schafen, Rindern, Schweinen und Menschen relativ gut nachgewiesen, vergleichbare Untersuchungen für Vögel gibt es jedoch nicht. DeSante hielt es jedoch für einleuchtend, daß ähnliche Gesundheitsprobleme auch bei Vögeln auftreten würden, vor allem bei kleinen Insektenfressern. „Weil kleinere Vögel einen schnelleren Stoffwechsel haben, nehmen sie im Verhältnis zum Körpergewicht mehr Nahrungsstoffe und damit auch eine höhere Strahlenmenge auf", erklärte DeSante.[27]

„Kein anderes Tier ist so anfällig für radioaktive Strahlung wie Jungvögel in den ersten zehn Tagen ihrer Entwicklung. Man hat im Labor radioaktive Versuche mit Küken gemacht. Sie reagieren ganz anders, weil sie vollgefiedert schlüpfen und sofort herumlaufen können. Sie durchlaufen im Ei ein langes Entwicklungsstadium, sind größer und haben ein höheres Körpergewicht. Bei den Versuchen mit kleinen Vögeln wie Hüttensängern und Weißbauchschwalben wurden die Tiere sehr viel höheren Strahlendosen ausgesetzt, als sie in Tschernobyl in die Umwelt gelangten. Versuche mit kleinen Vögeln und Niedrigstrahlung hat es noch nicht gegeben. Das muß jetzt nachgeholt werden." [28]

DeSante fragte sich, ob sich ein Zusammenhang finden ließe zwischen den Strahlenmengen, die die Vögel in verschiedenen Gebieten der Vereinigten Staaten möglicherweise aufgenommen hatten, und ihrem Fortpflanzungserfolg. Er beschloß, die radioaktiven Strahlenwerte zu prüfen, die die EPA überall in den USA in pasteurisierter Milch gemessen hatte, außerdem die zahlenmäßigen Veränderungen bei Landvögeln von 1986 auf 1987, die der Brutvogelübersicht des U.S. Fish and Wildlife Service entstammten.

Aber Vögel trinken keine Milch. Warum verwendete DeSante dann die Milchdaten der EPA? Er erklärte es so: Radioaktiver Regen wird von der Vegetation aufgenommen und sammelt sich in jungen Pflanzen an. Diese werden von Erst- oder Hauptverwertern wie Kühen gefressen – oder von Raupen und anderen Larven und pflanzenfressenden Insekten wie Heuschrecken. Kleine insektenfressende Baumvögel, die ihre Nahrung auf Bäumen suchen, fressen diese Raupen und Larven und füttern sie ihren Jungen. Die in Milch angesammelte radioaktive Strahlenmenge gibt somit recht gut das Ausmaß der Verstrahlung an, die von den Hauptverwertern wie pflanzenfressenden Insekten und folglich auch von Vögeln aufgenommen wurde.

DeSante überlegte weiter: Wenn die Fortpflanzungsquote bei kleinen, insektenfressenden Baumvögeln 1986 stark zurückgegangen war, mußte sich das eigentlich 1987 im Bestand dieser Vögel niederschlagen, über den die Brutvogelübersicht Auskunft gab. Tatsächlich registrierte er einen starken Zusammenhang zwischen regionalen Konzentrationen von Jod-131 in Milch und dem zahlenmäßigen Rückgang kleiner, insektenfressender Baumvögel von 1986 auf 1987. Für keine andere Vogelart fand sich ein ähnlicher und so signifikanter Zusammenhang.

DeSante war der Meinung, die Vögel mit anderen Ernährungsgewohnheiten seien dank ihres höheren Körpergewichts und des geringeren Verzehrs von pflanzenfressenden Insekten von den Auswirkungen der Niedrigstrahlung verschont worden. Er kam zu dem Schluß, der Tschernobyl-Fallout könnte die Fortpflanzung kleiner, insektenfressender Baumvögel in den gesamten Vereinigten Staaten beeinträchtigt haben, und die Schwere der Auswirkungen hänge mit dem Ausmaß der aufgenommenen radioaktiven Strahlung zusammen.

DeSante wollte außerdem wissen, ob der Fortbestand erwachsener Vögel unterschiedlichen Alters von 1986 auf 1987 von dem der vorangegangen sechs Jahre abwich. In Palomarin gab es Überlebenszahlen für sieben Jahre und drei an der Küste vorkommende Buschvogelarten: Meisenzaunschlupfer, Weißschopfsperling und Singspatzen.[29] DeSante und seine Mitarbeiter stellten fest, daß die Überlebensrate bei *alten* Vögeln dieser drei Arten 1986/87 die *niedrigste* seit sieben Jahren war. Die entsprechende Überlebensrate der *einjährigen* und *mittelalten erwachsenen* Vögel war bei diesen drei Arten dagegen die *höchste* seit sieben Jahren. Das lag vermutlich an den günstigen Witterungsbedingungen im Winter 1986/87. Zunächst machten diese ungewöhnlichen Ergebnisse DeSante stutzig, weil ältere erwachsene Vögel normalerweise mindestens genausogut überleben wie junge erwachsene Vögel.

„Ältere Vögel sind jüngeren im allgemeinen etwas überlegen, sie sind erfahrener, finden besser Schutz und haben normalerweise das beste Revier", erklärte DeSante. „Wäre das Nahrungsangebot das Problem, würden sich auch da die älteren Vögel im allgemeinen besser behaupten, wären überlegen und damit besser imstande, sich Nahrung zu beschaffen." [30]

Bei seiner sorgfältigen Untersuchung der Landvögel in Palomarin hatte er herausgefunden, daß es einen Fortpflanzungsausfall gab, der Jungvögel oder Vögel im Embryonalstadium betraf. Als die eben flügge gewordenen Vögel das Nest verließen, war ihre Zahl um 62 Prozent niedriger, als sie hätte sein müssen. Aus den Fortbestandsraten ging hervor, daß die ganz alten Vögel ebenfalls betroffen waren.

Schließlich ging DeSante der Frage nach, ob der Bestand der einjährigen Vögel 1987 einen Hinweis auf die Größe des Fortpflanzungsausfalls von 1986 gab. Er verglich die Zahl der Jungvögel derselben drei Arten – Meisenzaunschlupfer, Weißschopfsperling und Singspatzen – in den sieben Jahre von 1981 bis 1987.

„Als die Brutzeit 1987 zu Ende ging, war der Rückgang bei den 1986 geschlüpften Jungvögeln sogar noch größer als der, den wir im Sommer 1986 festgestellt hatten", erklärte DeSante, „was vermuten ließ, daß von diesen Vögeln später in jenem Sommer noch mehr starben oder vermehrt im Winter. Und wenn sie in jenem Winter wirklich vermehrt starben, war das nicht sonderlich seltsam. Denn von den Vögeln, die ein, zwei oder drei Jahre alt waren, überlebten sehr viel mehr. Halten wir also noch einmal fest: Die einzigen Vögel, von denen 1986/87 deutlich weniger überlebten, waren die jungen und alten." [31]

All diese rätselhaften Ergebnisse können, wie DeSante meinte, durchaus mit der Hypothese übereinstimmen, daß die radioaktive Strahlung von Tschernobyl die Ursache war. „Ich glaube, wenn Niedrigstrahlung über das Immunsystem wirkt, würde sie in erster Linie die ganz Jungen schädigen, deren Immunsystem sich noch in der Entwicklung befindet, und die Alten, deren Immunsystem nachläßt. Und das könnte der Grund für das sein, was wir 1986 erlebt haben." [32]

Die Zahl der im Sommer 1988 in Palomarin ins Netz gegangenen Vögel lag zwar über der für 1986 und 1987, doch DeSante rechnet erst für 1990 oder 1991 damit, den Stand von vor 1986 wieder zu erreichen.[33]

Die Ornithologen sind sich darin einig, daß Vögel als ein Frühwarnsystem für den Menschen betrachtet werden können, weil sie auf die Umwelt besonders empfindlich reagieren – wie der berühmte Kanarienvogel im Bergwerk. Die Bergleute wußten nie, wann die giftigen Gase eine gefährliche Konzentration erreichten. Sobald der Kanarienvogel einging, hasteten sie nach draußen. Haben die Vögel den Menschen im Sommer 1986 eine ähnliche Botschaft zukommen lassen, nur diesmal über die Gefahren der Niedrigstrahlung, die gerade für anfällige Menschen, wie Säuglinge und kranke Erwachsene, besonders hoch sind?

4. Unglück am Savannah

Am 1. Oktober 1988 sorgte die Nachricht von einem Nuklear-unfall in der staatlichen *Atomwaffenfabrik am Savannah* im US-Bundesstaat Südkarolina für Schlagzeilen im ganzen Land. Das Unglück gehörte laut Meldung „zu den schwersten, die je registriert wurden", aber man hatte es fast 20 Jahre lang ge-heimgehalten.[34] Bei einer von Senator John Glenn geführten Anhörung wurde bekannt, daß im November und Dezember 1970 zwei Kernbrennstäbe „durchgebrannt" waren, wobei gro-ße Mengen radioaktiver Strahlung freigesetzt werden können. Wenn diese Strahlung aus der Sicherheitshülle entwich, konnte man die Folgen für die menschliche Gesundheit mit denen des Unglücks von *Three Mile Island* im Jahr 1979 vergleichen. Nur wenige Wochen nach dieser Enthüllung wurden aus Sicher-heitsgründen zwei weitere Atomwaffenfabriken geschlossen. Dem öffentlichen Argwohn, daß schwerwiegende Fehler un-terlaufen wären, wurde mit offiziellen Dementis begegnet: Die Werke hätten „mit einer ausreichenden Sicherheitsreserve gear-beitet".[35] *E. I. du Pont de Nemours & Company*, der Betreiber der *Savannah River Plant* zur Zeit des Unglücks, schaltete in *The New York Times* eine ganzseitige Anzeige, in der es hieß: „Die entwichene Radioaktivität ist im Gebäude geblieben", und „niemand innerhalb oder außerhalb des Geländes wurde geschädigt".[36]

Die Atomwaffenfabrik am Savannah spielt in der Geschichte der Nukleartechnologie eine besondere Rolle. Ihre Reaktoren produzieren Tritium, ein für die Herstellung moderner ther-monuklearer Waffen unentbehrliches Element. Nach über 30jährigem Betrieb ist das Gelände heute einer der radioaktiv-sten Orte auf der Welt. Fast eine Milliarde Curie hochradio-aktiver Atomabfälle werden dort gelagert, mehr als die Hälfte des US-Bestandes.[37]

Das Bekanntwerden der Unfälle am Savannah warf die Frage auf, ob es statistisch signifikante Anzeichen für gesundheitsschädliche Auswirkungen in Südkarolina und den angrenzenden Staaten gäbe. Eine Überprüfung staatlicher Daten erbrachte ein erschreckendes Ergebnis: Nach den beiden Unfällen im November und Dezember 1970 war die Radioaktivität in der Milch und im Regen in Südkarolina und im gesamten Südosten deutlich gestiegen.[38] Die Säuglings- und Gesamtsterblichkeit erreichte unmittelbar nach den Unfällen Höchstwerte, und es zeigten sich auch beunruhigende Langzeittrends bei der regionalen Sterblichkeit.

Die im Dezember 1970 gemessene Radioaktivität des Regens in Südkarolina stieg sprunghaft auf das Sechsfache der entsprechenden Werte des Vorjahres (vgl. Abbildung 4.1).[39] Diese abrupte Zunahme der Betastrahlung trat unmittelbar nach den Unfällen im November und Dezember 1970 auf. Der Anstieg lag deutlich über dem lokalen Trend der vorangegangenen 22 Monate und war dreimal so hoch wie der in den USA.[40] Auch

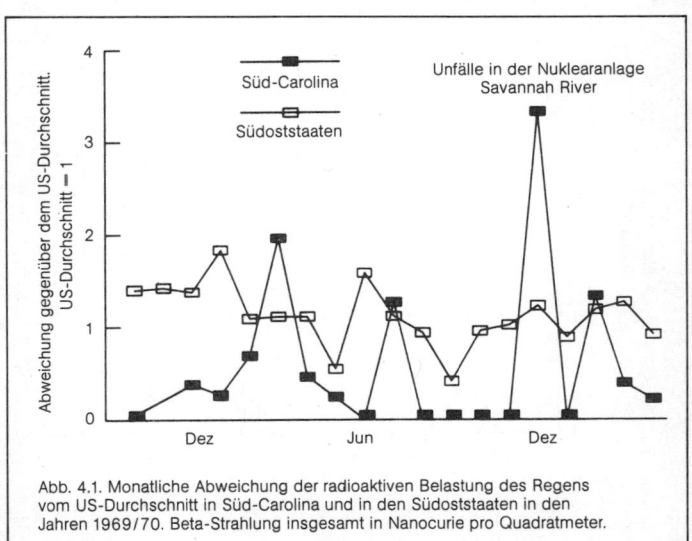

Abb. 4.1. Monatliche Abweichung der radioaktiven Belastung des Regens vom US-Durchschnitt in Süd-Carolina und in den Südoststaaten in den Jahren 1969/70. Beta-Strahlung insgesamt in Nanocurie pro Quadratmeter.

der gesamte Südosten wies für den Dezember eine doppelt so hohe Radioaktivität des Regens auf wie im gleichen Monat des Vorjahrs (1,2mal höher als die Zunahme in den USA). Die Durchschnittswerte waren im Südosten höher als in allen anderen Regionen des Landes: fünfmal höher als im Nordosten und Westen und 70mal höher als im Mittelwesten.[41]

Auch die im Dezember 1970 gemessenen Werte der Betastrahlung der Luft insgesamt (im Gegensatz zum Regen) zeigten eine Häufung abnorm hoher Aktivität in den südöstlichen Bundesstaaten – wobei Nordkarolina, Südkarolina und Alabama die höchsten Werte östlich des Mississippis aufwiesen.[42]

Die Milch war ebenfalls radioaktiv verseucht. Die Strahlenwerte zeigten, daß der Anteil von Strontium-90, der im Sommer nach den Unfällen in der *Savannah River Plant* in pasteurisierter Milch in Südkarolina ermittelt wurde, deutlich über dem des vorigen Sommers lag. In den übrigen Bundesstaaten sank dagegen der Anteil von Strontium-90 in der Milch (vgl. Abbildung 4.2).[43]

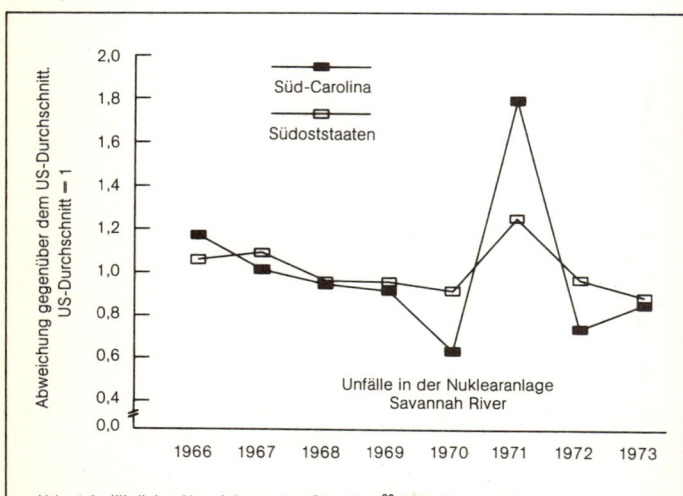

Abb. 4.2. Jährliche Abweichung des Strontium[90]-Gehaltes der Milch vom US-Durchschnitt in Süd-Carolina und in den Südoststaaten. Pikocurie pro Liter.

Wie üblich wurden hier die jährlichen Juli-Werte herangezogen, weil die Kühe bis dahin das Strontium-90, das sich mit den Niederschlägen des Winters auf dem Weideland abgelagert hat, mit der Nahrung aufgenommen und an die Milch abgegeben haben. In jener Zeit gehörten die Sommerwerte von Strontium-90 in der Milch, die nur 40 Kilometer nordöstlich der Waffenfabrik produziert wurde, zu den höchsten des Landes und betrugen fast das Doppelte des US-Durchschnitts.[44]

Unmittelbar nachdem man die erhöhte Radioaktivität im Regen festgestellt hatte, stieg die Säuglingssterblichkeit in Südkarolina im Januar 1971 auf einen Spitzenwert, der 24 Prozent über dem des Januars 1970 lag (vgl. Abbildung 4.3). In den USA und dem Südosten ging sie dagegen im gleichen Zeitraum zurück.[45] Auch die Gesamtzahl der Todesfälle in Südkarolina wich in den Monaten direkt nach den Unfällen deutlich von der im übrigen Land ab: Sie sank seit dem Januar des Vorjahres um sechs Prozent langsamer als in den USA insgesamt (vgl. Abbildung 4.4).[46]

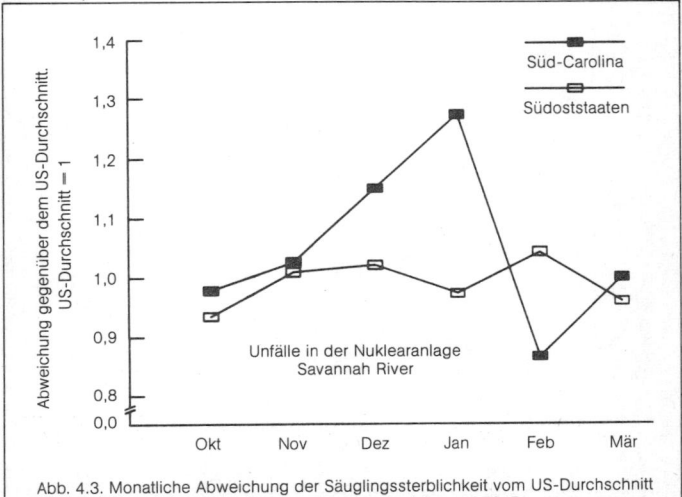

Abb. 4.3. Monatliche Abweichung der Säuglingssterblichkeit vom US-Durchschnitt in Süd-Carolina und in den Südoststaaten in den Jahren 1970/71.

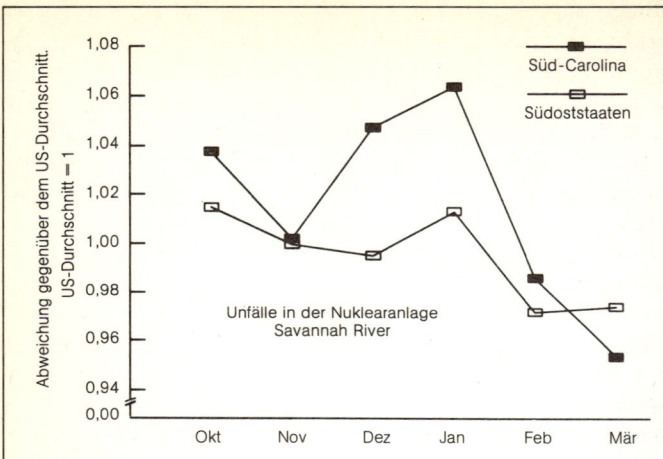

Abb. 4.4. Monatliche Abweichung der Todesfälle insgesamt vom US-Durchschnitt in Süd-Carolina und in den Südoststaaten in den Jahren 1970/71.

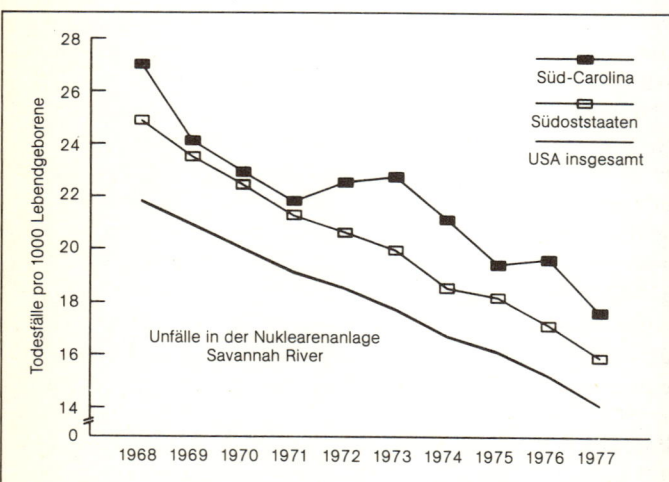

Abb. 4.5. Säuglingssterblichkeit in den Jahren 1968 bis 1977 in Süd-Carolina im Vergleich zu der in den Südoststaaten und in den USA insgesamt.

Einen zweiten verzögerten und noch eindeutigeren Spitzenwert bei der Säuglingssterblichkeit verzeichnete Südkarolina im Sommer 1971. Er stieg in den fünf Monaten Mai bis September um 15 Prozent gegenüber dem Vorjahressommer. Im übrigen Südosten und den USA fiel er im gleichen Zeitraum.[47] Die in diesen Monaten geborenen Säuglinge waren zur Zeit der Unfälle Embryos im ersten oder zweiten Vierteljahr der Schwangerschaft, zu dem Zeitpunkt also, als ihre Mütter möglicherweise erhöhter radioaktiver Bestrahlung von Umwelt und Nahrung ausgesetzt waren und über die Milch im Sommer hohe Strontium-90-Konzentrationen aufgenommen hatten.

Einen dritten, noch signifikanteren Spitzenwert gab es drei Jahre nach den Unfällen. Die jährliche Säuglingssterblichkeit erreichte in Südkarolina nach zweijährigem ununterbrochenem Anstieg 1973 einen Höhepunkt. Im übrigen Südwesten und in den gesamten USA gingen die Werte dagegen zurück (vgl. Abbildung 4.5).[48]

Ähnlich stieg auch die jährliche Gesamtsterblichkeit in Südkarolina 1973 auf eine Höchstmarke (vgl. Abbildung 4.6). Von 1968 bis 1973 nahm die Gesamtsterblichkeit in diesem Bundesstaat um über drei Prozent zu, während sie in den USA um über drei Prozent sank.[49]

Noch bedenklicher stimmt die Tatsache, daß der dreiprozentige Anstieg der Sterblichkeit in Südkarolina von 1971 bis 1973 der Schwerpunkt einer zweiprozentigen Spitze im gesamten Südwesten war, der seinerseits das Zentrum einer statistisch signifikanten Spitze über der Landesrate von einem Prozent darstellte.[50] In den Jahren 1972 und 1973 starben in den USA 130000 mehr Menschen als man für diesen Zeitraum hätte erwarten sollen.[51] Wie Abbildung 4.6 zu entnehmen ist, war der Südwesten, und da vor allem Südkarolina, das Zentrum dieser deutlichen Steigerung. Insgesamt starben in den 70er und frühen 80er Jahren in Südkarolina 20000 mehr Menschen als der US-Durchschnitt vermuten ließ.[52] Nach dem Höhepunkt von 1973 gingen die überdurchschnittlich hohen Sterblichkeitsrisiken bei allen Krankheiten in den folgenden Fünfjahresperioden von 1974 bis 1978 und von 1979 bis 1983 zurück.[53]

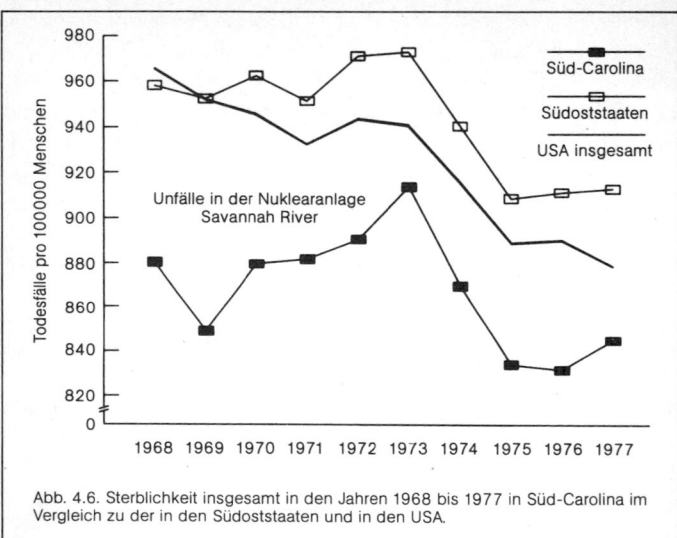

Abb. 4.6. Sterblichkeit insgesamt in den Jahren 1968 bis 1977 in Süd-Carolina im Vergleich zu der in den Südoststaaten und in den USA.

In den 15 Jahren von 1968 bis 1983 (1972 ausgenommen, da der Staat für dieses Jahr keine vollständigen Zahlen angab) wich die krankheitsbedingte Säuglingssterblichkeit in Südkarolina beständig von der im übrigen Land ab: Sie stieg um 13 Prozent rascher als im US-Durchschnitt.[54] Die geburtsfehlerbedingte Säuglingssterblichkeit verzeichnete eine noch erschreckendere Zunahme: Sie stieg um 25 Prozent schneller als in den USA und ließ die überdurchschnittlich vielen Todesfälle um mehr als das 2400fache in die Höhe schnellen (vgl. Tabelle 4.1).[55]

Südkarolina erlebte von 1968 bis 1983 auch eine Verdreifachung der überdurchschnittlich häufigen Todesfälle durch Lungenkrebs. Diese Todesfälle traten überwiegend in Countys auf, die im Umkreis und im Abwind der Kernkraftwerke liegen, wie die Karte in Abbildung 4.7 zeigt. Die meisten der überdurchschnittlich vielen Todesfälle durch Lungenkrebs gab es etwa zehn Jahre nach den Reaktorunfällen. Tatsächlich lag die Sterblichkeitsrate für Lungenkrebs in Südkarolina zur Zeit der Unfälle etwa drei Prozent unter dem Durchschnitt der

Tabelle 4.1. Standardisierte Sterblichkeitsquotienten und signifikant überhöhte Todesfälle in Südkarolina, 1968 bis 1983.

| Statistik | Todesursachen | | | |
	Alle Krankheiten	Lungenkrebs	Säuglingserkrankungen	Geburtsfehler
Standardisierte Sterblichkeitsquotienten				
1968–83 Veränderung	– 3 %	6 %	9 %	24 %
1968–73 (ohne 1972)	1,10	0,97	1,03	0,95
1979–83	1,07	1,03	1,12	1,18
Signifikant über dem Durchschnitt liegende Todesfälle				
1968–83 gesamt	24.129	779	697	154
1968–83 Veränderung	–23 %	357 %	56 %*	2,438 %
1968–73 (ohne 1972)	8.391	88	0	8
1979–83	6.469	402	299	203

* Dieser Anstieg gilt für 1974 bis 1983, da für 1968 bis 1973 keine Daten zu signifikant überdurchschnittlich vielen Todesfällen durch Säuglingserkrankungen vorlagen (eine Veränderung von Null aus läßt sich nicht berechnen).

Standardisierte Sterblichkeitsquotienten betreffen die Todesfälle aufgrund einer bestimmten Ursache in einer bestimmten Rassen-Geschlechts-Alters-Gruppe, geteilt durch die Zahl der Todesfälle, die bei den entsprechenden US-Raten erwartet wird. Ein Wert von 1,00 bedeutet, daß die Todesfälle mit der erwarteten US-Rate auftreten; ein Wert unter 1,00 bedeutet, daß die Lebenserwartung besser als die US-Norm ist, ein Wert über 1,00, daß sie schlechter ist. Signifikant überdurchschnittlich viele Todesfälle schließen die Zahl der festgestellten Todesfälle ein, die für die jeweilige Rassen-Geschlechts-Gruppe signifikant höher als erwartet ist, im Vergleich zu entsprechenden altersspezifischen US-Mittelwerten. Todesfälle in der Schätzung sind nur dann berücksichtigt, wenn sie mit mehr als 99%iger Wahrscheinlichkeit kein Zufallsereignis sind.

USA. 1979 bis 1983 lag sie jedoch drei Prozent darüber (vgl. Tabelle 4.1).

Diese überdurchschnittlich vielen Todesfälle durch Lungenkrebs bedeuten ein Lebensrisiko, das 1000mal höher ist als es

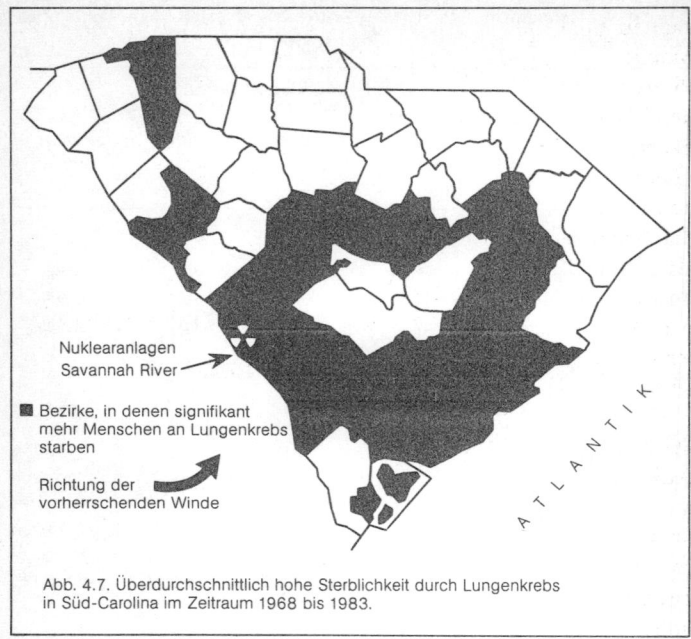

Nuklearanlagen
Savannah River

■ Bezirke, in denen signifikant
mehr Menschen an Lungenkrebs
starben

Richtung der
vorherrschenden Winde

ATLANTIK

Abb. 4.7. Überdurchschnittlich hohe Sterblichkeit durch Lungenkrebs
in Süd-Carolina im Zeitraum 1968 bis 1983.

einige andere EPA-Normen für erhöhte Krebsrisiken erlauben. Die EPA verbot Pestizidrückstände in Nahrungsmitteln, auf deren Konto ein zusätzlicher Krebstoter pro eine Million Menschen geht. Das geschätzte zusätzliche Risiko, in Südkarolina an Lungenkrebs zu erkranken, ergab über 1700 Todesfälle pro eine Million Menschen. Eine andere EPA-Norm für die Belastung durch Abfälle von Uranbergwerken läßt einen zusätzlichen Fall von Lungenkrebs auf 100 000 Menschen zu. Das Zusatzrisiko, in Südkarolina an Lungenkrebs zu erkranken, ist über 100mal größer als selbst dieser strenge Grenzwert zuläßt.

Erhärtet wird das hier beschriebene Muster überdurchschnittlich vieler Todesfälle durch kaum bekannte Krebs-Karten, die die EPA 1987 herausgegeben hat.[56] Aus ihnen geht hervor, daß die Zunahme von Lungenkrebs bei männlichen Weißen in den Countys im Umkreis der Atomwaffenfabrik am Savannah in den 70er Jahren eine der höchsten im Land war. Männer nichtweißer Hautfarbe starben in Südkarolina um 35 Prozent häufiger an Krebs als in den übrigen USA. In den beiden Nachbarstaaten Südkarolinas, in Georgia und Nordkarolina, stieg die Krebssterblichkeit unter den Männern nichtweißer Hautfarbe um 28 Prozent schneller als in den übrigen USA. In den vier sich daran anschließenden Staaten, in Alabama, Florida, Tennessee und Virginia, nahm sie um 13 Prozent rascher zu als in den USA. Und in den übrigen fünf Staaten des Südostens – Delaware, Kentucky, Maryland, Mississippi und West Virginia – stieg sie im gleichen Tempo wie im übrigen Land. Je weiter entfernt ein Mann nichtweißer Hautfarbe von Südkarolina lebte, desto seltener starb er an Krebs.[57]

Signifikante Höchstwerte bei radioaktiver Strahlung und Sterblichkeit im Süden der USA können mit der verstärkten Aufnahme radioaktiver Schadstoffe in der Nahrung in Zusammenhang gebracht werden. Die in Abbildung 4.2 dargestellte krasse Zunahme des Strontium-90-Gehalts der Milch in Südkarolina läßt auf eine starke radioaktive Verseuchung von Lebensmitteln nach den Unfällen schließen. Die ungewöhnlich hohen Strontium-90-Werte der Milch, die in einem Umkreis der Anlage von 40 Kilometern registriert wurden, wurden 1971 von noch höheren Werten übertroffen. Im nächsten Jahr sanken sie in starkem Maß.[58] Ein ähnlich hoher Strontium-90-Wert Ende 1971 wurde in den öffentlichen Trinkwasservorräten festgestellt, die sich aus Oberflächengewässern speisen, vor allem aus Flüssen. Die erhöhte Konzentration von Strontium-90 im Herbst entspricht einer hohen atmosphärischen Freisetzung von Radioaktivität im Winter davor. Es kann mehrere Monate dauern, bis durch Niederschläge abgelagerte Verseuchungsstoffe in die Flüsse gelangen. Wie bei der Milch sank die durchschnittliche Radioaktivität der öffentlichen Trinkwasservorräte 1972 um über 80 Prozent.[59]

Die bei weitem höchste Konzentration von Strontium-90 wurde in örtlichen Naturprodukten und im Wild gefunden – Fisch aus dem Savannah wies die 2000fache Strontiumkonzentration der Wasservorräte auf. Strontium-90 reichert sich in Fischen besonders dann an, wenn das Wasser wenig Kalzium enthält, wobei Süßwasserfische stärker betroffen sind als Salzwasserfische. Auch in Getreide, Gemüse, Obst und Geflügel, die im Umkreis der Fabrik von 40 Kilometern produziert wurden, fand man hohe Strontium-90-Werte.

Die gesundheitlichen Auswirkungen der Verseuchung mit Strontium-90 durch die Atomwaffenfabrik haben unter Umständen fatale Folgen gehabt. Obst und andere landwirtschaftlichen Erzeugnisse aus dem Südosten werden im ganzen Land vertrieben, beispielsweise Orangen aus Florida und Pfirsiche aus Georgia. Die Auswirkungen des Unglücks von 1970 lassen sich noch in Obst und Gemüse nachweisen, das in New York gegessen wurde. 1971 enthielt Obst, das auf New Yorker Märkten verkauft wurde, Strontium-90-Konzentrationen, die siebenmal so hoch wie die der Milch waren, die nicht aus dem Südosten der USA kam. Darüber hinaus bedeutet die Halbwertzeit des Strontium-90 von 30 Jahren, daß es jahrzehntelang den Boden, Wurzelgemüse und tiefwurzelnde Obstbäume radioaktiv verseucht.[60]

Um den hohen Grad der radioaktiven Verseuchung nach den Unfällen zu verdeutlichen, werden in Tabelle 4.2 die Maximalwerte der 1971 aufgetretenen Strontium-90-Belastung im Fabrikumkreis von 40 Kilometern mit den Durchschnittswerten für New York im Jahr 1982 verglichen. Die Belastung im Savannah gefangener Katzenfische und Brassen war über 100 000mal höher als die Durchschnittsbelastung von Frischfisch in New York, der zu einem großen Teil aus dem Meer kommt. Die Konzentration in Grünkohl aus der Umgebung der Anlage war 50mal höher als die im Gemüse in New York. Getreide war 40mal höher belastet, Geflügel 33mal höher, und die Strontium-90-Konzentration der Milch aus der Umgebung der *Savannah River Plant* betrug das Achtfache derjenigen in New York.

Elf Jahre Zerfallszeit und unterschiedliche Aufnahme durch den Boden begründen vielleicht einen Teil der höheren Meßwerte in Südkarolina, aber derart massive Unterschiede können sie wohl kaum erklären.

Tabelle 4.2. Belastung von Nahrungsmitteln mit Strontium-90 im Umkreis der Atomwaffenfabrik am Savannah 1971 im Vergleich zu New York 1982.

Nahrungsart (oder vergleichbar)	Maximale Konzentration 1971 im Umkreis der Atomwaffenfabrik am Savannah[a]	Konzentration in New York 1982 im Vergleich zum Durchschnitt am Savannah 1971
Fisch	23.000[b]	115.000[d]
Pflanzen	75.000[c]	8.523[e]
Pflaumen	160	62[f]
Kohl	500	57[e]
Hafer, Roggen, Weizen	250	40[g]
Huhn	10	33[h]
Mais	70	11[g]
Milch	26	8[i]
Trinkwasser	10[j]	kA

[a] Es wurde an verschiedenen Stellen im Umkreis von 40 Kilometern gemessen. Die Konzentrationen sind für feste Stoffe in Pikocurie pro Kilogramm (pCi/kg) angegeben, für Flüssigkeiten in Pikocurie pro Liter (pCi/l).
[b] Enthält Strontium-89 und Strontium-90.
[c] Schließt alle nichtflüchtigen Betastrahler wie Strontium-90 ein.
[d] Im Vergleich zu 0,2 pCi/kg für Frischfleisch in New York.
[e] Im Vergleich zu 8,8 pCi/kg für frisches Gemüse in New York.
[f] Im Vergleich zu 2,6 pCi/kg für frisches Obst in New York.
[g] Im Vergleich zu 6,2 pCi/kg für Vollkorn in New York.
[h] Im Vergleich zu 0,3 pCi/kg für Geflügel in New York.
[i] Im Vergleich zu 3,2 pCi/kg für Molkereiprodukte in New York.
[j] Umfaßt nur die öffentliche Trinkwasserversorgung aus Oberflächengewässern, also aus Flüssen und Seen.
kA = keine Angaben.

Ein Erwachsener, der 1971 ein Viertelpfund Katzenfisch aus dem Savannah gegessen hätte, hätte mehr als das Fünffache der täglich zulässigen radioaktiven Strahlenmenge aufgenommen, die ein Jahrzehnt zuvor festgesetzt worden war.[61] Ein Säugling hätte mit dieser Menge eine Strahlendosis aufgenommen, die etwa 20 Röntgenuntersuchungen der Brust entsprochen hätte.[62] Im übrigen kann eine längere Belastung durch die mit der Nahrung aufgenommenen Betastrahler die Zellmembranen eintausendmal stärker schädigen als eine kurze äußerliche Belastung durch Röntgenstrahlen, wie im methodischen Anhang eingehender erläutert wird.

Nach den Unfällen am Savannah wurden in den Knochen von Kindern aus Südkarolina um 45 Prozent erhöhte Strontium-90-Werte gemessen, die zur gleichen Zeit im Südosten insgesamt um elf, im Nordosten um 19 Prozent fielen. Südkarolina wies während des ganzen Jahres 1971 die höchsten in Knochen gemessenen Strontium-90-Werte der USA auf; für Kinder unter zehn Jahren lag der Durchschnitt mehr als doppelt so hoch wie im Nordosten. Nachdem diese hohen Werte des Jahres 1971 bekannt wurden, stoppte der Staat die Veröffentlichung der Strontium-90-Werte in Menschenknochen.[63]

Der drei Jahre nach den Unfällen beobachtete Höhepunkt der Säuglingssterblichkeit hat seine Ursache möglicherweise in der Anhäufung von Strontium-90 in den Knochen werdender Mütter. Für Ungeborene ist die Anhäufung besonders schädlich. Die Konzentration von Strontium-90 in Knochen erreicht normalerweise drei Jahre nach der Aufnahme radioaktiv verseuchter Nahrung ihren Höhepunkt. Bei einem geschädigten Immunsystem können die Infektionsrisiken zunehmen und dazu führen, daß eine Schwangere den Fetus wie einen Fremdkörper abstößt. Die Gefahr von Fehlgeburten, Frühgeburten, untergewichtigen Neugeborenen und die Säuglingssterblichkeit können demzufolge dramatisch ansteigen.[64] Eine ähnliche dreijährige Latenzzeit wurde bei Früh- und Fehlgeburten nach dem massiven Auftreten radioaktiver Fallouts durch Atombombentests in der Atmosphäre festgestellt.[65]

Eine dreijährige Anreicherung von Strontium-90 im Körper könnte auch die verzögerten Spitzenwerte der Gesamtsterblichkeit erklären, bei der es vor allem um Tod durch Herzerkrankungen, Krebs und andere Ursachen ging. Nach der Theorie oxidieren freie Radikale, die durch Strahlungsquellen im Körper entstehen, Cholesterin mit geringer Dichte und fördern seine Ablagerungsbereitschaft in den Arterien: Das behindert den Blutstrom und kann zum Herzinfarkt führen.[66]

Anfang der 70er Jahre starben in Südkarolina ungewöhnlich viele Einwohner unter den Nichtweißen an kardiovaskulären

Erkrankungen. Bei den Weißen gab es zwar ähnliche, aber nicht so drastische Höchstwerte. Unterschiede in der Ernährung, dem sozioökonomischen Status und in der ärztlichen Versorgung haben möglicherweise dazu beigetragen, daß die mit der Nahrung aufgenommene Niedrigstrahlung sich verschieden ausgewirkt hat.

Konnten die ungewöhnlich hohe Sterblichkeit und die Strahlenphänomene durch etwas anderes als die Unfälle in der Atomwaffenfabrik am Savannah erklärt werden? Waren die hohen Sterblichkeitsraten vielleicht Zufall? Die Wahrscheinlichkeit, daß die hohe Gesamtsterblichkeit in den direkt auf die Unfälle folgenden Monaten das Ergebnis von Zufallsabweichungen war, die über dem US-Trend lagen, beträgt weniger als zweieinhalb Prozent. Die Wahrscheinlichkeit, daß die hohe Sterblichkeit sechs Monate später ein Zufall war, beträgt nicht einmal ein halbes Prozent. Und die Wahrscheinlichkeit, daß die hohe Sterblichkeit drei Jahre nach den Unfällen ein Zufallsereignis war, liegt bei weniger als eins zu einer Million. Die Frage bleibt: Wenn die Unfälle nicht diesen signifikanten Anstieg der Sterblichkeit verursachten, woran kann es dann gelegen haben?

Die Überprüfung von möglichen anderen Ursachen als die der Unfälle in der Atomwaffenfabrik erbrachte keine einleuchtenden Erklärungen für die überdurchschnittlich vielen Todesfälle. Die untersuchte Bevölkerungsgruppe wurde nach Alter, Geschlecht und Rasse „bereinigt", damit bestimmte Faktoren als Erklärung für die überdurchschnittlich vielen Todesfälle ausscheiden. Außerdem wurden über 40 Industriegifte, Pestizide, die Umweltverschmutzung in den Städten, Rauchen und sozioökonomische Umstände als mögliche Verursacher berücksichtigt. Es ergaben sich keine Beweise dafür, daß Rauchen, Armut oder Pestizide zur Zeit der Unfälle ungewöhnlich stark anstiegen und dann wieder abnahmen. Das aber hätte der Fall sein müssen, um die hohe Sterblichkeit Anfang der 70er Jahre zu erklären. Keiner der Umwelt-, Verhaltens- oder biologischen Faktoren war, wie sich herausstellte, geographisch und zeitlich mit den überdurchschnittlich vielen Todesfällen in Verbindung zu bringen.

Um die Signifikanz der geographischen Abweichungen bei anderen Formen der Umweltverschmutzung zu testen, verglichen wir Südkarolina mit dem übrigen Land. Außerdem wurden Countys im Bundesstaat, für die man ein höheres Belastungsrisiko durch den Fallout der Atomwaffenfabrik vermutete, mit denen verglichen, für die ein geringeres Risiko bestand. Die Countys wurden in zwei Gruppen unterteilt: Die 17 überwiegend nordwestlichen Countys bildeten die Gruppe mit dem vermutlich geringeren Risiko, die 29 Countys des Küstenflachlands die mit dem vermutlich höheren Risiko.[67] Wir stellten fest, daß die Countys mit dem höheren Risiko größere Zunahmen an Radioaktivität und mehr unvermutete Todesfälle verzeichneten als die Countys mit dem geringeren Risiko. Keiner der Umweltfaktoren bestand jedoch *beide* Tests der signifikanten geographischen Abweichung. Das heißt: Keiner der Faktoren war in Südkarolina signifikant stärker vertreten als in den USA, und in den Countys mit dem höheren Risiko stärker als in der Gruppe mit dem niedrigeren Risiko.[68]

Kommt das Zigarettenrauchen als Faktor in Frage? Erstens erklärt das Rauchen nicht, warum die überdurchschnittlich vielen Todesfälle durch Lungenkrebs überwiegend in Countys festgestellt wurden, die im Abwind der *Savannah River Plant* lagen. Zweitens ist der Pro-Kopf-Verbrauch an Zigaretten in Südkarolina seit dem Zweiten Weltkrieg niedriger als im übrigen Land. Die relativ wenigen Todesfälle durch Lungenkrebs in Südkarolina zu Beginn der 70er Jahre (drei Prozent unter dem Landesdurchschnitt) stimmen mit der niedrigeren Raucherquote des Bundesstaates in den 50er und 60er Jahren überein. Das Rauchen nahm in Südkarolina zwar schneller als im übrigen Land zu, lag 1979 aber immer noch um vier Prozent unter dem Landesdurchschnitt und um acht Prozent unter dem Schnitt im Südwesten. Das Rauchen allein kann nicht erklären, warum Anfang der 80er Jahre in Südkarolina prozentual mehr Menschen an Lungenkrebs starben als in den USA.[69]

Ebenso unwahrscheinlich ist, daß die überdurchschnittlich vielen Todesfälle durch Lungenkrebs auf die berufsbedingte Belastung mit Asbest und anderen Stoffen zurückgingen, die vor allem im Zweiten Weltkrieg im Schiffsbau und bei Schiffs-reparaturen an der Küste Südkarolinas verwendet wurden.[70] In den 60er und 70er Jahren sank die Lungenkrebsrate in vielen Countys an der Küste im Vergleich zu der in den USA, parallel zum rückläufigen Einsatz von Asbest.[71] 1972 gab die zentrale *US-Behörde für Sicherheit und Gesundheit am Arbeitsplatz* (OSHA) Bestimmungen für Asbest heraus, die ersten von der OSHA erlassenen Vorschriften.[72] Im übrigen nahm die Sterb-lichkeit durch Lungenkrebs im Vergleich zu den USA in den 70er Jahren gar nicht am stärksten in den Countys an der Küste zu, sondern in den landeinwärts gelegenen Countys in der Nähe der Atomwaffenfabrik am Savannah, in Georgia und in Südkarolina. Mit dem Schiffsbau lassen sich die überdurch-schnittlich vielen Todesfälle durch Lungenkrebs im Landesin-neren mehrerer Countys an Orten, die im Wind der Fabrik am Savannah liegen, nicht erklären.

Das mittlere Haushaltseinkommen zeigte jedoch bei zwei Tests signifikante geographische Abweichungen: Die Haushal-te in den Countys mit dem höheren Risiko hatten niedrigere Einkommen als die in den Countys mit dem geringeren Risiko; und das mittlere Einkommen lag für den gesamten Bundesstaat unter dem Landesdurchschnitt. Die Frage lautete nun: Konn-ten die geringeren Haushaltseinkommen (1980 etwa 1300 US-Dollar jährlich unter dem Durchschnitt) die dreifache Zunah-me der überdurchschnittlich vielen Todesfälle durch Lungen-krebs und den 2400fachen Anstieg der Geburtsfehler erklären, die nach den Unfällen festgestellt wurden – und das vor allem in den Countys, die im Wind der Fabrik lagen? Gab es eine lo-kale wirtschaftliche Rezession, die 1973 ihren Tiefpunkt er-reichte und die ungewöhnlich hohe Sterblichkeit hätte verursa-chen können?

Selbst wenn diese Bedingungen erfüllt wurden: Welche so-zioökonomische Erklärung könnte es für die im Vergleich zum übrigen Land außergewöhnlich hohen Monatswerte 1971 ge-ben? Schlechtere Lebensbedingungen und Ernährung hätten zwar die Auswirkungen einer radioaktiven Belastung ver-schärft, aber es gab keine offensichtlichen sozioökonomischen

Bedingungen, die das festgestellte signifikante Sterblichkeitsmuster nach den Unfällen hätten erklären können.

Hatte am Ende eine andere Strahlenquelle die erhöhten Meßwerte Anfang 1971 hervorrufen können? 1970 und Anfang 1971 waren im gesamten Südosten keine kommerziellen Kernkraftwerke in Betrieb.[73] Zwischen dem 14. Oktober 1970 und dem 18. November 1971 führte China keine Atombombentests in der Atmosphäre durch; China war das einzige Land, das damals noch solche Tests auf der nördlichen Halbkugel vornahm. Im Süden Floridas (Miami) wurde in den beiden Jahren 1970 und 1971 keinerlei radioaktive Strahlung festgestellt, was dafür sprach, daß die hohe Radioaktivität in Südkarolina nicht von den Atombombentests der Franzosen im Südpazifik herrühren konnte. Und auch in Nevada fanden 1971 keine unterirdischen Tests statt, durch die Radioaktivität in die Umwelt hätte gelangen können, bis die *Embudo* am 16. Juni 1971 wieder eine Bombe zündete.[74]

Bei einem *Baneberry* genannten unterirdischen Bombentest, der am 18. Dezember 1970 in Nevada stattfand, trat jedoch Radioaktivität aus. Als Folge davon wurden im Bundesstaat Utah 1970 die höchsten Dezemberwerte radioaktiver Strahlung in der Luft gemessen; die Konzentration war fast 200mal höher als der Landesdurchschnitt und siebenmal höher als im nahen Idaho, wo die zweithöchsten Werte im Land gemessen wurden.[75] Man konnte erwarten, daß diese Staaten die höchsten Werte aufweisen, weil sie direkt an Nevada grenzen und nordnordöstlich des Testgeländes in direkter Richtung der vorherrschenden Winde liegen. Wie auch zu erwarten war, nahmen die Maximalwerte mit zunehmender Entfernung vom Testgelände ab, wobei der Nordosten der USA die niedrigsten Werte verzeichnete.

Die Frage war, ob *Baneberry* die ungewöhnlich hohe Radioaktivität in Nord- und Südkarolina hatte verursachen können, die die höchste an der Ostküste war. Die Meßwerte in Nordkarolina waren nach Utah und Idaho die dritthöchsten im Land und lagen um fast das 15fache über dem Durchschnitt für den Südosten. Es hätte eines magischen Vakuums im Wind zur

Anlage am Savannah bedurft, um die radioaktive Strahlung von *Baneberry* 3500 Kilometer von Nevada dorthin zu ziehen, ohne unterwegs eine Spur zu hinterlassen. Anders als lokale Hot spots (verstrahlte Orte) im Gefolge von Niederschlägen können sich Konzentrationen in der Luft nicht spontan „rekonzentrieren" und eine engbegrenzte Konzentration aufbauen, die weit außerhalb der Umgebung liegt, ohne gegen fundamentale Gesetze der Thermodynamik zu verstoßen.

Betrachten wir noch einmal den Strontium-90-Gehalt der Milch. Trotz vorwiegend südwestlicher Winde sank die Konzentration von Strontium-90 in der Sommer-Milch in den nordöstlichen Bundesstaaten um 13 Prozent gegenüber dem Sommer des Vorjahrs. Die Strontium-90-Werte der Sommer-Milch in Nord- und Südkarolina stiegen dagegen um 50 Prozent.[76] Außerdem wurde im Dezember 1970 in Südkarolina Strontium-89 in der Milch entdeckt; dieser Bundesstaat war einer von nur vier Regionen im Land, die in jenem Monat nennenswerte Konzentrationen zu melden hatten.[77] Da Strontium-89 eine Halbwertzeit von nur 50 Tagen hat (im Gegensatz zum langlebigen Strontium-90), läßt dieses Ergebnis darauf schließen, daß die festgestellte radioaktive Verseuchung von Lebensmitteln auf ein örtlich begrenztes Ereignis der jüngsten Zeit zurückging, nicht auf einen weltweiten Bombenfallout oder auf alte Spaltprodukte, die am Savannah gelagert wurden.

Die vorliegende Prüfung liefert gewichtige Belege dafür, daß radioaktive Strahlung bei den Unfällen in der *Savannah River Plant* im November und Dezember 1970 ausgetreten ist. Sie kann natürlich nicht den Nachweis führen, daß jemand an einer derartigen Belastung gestorben wäre. Aber ohne eine einleuchtende Gegenhypothese weist die hier hinterlassene Beweisspur – u. a. Höchstwerte bei der radioaktiven Umweltbelastung, die Verstrahlung von Lebensmitteln, radioaktive Strahlung in Menschenknochen und Höchstwerte bei der Sterblichkeit – ganz sicher in diese Richtung.

5. Three Mile Island

Mit offiziellen Bekanntmachungen, die von einem allgemeinen Störfall im *Kernkraftwerk Three Mile Island* (TMI) sprachen, markierte der 28. März 1979 den Beginn eines traumatischen Ereignisses in der amerikanischen Geschichte. Auf einer überfüllten Pressekonferenz in Harrisburg, Pennsylvania, am Tag, nach dem das Unglück begann, drängte Ernest Sternglass alle Schwangeren und Kinder, die Gegend zu verlassen. In *Secret Fallout*, seinem Bericht über den Störfall, schilderte Dr. Sternglass den schrecklichen Anflug auf den Flughafen Harrisburg, bei dem sein Meßgerät radioaktive Strahlung anzeigte, die um das 15fache über dem Normalwert lag. Selbst in dem Raum im *State Capitol*, wo die Pressekonferenz stattfand, zeigten die Meßwerte das Drei- bis Vierfache des Normalwerts. „Mir wurde", schrieb Dr. Sternglass, „schmerzlich bewußt, wie schwer es war, den Ernst der Lage klarzumachen, die bereits für die Schwangeren und Kinder bestand, ohne eine Panik auszulösen." [78]

Zwei Tage später ordnete Gouverneur Richard Thornburgh ihre Evakuierung an, obwohl ein großer Teil des Schadens schon angerichtet war. Die Protokolle der sich dahinschleppenden Beratungen der amerikanischen Atomaufsichtsbehörde in jenen ersten drei Tagen zeugen von der großen Ratlosigkeit, die zu der Verzögerung führte. Der Vorsitzende Joseph H. Hendrie sagte laut Bericht: „Mir scheint, ich muß den Gouverneur anrufen ..., damit es (die Evakuierung) sofort geschieht. Wir handeln fast völlig blind, seine Informationen sind unklar, ich habe überhaupt keine, und – ich weiß nicht, wir sind wie ein paar Blinde, die herumtasten und Entscheidungen fällen." [79]

Eine andere bezeichnende Anmerkung machte Roger Mattson, Leiter der Abteilung für Systemsicherheit: „Ich verstehe nicht, warum Sie die Leute nicht wegbringen. Das muß ich einmal sagen. Und ich habe es hier schon einmal gesagt. Ich weiß nicht, was wir jetzt noch schützen. Ich meine, wir müssen die Leute wegbringen."[80]

Nach den Berichten an die *Kemeny-Kommission,* die Präsident Carter zur Beurteilung der Unfallauswirkungen eingesetzt hatte, war der Großteil der radioaktiven Strahlung ausgetreten, bevor die Evakuierung angeordnet wurde. Die Umweltberater, die die *Metropolitan Edison Company,* Eigentümerin des beschädigten Reaktors, sich hielt, berichteten: „Nach den bei dieser Prüfung benutzten Techniken entsprechen die Dosisschätzungen dem Austritt von sieben Millionen Curie Edelgase an den ersten eineinhalb Tagen des Störfalls, zwei Millionen an den nächsten drei Tagen; danach traten nur noch relativ kleine Mengen aus."[81]

Zu dem Zeitpunkt, als die Evakuierung am dritten Tag nach dem Beginn des Unfalls angeordnet wurde, war also der größte Teil der geschätzten 14 Curie Jod-131 bereits entwichen. Die *Kemeny-Kommission* kam zu dem Schluß, daß die Schilddrüsenbelastung überwiegend auf Inhalation zurückging, nicht auf den Verzehr von Trinkwasser und Milch. Daher waren die größten Schäden für die in der Entwicklung befindliche Schilddrüse des Fetus schon eingetreten, als die Schwangeren schließlich die Gegend verließen.

Der Bericht enthüllte auch, daß der Wind zwischen 10 Uhr Mittwochvormittag (28. 3.) und 7 Uhr Donnerstagfrüh (29. 3.), als die meiste Radioaktivität freigesetzt wurde, mit 15 Kilometern pro Stunde aus Süd, Südost und Ost blies und das radioaktive Gas nordwärts in den Bundesstaat New York sowie in den Westen Pennsylvanias trieb (vgl. Abbildung 5.1).

Die *Kemeny-Kommission* schloß ihre Untersuchung im Sommer ab, ohne auf gesundheitliche Auswirkungen durch die mit dem Wind verbreitete Radioaktivität einzugehen. Die Abteilung für Bevölkerungsstatistik im Gesundheitsministerium von Pennsylvania, die von Dr. George Tokuhata geleitet wurde, lehnte es seinerzeit ab, irgendwelche aktuellen Informationen über Säuglingssterblichkeit im unmittelbaren Umkreis von Harrisburg herauszugeben, weil es angeblich mehrere Monate dauere, die Daten zu sichten und zu verarbeiten.

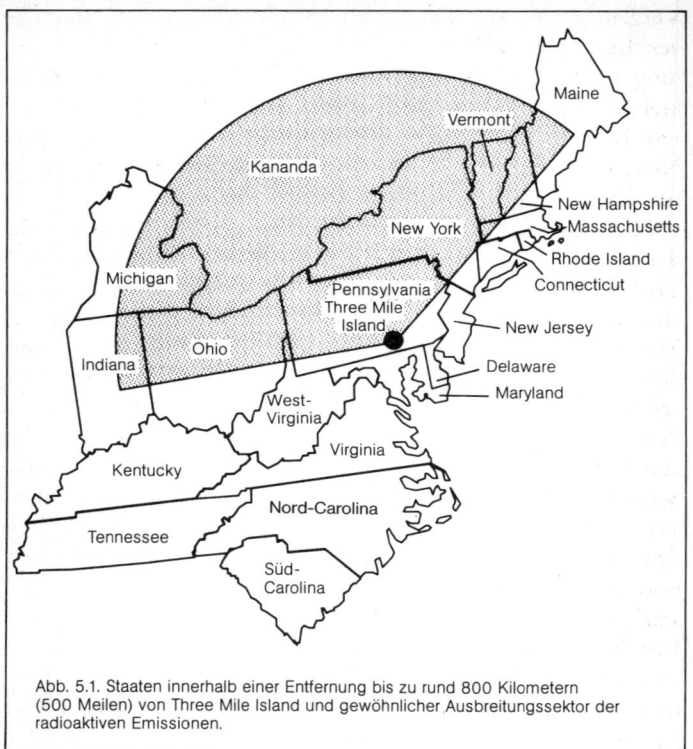

Abb. 5.1. Staaten innerhalb einer Entfernung bis zu rund 800 Kilometern (500 Meilen) von Three Mile Island und gewöhnlicher Ausbreitungssektor der radioaktiven Emissionen.

Obwohl die monatlichen Sterblichkeitsdaten niemals Gegenstand einer offiziellen Untersuchung waren, belegten sie, als die amerikanische Bundesregierung sie schließlich veröffentlichte, doch die tödlichen Folgen der durch das TMI-Kernkraftwerk freigesetzten Radioaktivität. Eine Überprüfung der monatlichen Veränderungen der Säuglings- und Gesamtsterblichkeit in Pennsylvania und in angrenzenden Gebieten, die die Regierung jeweils im *Monthly Vital Statistics Report* veröffentlicht, ergibt, daß es kurz nach dem Unfall tatsächlich zu einem statistisch signifikanten Anstieg kam. Das nationale Zentrum für Gesundheitsstatistik brauchte etwa vier Monate, um die

Vergleichsdaten der Bundesstaaten in den Monatsberichten zu veröffentlichen. Die ganze Auswirkung der radioaktiven Strahlung wurde erst im Mai bis Juli 1979 bekanntgegeben, weil die Geburts- und Sterbeurkunden immer so spät abgelegt werden. Die Berichte für diese Monate wurden erst im Oktober und November 1979 veröffentlicht, als die *Kemeny-Kommission* ihren Abschlußbericht bereits vorgelegt hatte.

Für die Annahme, daß dieser ungewöhnlich hohe Anstieg der Sterblichkeit mit dem Austritt radioaktiver Strahlung im TMI zusammenhing, sprechen folgende Überlegungen: Erstens entwichen aus der Anlage in den ersten zwei Tagen große Mengen Jod-131 und andere Spaltgase, bevor die Evakuierung der Schwangeren und Kinder angeordnet wurde. Zweitens erreichte die Säuglingssterblichkeit drei oder vier Monate nach dem ersten Auftritt von Radioaktivität einen Höhepunkt. Das stimmt mit der Zeit überein, zu der die hochaktiven fetalen Schilddrüsen, die die Wachstumshormone steuern, das radioaktive Jod-131 aufgenommen hätten, und könnte somit auch den starken Anstieg der unreifen und untergewichtigen Neugeborenen erklären, die nach Krankenhausangaben an Atemnot starben. Drittens stieg die Säuglingssterblichkeit in den dem Kernkraftwerk am nächsten gelegenen Gebieten am stärksten an und nahm mit zunehmender Entfernung von Harrisburg und Pennsylvania ab. In krassem Gegensatz dazu erlebten die Bundesstaaten westlich und südlich von Pennsylvania einen Rückgang der Säuglingssterblichkeit.

Die Säuglingssterblichkeitsrate von Pennsylvania entwickelte sich von einem eindeutig unterdurchschnittlichen US-Wert vor dem Unglück zur höchsten Rate aller Bundesstaaten östlich des Mississippi. Die Sterblichkeit im Bundesstaat New York nordnordöstlich von TMI wurde ebenfalls stark beeinfußt, weil er im Wind der radioaktiven Emissionen lag. Auch in Maryland und im Bezirk um Washington erhöhte sich die Sterblichkeit, vielleicht weil der Susquehanna das Ablaufwasser mit den Spaltprodukten südwärts führte. Milch aus Countys um TMI wurde in die Städte des ganzen mittelatlantischen Raums geliefert und war damit eine weitere potentielle Belastungsquelle.

Neben der Säuglingssterblichkeit stieg in denselben Gebieten zur selben Zeit auch die Gesamtsterblichkeit signifikant an.

In den vier Monaten nach dem Unglück stieg die Säuglingssterblichkeit in Pennsylvania gegenüber den drei Monaten davor um fast 16 Prozent und in Maryland um 41 Prozent. In New York, östlich von Harrisburg, ging sie um über 6 Prozent zurück, und USA-weit verringerte sich die Säuglingssterblichkeit im gleichen Zeitraum um fast 15 Prozent.[82]

Die Zahl der Todesfälle bei Säuglingen kletterte von 141 im März 1979, also unmittelbar vor dem Unglück, auf den Höchststand von 271 im Juli und sank im August wieder auf 119. Der hochsignifikante Anstieg ereignete sich in den Sommermonaten, in denen die Säuglingssterblichkeit normalerweise am niedrigsten ist. In Pennsylvania zählte man in den vier Monaten nach dem Unfall 242 tote Säuglinge mehr als erwartet, und in den Bundesstaaten New York und Maryland gab es ähnliche Zunahmen.

Die Abweichung der Säuglingssterblichkeit in diesen drei Staaten gegenüber der im übrigen Land stützte sich auf 114 750 Geburts- und 1651 Säuglingssterbeurkunden. Diese Stichproben sind so groß, daß die Wahrscheinlichkeit, diese Abweichung sei ein Zufallsereignis, eins zu mehrere Billionen beträgt.[83]

Ein ähnlich ungünstiges Muster ergab sich in den drei Bundesstaaten für die Gesamtsterblichkeit. Der Monatsdurchschnitt der Todesfälle im Sommer 1979 stieg in Pennsylvania, Maryland und New York um zwei Prozent über den Durchschnitt der drei Monate vor dem Unfall, während er in den übrigen USA um fünf Prozent fiel.[84] Auch hier war die Abweichung zu hoch, als daß man sie dem Zufall hätte zuschreiben können.

Die signifikante Zunahme der Sterblichkeit hielt in den Jahren nach 1979 an, vielleicht weil beim Entlüften des beschädigten Reaktors 1980 weitere Radioaktivität entwich und sich latent auswirkte. In Abbildung 5.2 wird die altersbedingte Sterblichkeit in den USA für den Zeitraum 1970 bis 1982 mit derjenigen verglichen, die aufgrund der jährlichen Abnahme von durchschnittlich zweieinhalb Prozent vor dem TMI-Unfall zu erwarten war. Der beobachtete sprunghafte Anstieg der US-Sterblichkeit von 1979 auf 1980 war genauso signifikant wie die Abweichung 1970/73, die möglicherweise auf die Unfälle am Savannah zurückzuführen war, wie im vorigen Kapitel ausgeführt wurde. Die Differenz zwischen den festgestellten und den erwarteten Todesfällen für die Jahre 1980 bis 1982 legt nahe, daß es mehr als 50000 zusätzliche Todesfälle gegeben hat.[85]

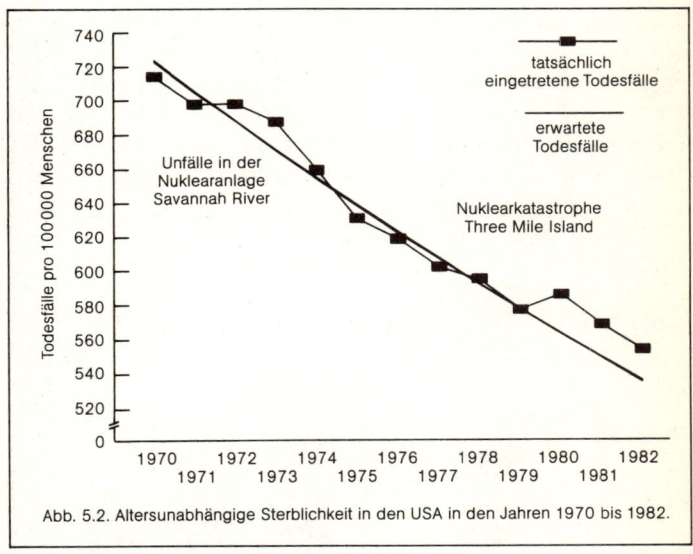

Abb. 5.2. Altersunabhängige Sterblichkeit in den USA in den Jahren 1970 bis 1982.

Abbildung 5.3 zeigt, daß der Anstieg der Sterblichkeit 1980 im wesentlichen mit der Entfernung von TMI zusammenhing. Die Zunahmen bei der nicht aufgeschlüsselten Sterblichkeit in den Bundesstaaten Pennsylvania und New York, die am direktesten im Wind von TMI lagen, waren die mit Abstand signifikantesten in den USA. Allgemeiner ausgedrückt: Die nicht aufgeschlüsselte Sterblichkeit in Staaten im Umkreis von 800 Kilometern um *Three Mile Island* erhöhte sich fast doppelt so schnell wie die in den Staaten, die mehr als 2400 Kilometer entfernt waren – ein hochsignifikanter Unterschied.[86] Abbildung 5.4 zeigt, daß auf die Staaten im Umkreis von 800 Kilometern um *Three Mile Island* zwei Drittel aller für 1980 geschätzten zusätzlichen Todesfälle in den USA entfielen, obwohl diese Staaten 1980 nicht einmal die Hälfte der Bevölkerung ausmachten. Der Anteil Pennsylvanias und New Yorks an den überdurchschnittlich vielen Todesfällen lag etwa beim Doppelten ihres Bevölkerungsanteils.[87]

Nach der Ende 1979 geschehenen Veröffentlichung dieses drastischen Anstiegs der Säuglingssterblichkeit im Sommer in den Bundesstaaten Pennsylvania, Maryland und New York richtete sich die öffentliche Aufmerksamkeit mit banger Erwartung auf vergleichbare Daten für Harrisburg und den County Dauphin. Dr. George Tokuhata, Leiter der Bevölkerungsstatistik für die Countys und Städte in Pennsylvania, er-

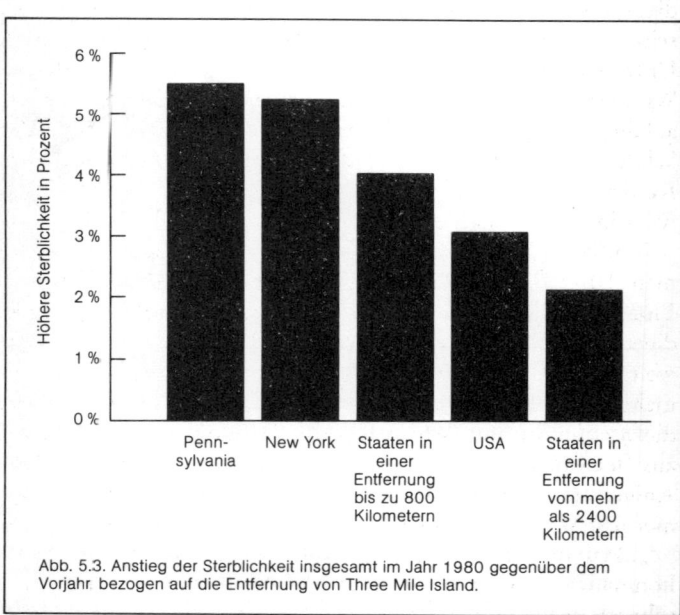

Abb. 5.3. Anstieg der Sterblichkeit insgesamt im Jahr 1980 gegenüber dem Vorjahr bezogen auf die Entfernung von Three Mile Island.

klärte, diese Daten würden erst in einigen Monaten vorliegen. Er hatte eine Geburtenerhebung bei Frauen aus Harrisburg begonnen, die zwischen März 1979 und März 1980 schwanger geworden waren, doch sollten diese Ergebnisse erst 1982 vorliegen. Dr. Gordon MacLeod, der Gesundheitsminister von Pennsylvania, warf Tokuhata im Sommer 1979 öffentlich vor, Daten über die regionale monatliche Säuglingssterblichkeit zurückzuhalten. „Diese Daten", erklärte MacLeod, „verlangen uneingeschränkte Offenheit und Offenlegung, nicht Verzögerung und Leugnung."[88]

Zehn Jahre danach streitet man sich noch immer um die wirkliche Zahl der Säuglinge aus der Umgebung des Reaktors, die in den Monaten nach dem Unfall gestorben sind. Denn um diese Zahl geht es bei 2500 Klagen gegen die *Metropolitan Edison Company*, die Betreiberin von TMI, die Anlieger von TMI angestrengt haben. Sie machen geltend, von einer Vielzahl radioaktivitätsbedingter Krankheiten und Schäden betroffen zu sein, wie „Geburtsfehler, Totgeburten, spontane Fehlgeburten, Unfruchtbarkeit, Krebs, Leukämie, Haarausfall, eigentümliche Wunden, die nicht heilen, Herzversagen, Emphyseme, Schlaganfälle, Gehirnlähmung, Hypothyreose (Unterfunktion der Schilddrüse) und zahllose andere Erkrankungen, die sie, ihre Kinder, die Tiere in der Landwirtschaft und sogar das Blattwerk in ihrer Umgebung befallen haben".[89]

Inoffizielle örtliche Gesundheitserhebungen, die auf mühsamen Tür-zu-Tür-Befragungen beruhen, enthalten bewegende Einzelheiten über vermutliche Gesundheitsschäden. Jane Lee, die auf einer auf Milchwirtschaft spezialisierten Farm in Sichtweite des Kernkraftwerks wohnt, hat mit größter Sorgfalt mehrere Übersichtskarten angefertigt, auf denen bunte Punkte die verschiedenen Beschwerden und Standorte der 2500 Kläger aus der Umgebung des Unglücks-Reaktors bezeichnen. Ihre Anmerkungen vermitteln den Argwohn und die Not, die immer noch unter den Anwohnern herrschen:

„Man muß kein besonders heller Kopf sein, um mitzubekommen, was hier vor sich geht. Wo die Strahlung am schlimmsten gewütet hat, da sind auch die gesundheitlichen

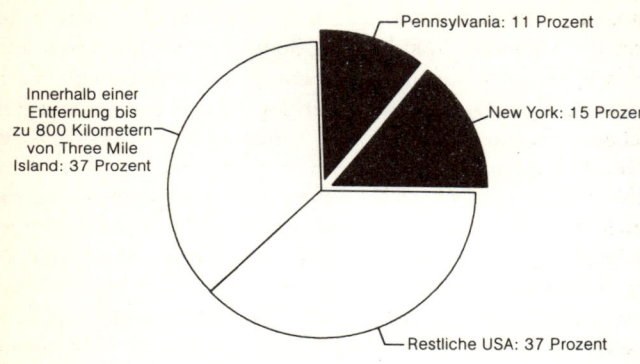

Überdurchschnittlich hohe Sterblichkeit

Pennsylvania: 11 Prozent

New York: 15 Prozent

Innerhalb einer Entfernung bis zu 800 Kilometern von Three Mile Island: 37 Prozent

Restliche USA: 37 Prozent

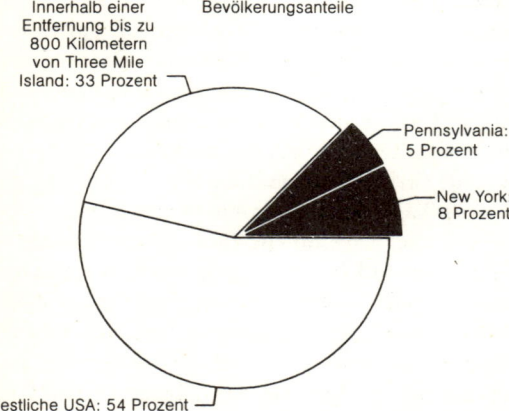

Innerhalb einer Entfernung bis zu 800 Kilometern von Three Mile Island: 33 Prozent

Bevölkerungsanteile

Pennsylvania: 5 Prozent

New York: 8 Prozent

Restliche USA: 54 Prozent

Abb. 5.4. Regionale Anteile an der überhöhten Sterblichkeit im Verhältnis zu den Bevölkerungsanteilen im Jahr 1980.

Auswirkungen. Die Menschen hier sind die lebenden Dosimeter und weit zuverlässiger als die Pfuschgeräte, die *Met Ed* und der Staat benutzen. Die Behörden sagen, es müßten Millionen Curie Jod entweichen, damit man diesen metallischen Geschmack bekommt, es seien aber nur 14 Curie entwichen. Aber wenn die Menschen überall in der Gegend, wo die Strahlung niedergegangen ist, über die gleiche Sache klagen, dann muß aus der Anlage schon mehr entwichen sein als die uns glauben machen wollen." [90]

Dr. Tokuhata, der noch immer behauptete, niemand sei durch TMI-Emissionen zu Schaden gekommen, hat seine regionale Geburtenerhebung nie veröffentlicht. Nachdem Dr. MacLeod sich öffentlich über die ungerechtfertigte Verzögerung der Freigabe der Regionaldaten durch Tokuhata beklagt hatte, verlangte der damalige Gouverneur Thornburgh die Entlassung – nicht von Dr. Tokuhata, sondern von Dr. MacLeod! Dessen Nachfolger wurde Dr. H. Arnold Muller, ein Armeespezialist für „Kriegsopfer", aber ohne Erfahrung im öffentlichen Gesundheitswesen.

Unter Dr. Muller wurde die 1979er Bevölkerungsstatistik von Pennsylvania schließlich im November 1980 mit viermonatiger Verspätung veröffentlicht. Ihr war zu entnehmen, daß die Zahl der gestorbenen Säuglinge im County Dauphin schließlich mit 62 angegeben wurde, was einer Steigerung von 55 Prozent gegenüber 1978 entsprach; außerdem wurde ein leichter Rückgang des durchschnittlichen Geburtsgewichts festgestellt. Die Zahlen sprachen zwar eine deutliche Sprache, doch die Erhebungsauswahl war zu klein, um statistisch signifikant sein zu können. Dr. Tokuhata gab später zwar zu, daß es nach dem Unfall zu „einem signifikanten Anstieg der Zahl der Neugeborenen mit einem niedrigeren Geburtsgewicht" gekommen sei, schrieb das aber der „übermäßigen Medikamenteneinnahme der unter Streß stehenden Schwangeren" [91] zu.

Auf die Entlüftung des beschädigten Reaktors im Mai und Juni 1980 folgte im gleichen Jahr aber noch einmal ein offiziell bekanntgegebener Anstieg der Säuglingssterblichkeit im County Dauphin. Endgültig und offiziell lag die Säuglingssterblichkeit im County Dauphin 1979/80 um 37 Prozent über der der beiden Vorjahre; in den USA sank die Säuglingssterblichkeit im gleichen Zeitraum um acht Prozent.[92] Die Wahrscheinlichkeit, daß sich ein so großer Unterschied durch Zufall ergibt, ist kleiner als eins zu tausend.

Die größte Steigerung gab es im County Dauphin nach dem TMI-Unfall bei der Säuglingssterblichkeit durch Geburtsfehler. Sie erhöhte sich gegenüber den fünf Jahren vor Inbetriebnahme von TMI (1968–73) in den fünf Jahren nach dem Unfall (1979–83) um erschreckende 44 Prozent schneller als in den übrigen USA; im gleichen Zeitraum nahm die Säuglingssterblichkeit durch Geburtsfehler in Pennsylvania insgesamt um knapp sechs Prozent schneller zu als in den übrigen USA. Die Wahrscheinlichkeit, daß der schnellere Anstieg im County Dauphin auf einen Zufall zurückzuführen ist, ist verschwindend gering.[93]

Eine ähnlich ungewöhnliche Zunahme der Säuglingssterblichkeit durch Geburtsfehler stellt man in Countys von Südkarolina noch bis zu 13 Jahre nach dem Unglück in der *Savannah River Plant* fest, obwohl dort das die fetalen Schilddrüsen schädigende kurzlebige Jod-131 fehlte (vgl. Kapitel 4). Es ist möglich, daß Frauen im gebärfähigen Alter durch Aufnahme von Strontium-90 mit der Nahrung Schäden am Immunsystem davongetragen haben, die ihrerseits verschiedene Komplikationen während der Schwangerschaft und angeborene Anomalien bei den Kindern hervorgerufen haben könnten, die in den Jahren danach zur Welt kamen. Dr. Ernest Sternglass wies als erster auf diesen denkbaren Zusammenhang hin, nachdem er im Bundesstaat Utah mit dem Wind vom Testgelände in Nevada 1958 einen Höchstwert von 123 Todesfällen bei Kindern mit Geburtsfehlern festgestellt hatte; der Jahresdurchschnitt lag dort zwischen 1937 und 1945 bei nur 75 Fällen.[94]

Wie das Gesundheitsministerium von Pennsylvania mitteilte, gab es „keine signifikanten schädlichen Auswirkungen" von TMI in der Umgebung des Reaktors, wo Personen vielleicht der größten Belastung ausgesetzt waren. Nach dem Unglück hatten Bewohner mehrerer Countys in der Umgebung von

TMI jedoch einen metallischen Geschmack im Mund, der typisch für die direkte Belastung mit radioaktiven Freisetzungen durch Inhalation ist.[95] Da der Staat nur die unmittelbare Umgebung des Kernkraftwerks untersuchte, hat er vielleicht Gebiete ausgewählt, die zu klein waren, um signifikante Ergebnisse erbringen zu können, denn die statistische Signifikanz ist direkt an die Zahl der Todesfälle in einer Auswahl gebunden.

Tatsächlich stieg die Säuglingssterblichkeit durch Geburtsfehler in dem Zehn-County-Gebiet um Three Mile Island um 20 Prozent schneller als in den USA. Wie bei sinkenden Dosismengen in einem größeren Untersuchungsgebiet zu erwarten war, erwies sich der Anstieg in den zehn Countys als nicht so dramatisch wie der im County Dauphin allein; trotzdem lag er

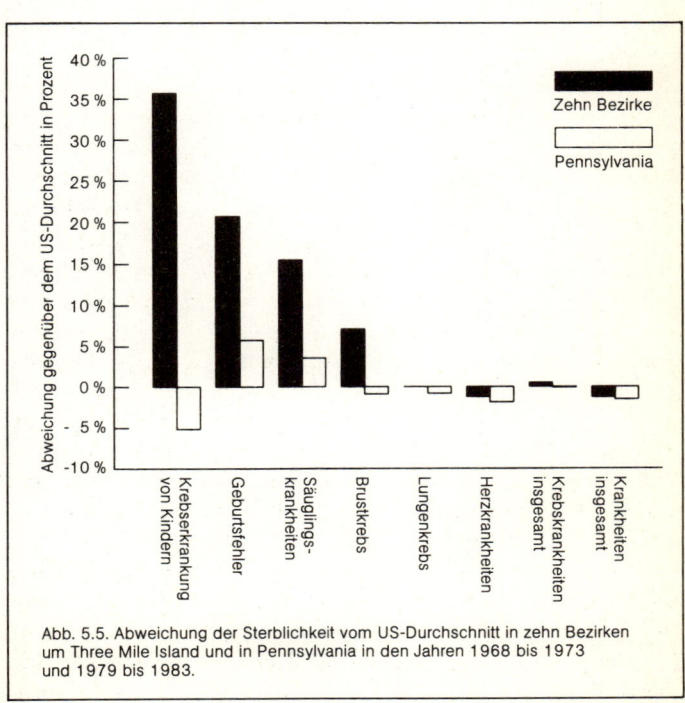

Abb. 5.5. Abweichung der Sterblichkeit vom US-Durchschnitt in zehn Bezirken um Three Mile Island und in Pennsylvania in den Jahren 1968 bis 1973 und 1979 bis 1983.

Tabelle 5.1. Veränderungen bei standardisierten Sterblichkeitsquoten (SSQ) von zehn Countys in der Umgebung von Three Mile Island im Vergleich zu Pennsylvania, 1968 bis 1983

Todesursache	Zehn Countys in der Umgebung von TMI*			Pennsylvania		
	1968–1973** SSQ	1979–1983 SSQ	Änderung in %	1968–1973** SSQ	1979–1983 SSQ	Änderung in %
ALLE KRANKHEITEN	1,02	1,01	–1,3 %	1,09	1,08	–1,5 %
Herzerkrankungen	1,07	1,05	–1,2 %	1,10	1,08	–1,8 %
Säuglingskrankheiten	0,88	1,01	15,5 %	1,03	1,07	3,6 %
Geburtsfehler	0,89	1,08	20,7 %	1,06	1,12	5,8 %
ALLE KREBSARTEN	0,99	1,00	0,5 %	1,06	1,06	0,0 %
Lungenkrebs	0,85	0,85	0,0 %	0,99	0,98	–0,8 %
Brustkrebs	1,04	1,11	7,0 %	1,08	1,07	–0,9 %
Kinderkrebs	0,77	1,04	35,7 %	0,97	0,92	–5,1 %

* Die zehn Countys, in der Umgebung von TMI sind Dauphin, Cumberland und die angrenzenden Adams, Franklin, Lancaster, Lebanon, Montour, Northumberland, Perry und York.

** Ohne 1972, da die staatliche Erhebungsauswahl unvollständig ist. Der standardisierte Sterblichkeitsquotient (SSQ) ist die Zahl der Todesfälle durch eine bestimmte Ursache in einer bestimmten Rassen-Geschlechts-Alters-Gruppe, geteilt durch die Zahl der erwarteten Todesfälle mit entsprechenden US-Raten. Ein Wert von 1,00 bedeutet, daß die Todesfälle mit der für die USA erwarteten Rate eintreten; ein Wert unter 1,00 bedeutet weniger Todesfälle als im US-Durchschnitt, ein Wert über 1,00 mehr Todesfälle. Prozentuale Veränderungen des SSQ können also als die Abweichung gegenüber den USA gedeutet werden (die Sterblichkeit durch Geburtsfehler stieg z. B. in den zehn Countys über 20 Prozent schneller als in den USA).

erheblich über dem von Pennsylvania insgesamt. In diesen zehn Countys wich auch die Sterblichkeit durch Krankheiten generell erheblich ab, so bei Herzerkrankungen und Krebs, insbesondere Lungen- und Brustkrebs sowie Krebs bei ein- bis 14jährigen Kindern.[96] Abbildung 5.5 zeigt, daß die Sterblichkeit durch die einzelnen Todesursachen in den zehn Countys entweder schneller zunahm als in Pennsylvania insgesamt oder langsamer sank (Tabelle 5.1 liefert Einzelheiten; im methodischen Anhang werden mögliche biologische Erklärungen für eine derart schnelle Reaktion erläutert).

Auch andere Countys in Pennsylvania erlebten einen deutlichen Anstieg der Sterblichkeit. Es ist uns in diesem Stadium nicht möglich, quantitativ die vielen Faktoren zu entwirren, die Einfluß auf die geographische Ausbreitung des Fallouts und ihre Folgen gehabt haben können: Wind- und Niederschlagsverteilung, topographische Hindernisse, Einleitungen in den Susquehanna und der Verzehr radioaktiv verseuchter Milch aus örtlichen Molkereien durch Personen an weit entfernten Orten. Das muß noch erarbeitet werden. Trotzdem konnten wir keinen anderen Umwelt- oder sozioökonomischen Faktor finden als die Belastung durch den TMI-Fallout, der eine so hohe Sterblichkeitsabweichung in Dauphin und umliegenden Countys hätte erklären können.[97]

Somit widersprechen die endgültigen und offiziellen Zahlen des nationalen Zentrums für Gesundheitsstatistik offenbar der Aussage, daß „niemand bei TMI gestorben ist".

6. Das Vertuschen

Im Februar 1974, einen Monat bevor eine amerikanische Bundesanklagejury Anklage wegen der Watergate-Verschwörung gegen sieben Berater von Präsident Nixon erhob, erschien in einem offiziellen staatlichen Organ für Strahlungsfragen ein unscheinbarer Bericht, in dem es hieß: „Die 1971 von der SRP (Savannah River Plant) an die Umwelt abgegebene radioaktive Strahlenmenge ist größtenteils so gering, daß sie nicht von der natürlichen Untergrundstrahlung und dem Fallout der weltweiten Atomwaffentests unterschieden werden kann ... Die Umweltbelastung bleibt weiterhin weit unter der Belastung, die aus der Sicht der öffentlichen Gesundheit als signifikant gilt.“ [98]

Solche ausdrücklichen Verharmlosungen waren nur eines von vielen Mitteln, schwere Unfälle in einer der wichtigsten Atomwaffenfabriken zu verschleiern.

Der Staat hat zugegeben, die Unfälle in der *Savannah River Plant* jahrzehntelang geheimgehalten zu haben. Nach Aussagen offizieller Sprecher war diese Geheimhaltung Teil einer „eingefahrenen Behördenpraxis, die noch auf die Anfänge des Manhattanprojekts 1942 zurückging und jede Aufdeckung eines Unglücks in einer Produktionsanlage für Atomwaffen von außen als eine Gefährdung der nationalen Sicherheit betrachtete“. [99] Tatsächlich schuf gerade das Gesetz, das mit der Gründung der *Atomenergiekommission* (AEC) 1947 die zivile Kontrolle der Nukleartechnologie einführte, auch eine besondere Kategorie „geheimer Daten“, zu denen sämtliche Informationen „über die Herstellung oder Verwendung von Atomwaffen, die Produktion spaltbaren Materials oder den Einsatz spaltbaren Materials bei der Energieerzeugung“ [100] gehörten. Auf die Preisgabe geheimer Daten an unbefugte Personen oder Parteien stand die Todesstrafe. Als die AEC ihre Arbeit aufnahm, wurden über 80 Prozent ihrer Forschungsberichte als geheim eingestuft.[101]

Bei einer so gehandhabten Zensur und der Bedeutung der *Savannah River Plant* für die strategische Politik der USA ist es leicht zu verstehen, warum zu jener Zeit in keinem öffentlichen Regierungsbericht etwas von einem Unfall oder Strahlungsaustritt in der Anlage stand. Es gibt allerdings auch Beweise für beständige und verbreitete Versuche, die tödlichen Auswirkungen der Niedrigstrahlung geheimzuhalten, gleichgültig ob die radioaktive Strahlung einem militärischen oder zivilen Reaktor entwich – mit Methoden, die offenbar auch regelrechte Fälschungen veröffentlichter Daten einschlossen.

Die Existenz amtlicher Papiere, in denen regelmäßig Daten über radioaktive Strahlung und Todesfälle veröffentlicht worden wären, hätte für jeden Beamten, der solche Unfälle und die Gesundheitsfolgen hätte geheimhalten wollen, beträchtliche Schwierigkeiten mit sich gebracht. In den ersten Jahren der Atombombentests in der Atmosphäre verlangte der amerikanische Kongreß eine unabhängige Überwachung der radioaktiven Belastung der Umwelt, um die Arbeit der AEC zu kontrollieren. 1959 wies Präsident Eisenhower das Ministerium für Gesundheit, Erziehung und Wohlfahrt an, monatliche Meßwerte von Stationen im ganzen Land zu veröffentlichen, die eingerichtet wurden, um die Radioaktivität in der Umwelt zu registrieren. So hieß es im Eingangskapitel der offiziellen monatlichen *Radiation Data Reports:* „Diese Art der Überwachung ... bildet die Grundlage für ein Alarmsystem ... bei Radioaktivität in Nahrungsmitteln, Milch und Wasser." [102] Wenn irgendwo größere Mengen Niedrigstrahlung austraten, war dieses „Alarmsystem" vermutlich in der Lage, sie aufzuspüren.

Eine andere staatliche Publikation hat eine ähnliche Frühwarnfunktion: der *Monthly Vital Statistics Report.* Diese nach Staaten geordnete Auflistung der Säuglings- und Gesamtsterblichkeit kann eine plötzlich auftretende erhöhte Sterblichkeit feststellen. Eine Verknüpfung dieser monatlichen Sterblichkeits- und Strahlungsdaten könnte wichtige Zusammenhänge aufdecken – d. h., wenn beide Berichtssysteme einwandfrei funktionieren.

Wenn die Daten dagegen gefälscht wurden, hatten wohl Angehörige einiger Bundesbehörden die Hand im Spiel. Es ist allen klar, daß die Strahlendaten sehr brisant sind und Einfluß auf die Nahrungsmittel, die öffentliche Gesundheit, die öffentliche Meinung und die nationale Sicherheit haben. Im Redaktionsstab der Strahlenreporte saßen nicht nur Vertreter des Ministeriums für Gesundheit, Erziehung und Wohlfahrt (HEW), sondern auch des Landwirtschafts-, Innen- und Verteidigungsministeriums sowie der Atomenergiekommission. Zur Zeit der Unfälle am Savannah gab der öffentliche Gesundheitsdienst des HEW sowohl die monatlichen Strahlenreporte wie auch den *Monthly Vital Statistics Report* heraus. Aufgrund des organisatorischen Aufbaus konnten somit ausgewählte Einzelpersonen ungewöhnliche Meßergebnisse vor der Veröffentlichung erfahren, und das bot die Möglichkeit, sie zu unterdrücken.

Doch 1974, gerade als *Radiation Data and Reports* das Dementi veröffentlichte, daß aus der Atomwaffenfabrik am Savannah Radioaktivität entwichen sei, begann auch der öffentliche Gesundheitsdienst mit der Veröffentlichung signifikant veränderter Sterblichkeitsdaten. Die offiziellen Zahlen über die Todesfälle von 1971, dem Jahr nach den Unfällen am Savannah, wurden schließlich 1974 in der gebundenen Ausgabe der *Vital Statistics of the United States* veröffentlicht. Diese Bände sind das Standardwerk für die amerikanischen Sterblichkeitsdaten; sie sind benutzerfreundlicher als die Mehrfachkopien des *Monthly Vital Statistics Report* und in öffentlichen Bibliotheken auch eher zu finden. Die Daten in den Jahresbänden werden abschließend um die Todesfälle bereinigt, die sich in einem anderen Bundesstaat ereignen als dem, in dem der Verstorbene gewohnt hat (wenn er beispielsweise wegen eines besseren Krankenhauses in einen anderen Bundesstaat gegangen ist). Aus diesem Grund heißt diese Abschlußstatistik „Sterblichkeit nach dem Wohnort". Die Daten im *Monthly Vital Statistics Report* werden dagegen „Sterblichkeit nach dem Ort des Eintretens" genannt.

In Kapitel 4 werden Sterblichkeitshöchstwerte vom Januar 1971 aus Südkarolina aufgeführt, wobei Daten benutzt wurden, die hinsichtlich verspäteter Ablage, falscher Sterbeurkunden, Computerstörungen und anderer Zufallsfehler schon fehlerbereinigt waren (vgl. Abbildungen 4.3 und 4.4). Sie erschienen ein ganzes Jahr nach Veröffentlichung der ursprünglichen Zahlen im *Monthly Vital Statistics Report*.[103] Die Zahlen hatten sich nach den ein Jahr später angebrachten Korrekturen nicht nur kaum geändert, die Höchstwerte waren dank der korrigierten Daten auch noch signifikanter als in den ursprünglichen Berichten.[104]

Doch in den gebundenen Endausgaben von 1974 tauchten die signifikanten Höchstwerte der Säuglings- und Gesamtsterblichkeit für Januar 1971 aus Südkarolina nicht mehr auf. Normalerweise sind derartige Veränderungen minimal, doch in diesem Fall änderte sich die Form der Abweichungen sowohl der Säuglings- wie der Gesamtsterblichkeit in Südkarolina völlig (vgl. Abbildungen 6.1 und 6.2). Bei den abschließenden Daten nach dem Wohnort glich sich die Januar-Veränderung von Südkarolina gegenüber dem Vorjahr der US-Veränderung an oder unterschritt sie, während sie bei den korrigierten Daten

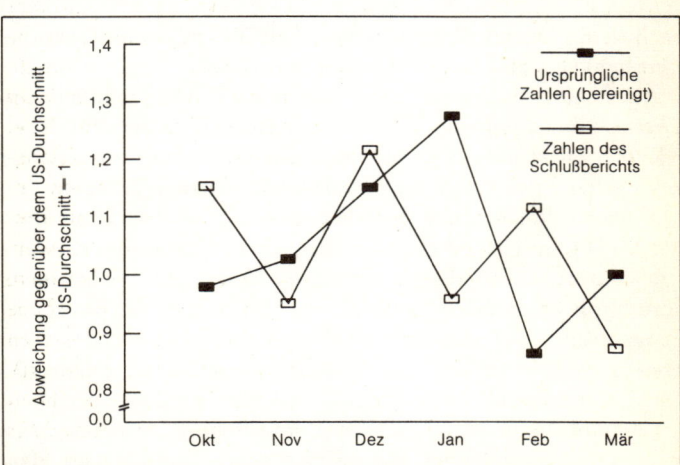

Abb. 6.1. Monatliche Abweichung der Säuglingssterblichkeit vom US-Durchschnitt in Süd-Carolina in den Jahren 1970/71, ursprüngliche Zahlen (bereinigt) und Zahlen des Schlußberichts.

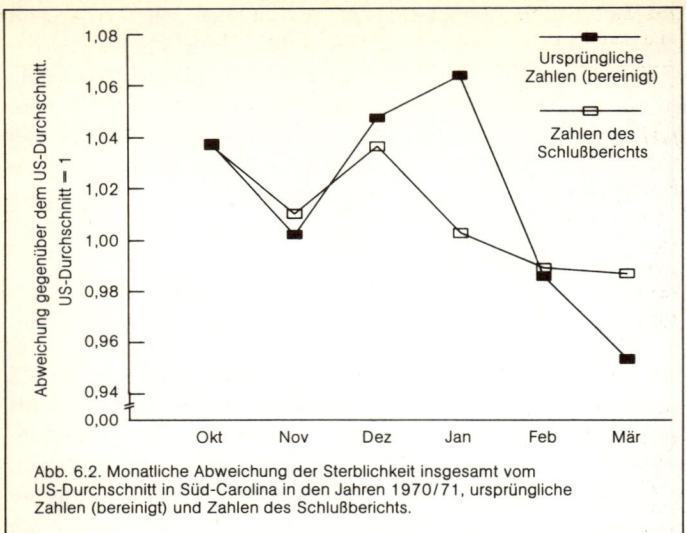

Abb. 6.2. Monatliche Abweichung der Sterblichkeit insgesamt vom US-Durchschnitt in Süd-Carolina in den Jahren 1970/71, ursprüngliche Zahlen (bereinigt) und Zahlen des Schlußberichts.

nach dem Ort des Eintretens bei der Säuglings- und Gesamtsterblichkeit signifikant höher gewesen war.[105]

Ähnliche Korrekturen gab es auch nach den Unfällen von *Three Mile Island* und *Tschernobyl*. Die Methoden zur Korrektur der Bevölkerungsstatistik wurden allerdings immer ausgeklügelter und paßten sich den bürokratischen Verbesserungen beim Umgang mit Strahlendaten an, wie noch erörtert wird. 1974, im gleichen Jahr, in dem *Three Mile Island* den Betrieb aufnahm und die abgeänderten Daten von Südkarolina veröffentlicht wurden, wurde die Säuglingssterblichkeit für Pennsylvania und Maryland im *Monthly Vital Statistics Report* systematisch korrigiert, zwölf Monate nach der Veröffentlichung der ursprünglichen Zahlen (vgl. Tabelle 6.1).

Obwohl die Zahlen von *Three Mile Island* im Verlauf der Veröffentlichung früher korrigiert wurden als die nach den Unfällen am Savannah, war in beiden Fällen die Zahl der gemeldeten Todesfälle geändert worden. So wurde für den Januar 1971 in Südkarolina der Höchstwert der Säuglingssterblichkeit

Tabelle 6.1. Korrekturen der Säuglingssterblichkeit in Pennsylvania und Maryland nach der Inbetriebnahme von Three Mile Island (1974)

	Korrigierte Zahl der Todesfälle		
Jahr	*Ursprünglich*	*Korrigiert*	*Veränderung*
Pennsylvania			
1969	3926	3926	0
1970	3885	3885	0
1971	3278	3278	0
1972	2919	2919	0
1973	2646	2646	0
Three Mile Island nimmt den Betrieb auf			
1974	2620	2714	94
1975	2454	2541	87
1976	2353	2411	58
1977	2136	2241	105
1978	2262	2262	0
1979	2097	2099	2
1980	2179	2179	0
1981	1836	1913	77
1982	1507	1873	366
Maryland			
1969	1203	1203	0
1970	1177	1177	0
1971	1033	1033	0
1972	806	806	0
1973	718	718	0
Three Mile Island nimmt den Betrieb auf			
1974	507	730	223
1975	570	761	191
1976	433	748	315
1977	594	658	64
1978	644	693	49
1979	623	843	220
1980	675	614	−61
1981	594	594	0
1982	587	587	0

um fast ein Drittel der Todesfälle dieses Monats heruntergesetzt.[106] Vermutlich fehlten diese Todesfälle jetzt, weil im Januar all diese Säuglinge außerhalb des Bundesstaates gestorben waren. Der Abzug von 38 gestorbenen Säuglingen in Südkarolina im Monat nach den Unfällen in der *Savannah River Plant* ist mit dem Wegfall von 59 gestorbenen Säuglingen in Maryland im Juli 1980 vergleichbar, direkt nachdem *Three Mile Island* entlüftet wurde, und entsprechend 86 Fällen in Pennsylvania im Juli 1979, unmittelbar nach dem Unglück von *Three Mile Island* (vgl. Abbildung 6.3 und 6.4). In allen drei Fällen wurden die Höchstwerte der Säuglingssterblichkeit durch eine Korrektur abgeändert.

Wie aus Tabelle 6.1 zu entnehmen ist, wurden die Gesamtzahlen der in Pennsylvania und Maryland gestorbenen Säuglinge nach der Inbetriebnahme von *Three Mile Island* im *Monthly Vital Statistics Report* um bis zu über 300 erhöht oder reduziert. Vorher hat es in diesen Bundesstaaten nie derart drastische Veränderungen gegeben.

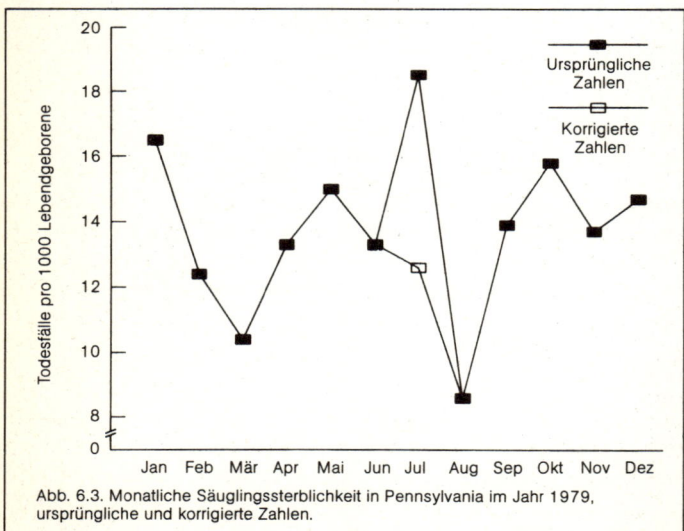

Abb. 6.3. Monatliche Säuglingssterblichkeit in Pennsylvania im Jahr 1979, ursprüngliche und korrigierte Zahlen.

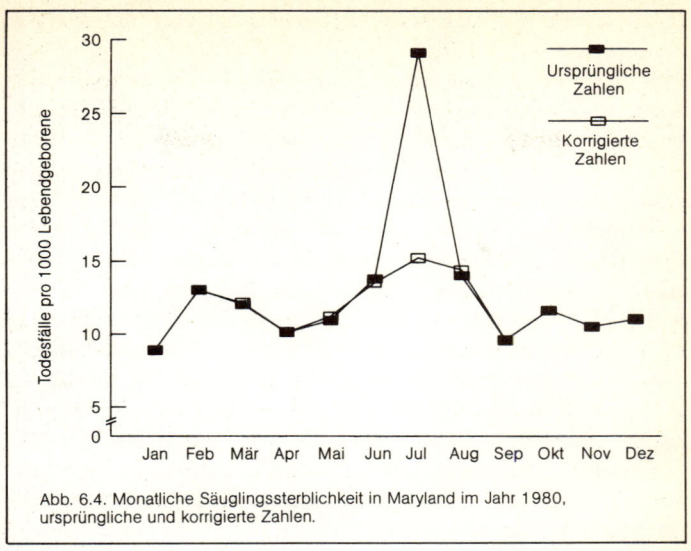

Abb. 6.4. Monatliche Säuglingssterblichkeit in Maryland im Jahr 1980, ursprüngliche und korrigierte Zahlen.

Bei den Abschlußdaten in der *Vital Statistics of the United States* wich die Änderung der Säuglingssterblichkeit von Pennsylvania nach dem TMI-Unfall nicht mehr signifikant vom Landesdurchschnitt ab, vor allem weil der Juli-Wert der Säuglingssterblichkeit des Bundesstaates nach unten korrigiert worden war. Ähnlich war es bei der Änderung der Gesamttodesfälle von Pennsylvania, die ebenfalls nicht mehr signifikant höher als erwartet waren, weil die Zahl der Todesfälle in den drei Monaten vor dem Unfall auf unerklärliche Weise nach oben korrigiert worden war.[107]

1979 tauchten auch andere Korrekturen auf, die verhinderten, daß die Höchstwerte so eindeutig hervortraten. So fehlten z. B. 1979 für alle Monate nach dem Unfall von *Three Mile Island* Daten für Kalifornien, Minnesota und Illinois in mehreren aufeinanderfolgenden Ausgaben des *Monthly Vital Statistics Report*. Diese völlig irregulären Auslassungen machten eine Bewertung der Signifikanz der Sterblichkeitszunahmen in Gebieten um *Three Mile Island* unmöglich, weil der gundlegende Trend der US-Sterblichkeit nicht berechnet werden konnte.

Starke Korrekturen erfuhren die Monatswerte auch, als der Tschernobyl-Fallout 1986 die USA erreichte. Einige Bundesstaaten erhöhten die Zahlen ihrer im *Monthly Vital Statistics Report* genannten Lebendgeburten merklich. Da die Zahl der Geburten der Nenner in der Sterblichkeitsrate ist, senkt eine Erhöhung dieser Zahl die Rate. Mit kleineren Korrekturen der Geburtszahlen kann man aufgrund verspäteter Erfassungen rechnen. Dazu heißt es in jedem *Monthly Vital Statistics Report:* „Eine Verzögerung beim Eingang von Urkunden in einer Meldestelle kann ein niedriges Zählergebnis für einen Bundesstaat und einen bestimmten Monat zur Folge haben, auf das ein hohes Ergebnis für den Monat folgt, in dem die verzögerten Zahlen eingehen." Wenn Korrekturen also ein Jahr später vorgenommen werden, steigen und fallen die Monatszahlen aufgrund der späten Erfassung willkürlich. Das gleiche kann bei verspätet eingehenden Todesurkunden passieren.

Die Korrekturen der 86er Geburtszahlen für Kalifornien und Massachusetts waren jedoch alle positiv und eindeutig nicht willkürlich – die ursprünglichen Gesamtzahlen wurden um fast 45000 Lebendgeburten erhöht. Fünf Monate lang wurden den monatlichen Daten von Massachusetts jeweils genau 813 Geburten zugeschlagen. In den darauffolgenden Monaten betrugen die Veränderungen 703, 702 und 703. Die neun Plus-Korrekturen der kalifornischen Geburtszahlen waren Kombinationen aus den Zahlen 5000, 4000 und 4415. Gleichzeitig gab es keine größeren Korrekturen bei den Zahlen der gestorbenen Säuglinge. Das Ergebnis war ein Rückgang der Säuglingssterblichkeit in Massachusetts um 76 Prozent für den Juni 1986 und um 25 Prozent für den Juli in Kalifornien. Auf diese Weise wurden die extremen ursprünglichen Höchstwerte der Säuglingssterblichkeit für Kalifornien und Massachusetts nach Tschernobyl beseitigt.

Darauf angesprochen, beklagte das Gesundheitsministerium von Massachusetts einen Computerfehler, und die Abteilung für die Gesundheitsdienste in Kalifornien erklärte, Los Angeles

Tabelle 6.2. Korrekturen der Lebendgeburten und Säuglingssterblichkeit in Kalifornien und Massachusetts nach dem Tschernobyl-Fallout (1986)

		Korrekturen bei der Zahl der Lebendgeburten			Änderung der Säuglings-sterblichkeit in Prozent
Jahr	Monat	Ursprünglich	Korrigiert	Änderung	

KALIFORNIEN

1986	März	39 826	39 826	0	0
	April	34 675	34 675	0	0

Tschernobyl-Fallout trifft ein

	Mai	29 373	33 788	4 415	−13
	Juni	36 591	41 006	4 415	−11
	Juli	26 808	36 223	9 415	−26
	August	32 672	37 672	5 000	−13
	September	42 934	42 934	0	0
	Oktober	39 065	39 065	0	0
	November	33 220	38 220	5 000	−13
	Dezember	47 471	51 886	4 415	− 9
1987	Januar	42 867	47 867	4 000	− 9
	Februar	40 946	44 946	4 000	− 9
	März	44 498	48 498	4 000	− 8
	April	35 416	35 416	0	0

MASSACHUSETTS

1986	März	7 282	7 282	0	0
	April	6 999	6 999	0	0

Tschernobyl-Fallout trifft ein

	Mai	4 566	4 566	0	0
	Juni	1 352	5 715	4 363	−76
	Juli	–	5 905	5 905	keine Angabe
	August	5 905	6 718	813	−12
	September	6 340	7 153	813	−11
	Oktober	4 042	4 855	813	−17
	November	9 608	10 421	813	− 8
	Dezember	4 962	5 775	813	−14
1987	Januar	6 237	6 940	703	−10
	Februar	6 238	6 940	702	−10
	März	3 366	4 069	703	−17
	April	7 031	7 031	0	0

sei nicht nachgekommen und habe zum Jahresende 30 000 Urkunden auf einmal erfaßt. Doch diese Reaktionen erklären nicht die willkürlichen Änderungen ein Jahr später, oder warum die großen Korrekturen gerade zu der Zeit einsetzten, als der Tschernobyl-Fallout in den USA eingetroffen war (vgl. Tabelle 6.2)

Ebenfalls ab 1986 schlichen sich unerklärliche Änderungen im Layout des *Monthly Vital Statistics Report* ein. So erscheint z.B. seit Januar 1986 die Grafik der monatlichen Säuglingssterblichkeit nicht mehr an ihrem angestammten Platz auf der oberen Hälfte der Seite 2 neben den Grafiken mit den monatlichen Veränderungen der Geburten, Eheschließungen und Todesfälle. Und seit Januar 1987 wurden die Korrekturen der monatlichen Daten nicht mehr hervorgehoben, was ihre Bestimmung und Analyse erschwerte. Statt dessen heißt es unten auf der Seite pauschal: „Zahlen aus früheren Jahren können von zuvor veröffentlichten Zahlen abweichen." Jetzt werden die einzelnen Änderungen nicht nur nicht mehr erklärt, sie werden auch nicht mehr gekennzeichnet.

Radiation Data and Reports begann schon Jahre vorher, wichtige Zahlen auszulassen. In den Tabellen wimmelte es von Auslassungen, die entschuldigend mit den verschiedensten Fußnoten versehen waren: „Keine Zahlen eingegangen", „Keine Stichprobe durchgeführt", „Keine Feldschätzungen" oder „Stichproben wurden zwar durchgeführt, aber es gingen keine Feldschätzungen ein". Schon 1967 stellte die Station in Gastonia, Nordkarolina, 225 Kilometer in Windrichtung von der *Savannah River Plant* entfernt, ihre Berichte über Radioaktivität ganz ein. Zweimal gab es jedoch eine Ausnahme bei diesen Auslassungen, die deutlich machte, wie fadenscheinig der Vorwand war, die Station sei jetzt „Teil eines anderen Netzes". Die erste Ausnahme war eine Messung im September 1968, just zu dem Zeitpunkt, als in Südkarolina eine starke Zunahme gegenüber den Vorjahreswerten festgestellt wurde. Die zweite Messung gab es im Januar 1971, dem Monat nach dem Durchbrennen der Brennstäbe in der *Savannah River Plant*.

Die seltenen Messungen in Gastonia nach dem Durchbrennen der Stäbe in der *Savannah River Plant* offenbart eine weitere mögliche Verschleierungstechnik. Im Januar 1971 wurde im Regen von Nordkarolina eine Radioaktivität von null festgestellt. Null-Werte wurden auch 1971 für neun von zwölf Monaten an der Station von Columbia, Südkarolina, gemessen. Diese Null-Werte, die in Abbildung 6.5 als Null-Änderung gegenüber dem US-Wert erscheinen, wurden zu einer Zeit gemeldet, als umfangreiche Säuberungsaktionen im Gange waren und die Milch im 40-Kilometer-Umkreis der Anlage mit den höchsten Strontium-90-Gehalt im Lande aufwies. Abbildung 6.5 zeigt, daß für die Niederschläge in Südkarolina in fast allen Monaten der drei Jahre nach den Unfällen am Savannah eine radioaktive Strahlung von null angegeben wurde, was durch die dicke schwarze Linie unten in der Abbildung wiedergegeben ist. Diese Null-Werte wurden gemessen, obwohl der Südosten in dieser Zeit einen signifikanten Anstieg der radioaktiven Strahlung verzeichnete und es wahrscheinlich war, daß nach dem Durchbrennen der Stäbe Radioaktivität mit dem

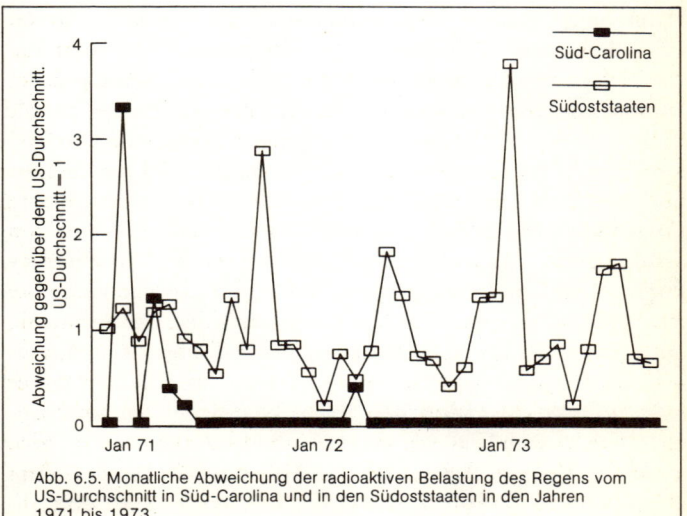

Abb. 6.5. Monatliche Abweichung der radioaktiven Belastung des Regens vom US-Durchschnitt in Süd-Carolina und in den Südoststaaten in den Jahren 1971 bis 1973.

Wind von der Anlage am Savannah herübergetragen wurde. Es wäre zu offenkundig gewesen, alle Meßstationen im Südosten zu schließen oder sie nur noch „Keine Stichprobe" melden zu lassen, und so verfiel man offenbar auf eine andere Methode, die Aufmerksamkeit von der Atomwaffenfabrik am Savannah abzulenken. Dazu gehörte die Übertragung hoher Meßwerte von Südkarolina auf andere Stationen im Südosten, die allerdings generell gegen den Wind zur Fabrik und wenigstens einen Bundesstaat weit weg lagen. An einem solchen Ort waren hohe Meßwerte von Freisetzungen in der Luft nicht ohne weiteres der *Savannah River Plant* zuzuschreiben.

Die ausgewählte Meßstation war offenbar Montgomery im Bundesstaat Alabama, wo sich das Umweltlaboratorium der Atomenergiekommission befand. Die 1971er Höchstwerte im Südosten, die die Abbildung 6.5 zeigt, waren auf eine ungewöhnlich hohe Radioaktivität des Regens in Montgomery zurückzuführen, Werte, die denen ähnelten, die zur Hauptzeit der großen Atombombentests der USA und UdSSR in der Atmosphäre gemessen wurden. Die Werte für den März 1971 in Montgomery waren die höchsten im Land, 13mal höher als der US-Durchschnitt jenes Monats und der zweithöchste Wert, der 1970/71 überhaupt gemessen wurde. Der März-Wert war der höchste in Montgomery seit sechs Jahren und höher als die Werte der drei Jahre danach. Montgomery verzeichnete weiterhin in fünf der neun verbleibenden Monate des Jahres 1971 die höchsten Meßwerte im Land.[108] Südkarolina meldete dagegen für all diese Monate eine Radioaktivität von null.

Die enorm hohen Radioaktivitätswerte in Montgomery konnten nur durch eine größere Freisetzung aus der *Savannah River Plant* hervorgerufen worden sein. Andere Spaltproduktquellen hätten sich im Frühjahr 1971 in Montgomery, Alabama, nicht als Hot spot ausregnen können. Im Südosten waren keine Kernkraftwerke in Betrieb. In Nevada fanden keine unterirdischen Bombentests statt. Auch die Chinesen machten keine Tests in der Atmosphäre. Zu der Zeit war diese Taktik möglich, denn weder die Wissenschaftler noch die Öffentlichkeit konnten wissen, daß bis zum Juni 1971 in Nevada keine unterirdischen oder Atombombentests an der Erdoberfläche durchgeführt wurden, weder im Rahmen des *Plowshare-* noch eines anderen Waffenprogramms.

1975 hatten die Bedenken der Öffentlichkeit und des Kongresses hinsichtlich der Doppelrolle der Atomenergiekommission (AEC) als Förderer und Aufpasser ein solches Ausmaß erreicht, daß die Behörde aufgelöst wurde. Für sie wurde die Atomaufsichtsbehörde gegründet, die die Rolle der AEC als Überwacher übernehmen sollte. Die Umweltschutzbehörde EPA übernahm vom Ministerium für Gesundheit, Erziehung und Wohlfahrt die Aufgabe, die Strahlendaten zu sammeln und zu veröffentlichen. Die Herausgabe des monatlichen *Radiation Data and Reports* wurde eingestellt. An seine Stelle trat ein sehr viel beschränkterer und nicht so weit verbreiteter Vierteljahresbericht, die *Environmental Radiation Data.* Dieser Bericht brachte nicht mehr die ausführlichen Beiträge über Radioaktivität in der Umgebung staatlicher Waffenfabriken, Radioaktivität in der Nahrung oder Strontium-90 in Knochen, wie sie noch in *Radiation Data and Reports* erschienen waren. Wichtige Daten über das langlebige Strontium-90 und das kurzlebige Strontium-89 in der Milch wurden pro Bundesstaat auf eine einzige Messung im Juli reduziert.

Seit dem erstmaligen Erscheinen 1975 wurde *Environmental Radiation Data* ausschließlich vom Labor der AEC in Montgomery betreut, das jetzt *Eastern Evironmental Radiation Facility* der EPA (EERF) heißt. Dorthin werden heute sämtliche Milch-, Regenproben und Luftfilter zur genauen Messung der Umweltradioaktivität geschickt.[109] Dieses eine Laboratorium kann jetzt die Werte der radioaktiven Umweltbelastung überall im Land festlegen, womit der Änderung oder Vertuschung von Daten natürlich Tür und Tor geöffnet sind.

Ein besonders ungewöhnliches Vorgehen der EERF ist die Berichterstattung über „negative" Strahlenwerte in der Milch, eine physikalische Unmöglichkeit – negative Strahlenmengen gibt es nicht. Ist die radioaktive Strahlung in Milch jedoch geringer als die Untergrundstrahlung, die auf kosmische Strahlen, Radon und andere natürliche Quellen zurückgeht, werden nach dieser relativ neuen Methode „negative" Meßwerte angeben. Bei diesem System gibt es für kurzlebige Substanzen wie Jod-131 oder Barium-140, die binnen weniger Wochen zerfallen, normalerweise ebenso viele kleine positive wie negative Werte. Wie statistisch zu erwarten, gehen die Zahlen selten über 4 oder 5 hinaus und pendeln sich innerhalb einiger Monate bis zu einem Jahr um Null ein.

Entgegen dieser Erwartung enthielten die Berichte gelegentlich sehr viel mehr negative als positive Werte, wobei erstere zuweilen sehr hoch ausfielen. Das war im Sommer 1982 der Fall, als auf dem Testgelände von Nevada im Rahmen der Reaganschen *Star-Wars*-Initiative unterirdische Atomwaffenversuche durchgeführt wurden. Nach Aussagen bei Kongreßanhörungen sollten bei diesen Tests erhebliche Mengen Radioaktivität in die Umwelt gelangt sein.[110] Da die Chinesen ihre letzte Atombombe in der Atmosphäre im Oktober 1980 getestet hatten und in dem Gebiet keine Kernkraftwerke in Betrieb waren, wären hohe positive Barium-140- und Jod-131-Werte in der Milch ein eindeutiges Zeichen für ein Entweichen von Radioaktivität bei den unterirdischen Tests gewesen.

Statt dessen fiel der Barium-140-Wert der Milch in Nevada im Juni 1982 auf unglaubliche 42 Negativ-Pikocurie pro Liter, der signifikanteste negative Wert im Land. Von offiziell insgesamt 62 Barium-140-Messungen in den USA im gleichem Monat waren sage und schreibe 57 negativ! Auch acht Nachbarstaaten von Nevada wiesen negative Barium-140-Werte auf, die mit zunehmender Entfernung vom Testgelände abnahmen. In krassem Gegensatz dazu stand, daß für den März kein so eindeutiges Muster existierte. Da war nämlich in Nevada die negative Radioaktivität in der Milch zehnmal niedriger als im Juni, und es gab nur geringe positive und negative Schwankungen, wie sie unter normalen Bedingungen zu erwarten waren (vgl. Abb. 6.6).

Im Juni 1982 ballten sich hohe negative Werte von Jod-131 auch in Neuengland. In diesem Monat entwichen doppelt so hohe Mengen radioaktiver Strahlung aus dem Kernkraftwerk *Pilgrim* in Massachusetts. Diese und frühere Freisetzungen waren Gegenstand einer Untersuchung der *Harvard School of*

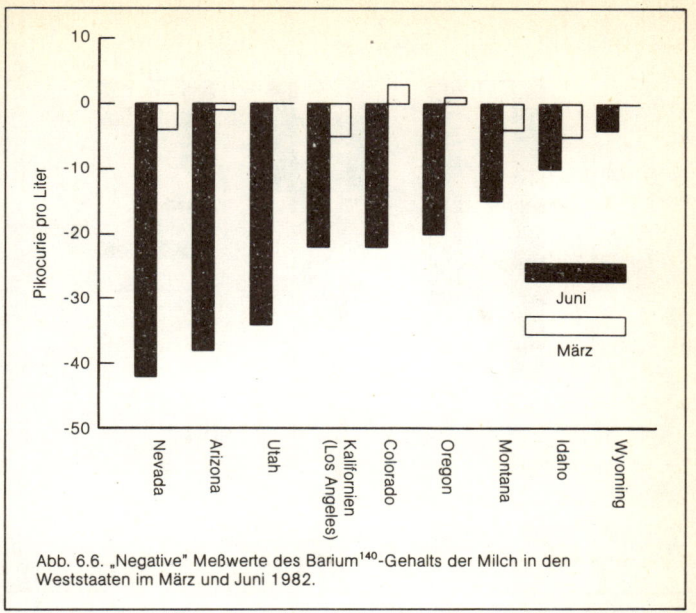

Abb. 6.6. „Negative" Meßwerte des Barium[140]-Gehalts der Milch in den Weststaaten im März und Juni 1982.

Public Health über eine anschließende Zunahme von Leukämieerkrankungen, die Senator Kennedy später zum Anlaß für eine genauere Untersuchung der Krebsraten in der Umgebung von Kernkraftwerken durch das *National Institute of Health* nahm.[111]

Abbildung 6.7 zeigt, daß – wie bei den Bundesstaaten um das Testgelände von Nevada – das Muster signifikanter negativer Jod-131-Werte mit wachsender Entfernung von starken Jod-131-Quellen abnahm, vor allem vom *Pilgrim*-Reaktor im Osten von Massachusetts und dem *Millstone*-Reaktor im Osten Connecticuts. In diesem Fall bestätigen Berichte des Betreibers von *Pilgrim* an die Atomaufsichtsbehörde, daß in jenem Sommer eine erhöhte Radioaktivität in der Luft im Umkreis der Anlage vorhanden war.[112] Und wie beim Beispiel Nevadas hatten die Werte für die umliegenden Bundesstaaten früher im Jahr, als das Werk geschlossen wurde, bei Null gelegen.

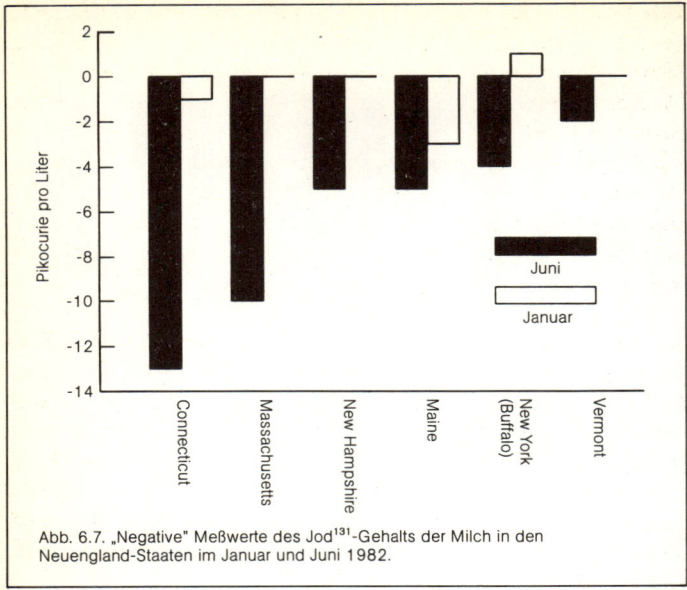

Abb. 6.7. „Negative" Meßwerte des Jod[131]-Gehalts der Milch in den Neuengland-Staaten im Januar und Juni 1982.

Warum hohe negative Werte? Warum die Werte nicht einfach auf fast Null ändern? Die Verwendung hoher negativer Werte konnte für Beamte von Bedeutung sein, die die Wahrheit kennen mußten. Für die Öffentlichkeit hingegen hoben diese negativen Werte die positiven Zahlen auf, was zur Folge hatte, daß die Durchschnittswerte des Landes niemals Grund zur Besorgnis auslösten.

Zweifellos sind derart ausgefallene Datenmanipulationen eine Methode, zu der man als letztes Mittel greift. Zunächst einmal ist die Wahrscheinlichkeit gering, daß eine belastende Statistik unrühmlich auffliegt. Diese monatlichen Veröffentlichungen sind ausgesprochene Fachberichte für einen ganz begrenzten wissenschaftlichen Leserkreis. Die meisten Wissenschaftler, die den Report lesen, arbeiten für eine der Bundesbehörden im Bereich Atomenergie. Da diese Regierungswissenschaftler wissen, wie heikel die Daten für die nationale Sicherheit sind, melden sie wahrscheinlich alle ungewöhnlichen Werte den entsprechenden Behörden, in diesem Fall also ihren Vorgesetzten in der Regierung. Andererseits verfolgen viele Wissenschaftler im öffentlichen Gesundheitsdienst, die den *Monthly Vital Statistics Report* lesen, die Strahlendaten nicht sonderlich genau. Nachdem der Vertrag über das Verbot von Atombombentests in der Atmosphäre Anfang der 60er Jahre unterzeichnet wurde, haben sich nur noch wenige Wissenschaftler Gedanken über künstliche Radioaktivität in der Umwelt gemacht.

Darüber hinaus standen häufig weniger spektakuläre und unproblematische Mittel zur Verfügung, ungewöhnliche Meßwerte zu unterdrücken. So ist es z. B. äußerst schwierig, die tabellarisch aufgeführten Strahlenwerte zu interpretieren, weil einfach die Reihenfolge, in der die Meßstationen genannt sind, in keiner Beziehung zu ihrer geographischen Lage steht. Alaska folgt auf Alabama, Südkarolina auf Rhode Island und so fort. Man muß die Daten im Computer aufbereiten, um zu erkennen, welche Werte signifikant über denen der angrenzenden Gebiete liegen.

Es gab noch keine Personalcomputer, als man mit der Bereinigung der Sterblichkeitsspitzen begann. Solche Analysen wie die in diesem Buch durchzuführen, wäre selbst für eine große Organisation kaum erschwinglich gewesen. Natürlich wußte man das bei der AEC, denn dort wurden Computer erstmals in großem Rahmen eingesetzt, und die AEC war auch weiterhin eine der Hauptanwender der Computertechnologie, als sie geheime Waffensysteme erforschte. Trotzdem hatte die Umweltschutzbehörde die Strahlendaten selbst 1986 noch nicht so weit computerisiert, wie das für eine Analyse notwendig war.[113]

Zur Zeit der Unfälle am Savannah hätte man eine Entscheidung zur Fälschung der Strahlendaten schnellstens koordinieren müssen. Die monatlichen Werte der Radioaktivität in der Luft und im Regen wurden etwa vier Monate nach der Messung veröffentlicht. Die Strahlenproben wurden überall im Land an verschiedenen Stationen gesammelt, die von den Gesundheitsministerien der Bundesstaaten betrieben wurden. Je nach der Höhe der gemessenen Radioaktivität wurden die ersten Werte entweder telefonisch oder schriftlich an die entsprechenden Zentralbehörden übermittelt. Wahrscheinlich wäre es schwer gewesen, eine Entscheidung zur Fälschung von Daten durchzusetzen, ohne größere bürokratische Hindernisse zu überwinden. Die EERF hätte die Sache ganz sicher vereinfacht.

Datenänderungen hätten einzeln erfolgen müssen. In manchen Fällen hätte die Veröffentlichung gefälschter Daten größere Sicherheitsprobleme hervorgerufen als die eines hohen Meßwertes, der zwischen Hunderten von Zahlen in den Monatstabellen versteckt war. Eine offenkundig falsche Wiedergabe bestimmter Strahlenbelastungen würde die Alarmsirenen wahrscheinlich sehr viel schneller schrillen lassen. Es wäre Strahlenexperten z. B. verdächtig vorgekommen, wenn nach einem in der Öffentlichkeit vielbeachteten Ereignis wie etwa dem *Baneberry*-Test keine hohen Meßwerte für den Raum Nevada aufgetaucht wären. So bedienten sich die Staaten offenbar manchmal einer anderen Methode – sie stoppten einfach die Veröffentlichung der monatlichen Berichte ganz.

Die Sowjetunion z. B. stellte Anfang der 70er Jahre die Veröffentlichung von Daten über die Säuglingssterblichkeit ein. Die Säuglingssterblichkeit stieg dort nach Jahrzehnten einer positiven Entwicklung stark an, als das Land eigene Kernkraftwerke ans Netz gehen ließ. Die US-Regierung dagegen konnte die Berichte nicht einfach einstellen, ohne den Verdacht der Öffentlichkeit zu erwecken. Der Kongreß hatte ihre Veröffentlichung angeordnet, und Anfang der 70er Jahre wurde zunehmend kontrovers über die gesundheitlichen Auswirkungen der Niedrigstrahlung diskutiert. Anfang 1970 z. B. hielt das *Joint Committee on Atomic Energy* stark beachtete Anhörungen ab, bei denen Dr. John Gofman und Dr. Arthur Tamplin bestätigten, daß zwischen Niedrigstrahlung und Krebs bei Erwachsenen, Feten und Säuglingen ein direkter Zusammenhang besteht.

Im Laufe der Zeit kam es jedoch zu einschneidenden Kürzungen bei entsprechenden Publikationen und Forschungsbemühungen. So schaffte es beispielsweise die AEC, die Forschungsarbeit von Dr. Gofman und Dr. Tamplin in den *Lawrence Livermore Laboratories* zu beenden. Bei der Überprüfung der radioaktiven Strahlenbelastung durch das *Plowshare*-Programm weigerten sich die Wissenschaftler, Schätzungen über gesundheitliche Auswirkungen von Atombombentests in der Atmosphäre und radioaktiven Freisetzungen aus Kernkraftwerken zu streichen – ihr Projekt wurde daraufhin von einem Tag auf den anderen gestoppt. Die AEC beendete auch die Forschungsarbeit von Dr. Thomas Mancuso an der *University of Pittsburgh* über die Belastung der Arbeiter mit Niedrigstrahlung im staatlichen *Kernkraftwerk Hanford*, nachdem er eine weit höhere Zunahme der Krebsfälle als erwartet festgestellt hatte. Ein wichtiger Beitrag von Dr. Lester Lave und seinen Mitarbeitern von der *Carnegie-Mellon University* wurde kurz vor der Veröffentlichung in *Radiation Data and Reports* entfernt: Lave hatte darin einen engen Zusammenhang zwischen Sterblichkeitsraten und dem Strontium-90-Gehalt von Milch nachgewiesen.[114] Dr. Alice Stewart, die beim *Three Mile Island Fund* angestellt war und die gesundheitlichen Auswirkungen der Niedrigstahlung in staatlichen Anlagen untersuchen sollte, wurde der Zugang zu wichtigen Daten über die Belastung der Arbeiter und ihre Gesundheit verweigert, obwohl der Kongreß diese Daten ausdrücklich für derartige Untersuchungen vorgesehen hatte.

Mindestens drei andere bundesstaatliche Gesundheitsministerien haben die Freigabe wichtiger Sterblichkeitsdaten in ähnlicher Form eingeschränkt. Während des starken radioaktiven Fallouts Anfang der 60er Jahre stoppte Massachusetts die Freigabe von Daten über Lebendgeburten, Säuglings- und Gesamtsterblichkeit – nicht jedoch über Eheschließungen. Als 1970 enthüllt wurde, daß radioaktiver Fallout vom Testgelände in Nevada über der Gegend um Albany-Troy niedergegangen war und daraufhin die Fälle von Leukämie zugenommen hatten, schränkte das Gesundheitsministerium des Bundesstaates New York die genaue jährliche Auflistung der Todesfälle nach Ursache und Ort ein und ersetzte sie durch eine stark verkürzte Zusammenfassung. Als 1975 große Mengen Radioaktivität aus dem *Kernkraftwerk Millstone* entwichen, stellte das Gesundheitsministerium von Connecticut die Veröffentlichung der Todesfälle durch Krebs in den Verwaltungsbezirken ein; die Daten waren seit den 30er Jahren jährlich veröffentlicht worden.

Es ist eine große und schwierige Aufgabe, gezielt die umfangreichen Datenbestände zu überwachen, die den monatlichen Berichten über radioaktive Strahlung und Bevölkerungsstatistik zugrunde liegen. Haushaltskürzungen und der *Paperwork Reduction Act*, eine Verordnung zur Straffung der Verwaltungsarbeit, haben großen Druck auf die Behörden ausgeübt, denen die Information der Öffentlichkeit obliegt. Doch das, was bisher bekannt ist, läßt auf nicht weniger als eine Verschwörung gegen die Gesundheit des amerikanischen Volkes schließen. Diese Schlußfolgerung ist für jeden schwer hinnehmbar, selbst nachdem der Staat zugegeben hat, die Bevölkerung im Fall der Unfälle in der *Savannah River Plant* 20 Jahre belogen zu haben. Aber noch schwerer dürfte es den Informationssystematikern fallen, für die bei den Daten festgestellten Unvereinbarkeiten und Korrekturen eine Erklärung zu liefern, die einleuchtet und unverfänglich ist. Betrachten wir einige Möglichkeiten.

Vielleicht sind die Unvereinbarkeiten und Nachbesserungen die Folge von Zufallsfehlern, die korrigiert werden mußten. Diese Rechtfertigung fällt in das Gebiet der Statistik. Wie in den Kapiteln 1 und 2 dargelegt wurde, ist die Wahrscheinlichkeit verschwindend gering, daß die nach Tschernobyl extrem hohe Sterblichkeit in den USA, der Bundesrepublik Deutschland und bei Vögeln gleichzeitig und zufällig eingetreten ist. Ebenso unwahrscheinlich ist es, daß die radioaktiven Höchstwerte in Luft, Regen, Milch und Fisch und die der Todesfälle bei Säuglingen und Erwachsenen nach den Unfällen am Savannah auf Zufall beruhten. Und wie wahrscheinlich ist es, daß Berichtsfehler ausgerechnet nach einem schweren Unglück am Savannah auftraten, und dann wieder nach einem schweren Unglück in Three Mile Island, und erneut nach einem schweren Unglück in Tschernobyl, und sonst nicht – wobei die Fehler jeweils eine ungewöhnlich hohe Sterblichkeit zur Folge hatten, die jedesmal korrigiert werden mußte? Es wäre abwegig, auch nur zu versuchen, eine derart winzige Wahrscheinlichkeit zu berechnen. Mit einem Wort: Die Korrekturen wurden offenbar systematisch vorgenommen.

Vielleicht existierte eine interne Regelung, ungewöhnliche Ausschläge nach oben und unten in der monatlichen Bevölkerungsstatistik zu glätten, eine Regelung, die nichts mit „nationaler Sicherheit" oder Nuklearunfällen zu tun hatte. Sterblichkeit ist in der Statistik ein sehr stabiler Wert, und so sind diese Schwankungen ohnehin unwahrscheinlich. Ähnlich gingen staatliche Wissenschaftler vor, die Daten über Ozon in der Atmosphäre sammelten. Da sie ein Modell vom allmählichen Ozonabbau in der Atmosphäre entwickeln wollten, programmierten sie ihre Computer so, daß sie ungewöhnlich niedrige saisonale Werte übergingen. So kam es, daß diese Spitzenwissenschaftler, die mit den modernsten satellitengestützten Datenerfassungssystemen, analytischen Modellen und Computerhardware arbeiteten, ein gewaltiges „Loch" in der Ozonschicht über der Antarktis überhaupt nicht bemerkten.

Ein solches „Glätten" der amerikanischen Bevölkerungsstatistik würde nicht nur dazu führen, daß Wissenschaftlern eine besonders hohe Sterblichkeit nach Nuklearunfällen und anderen Umweltbelastungen entginge, es wäre auch Betrug. Weder für den *Monthly Vital Statistics Report* noch die *Vital Statistics of the United States* wird ein solches Vorgehen erwähnt. Bestünde es, würde es den eigentlichen Zweck der Veröffentlichung einer monatlichen Bevölkerungsstatistik als eines nationalen Gesundheitswarnsystems vereiteln. Die Zuverlässigkeit sämtlicher amerikanischer Sterblichkeitsdaten wäre in Frage gestellt.

Vielleicht haben die bundesstaatlichen Gesundheitsministerien die Änderungen in der Hoffnung durchgeführt, lokale politische Probleme zu verringern, und dies ohne Mitwirkung der zentralen Behörden getan. Das hieße, daß Kalifornien, Maryland, Massachusetts, Pennsylvania und Südkarolina über mindestens anderthalb Jahrzehnte hinweg ähnliche Fälschungen begangen hätten. Wenn das eine so gängige Praxis quer durch die Vereinigten Staaten war, hätte es dann ohne irgendwelche Absprachen so viele Jahre geheim bleiben können?

Die beunruhigendste, aber leider auch überzeugendste Erklärung ist die, daß es tatsächlich eine Verschwörung gab, die von höchsten Regierungsstellen abgestimmt und in den Anfängen des kalten Krieges begonnen wurde. Für einen Staatsdiener bedurfte es schon eines wirklich schwerwiegenden Grundes, einen solchen Betrug zu verüben. Was konnte da zwingender sein als die Vorstellung, daß die Änderungen für die Sicherheit des Landes notwendig waren – und wenn die Sicherheit des Landes der alles beherrschende Gegenstand war, wie hätte es da ohne Beteiligung der Bundesregierung abgehen können? Warum sollte sich andererseits jemand der Mühe unterziehen, Zahlen zu fälschen, wenn die gesundheitlichen Auswirkungen gar nicht wirklich existierten oder nicht sehr ernst waren? Es würde schwer sein, in Behörden Leute zu finden, die sich mit der nationalen Sicherheit befaßten, aber nicht unmöglich. Es würde auch schwer sein, nach dem Abbau der Atomenergiekommission Geheimnisse weiterzuleiten, aber nicht unmöglich. Bis noch vor wenigen Jahren durfte die Umweltschutzbehörde die Waffenfabriken nicht einmal bei Umweltproblemen inspizieren. Die jüngste Entwicklung ist einer der Hauptgründe, warum die Enthüllungen von Unfällen in Atomwaffenfabriken gerade erst begonnen haben.

Trotz all dieser Anzeichen für eine Vertuschung lieferten Datenanalysen des gesäuberten Materials wichtige Ergebnisse. Der Anstieg der Sterblichkeit war einfach so hoch, daß er selbst mit vereinten Kräften nicht aus der Welt geschafft werden konnte. Selbst bei all den Korrekturen, die 1987 und 1988 im *Monthly Vital Statistics Report* auftauchten, haben die in Kapitel 2 beschriebenen Ergebnisse von Tschernobyl Bestand.

Die Höchstwerte der Sterblichkeit in Südkarolina für den Januar 1971 verschwanden zwar in der Endfassung der *Vital Statistics of the United States*, doch die wichtigeren Höchstwerte der fünf Monate jenes Sommers blieben bestehen.[115] Außerdem verwendeten die statistisch noch signifikanteren ein-, mehrjährigen und countybezogenen Anstiege der Sterblichkeit, die wir in Kapitel 4 bestimmt haben, die endgültigen (abgeänderten) Daten und waren nach Rasse, Geschlecht und Alter bereinigt.

Trotz der Korrekturen bei der Endfassung der Daten über die Säuglings- und Gesamtsterblichkeit in Pennsylvania blieben die abweichenden Trends des Dreistaatengebiets in den vier Monaten nach dem Unglück von *Three Mile Island* auch bei den Abschlußdaten statistisch signifikant.[116] Außerdem blieb in Dauphin, dem Heimat-County von TMI, der Anstieg der Säuglingssterblichkeit von 1979 bis 1980 gegenüber den beiden Jahren davor bei den Abschlußdaten hochsignifikant, die die *Vital Statistics of the United States* abdruckte. Schließlich weisen, wie in Kapitel 5 angeführt, die detaillierten County-Daten über die festgestellte und erwartete Zahl der Todesfälle in Pennsylvania seit 1968 einen äußerst signifikanten Anstieg der Sterblichkeit aus vielerlei Ursachen nach 1979 auf. Jeder Versuch, diese Daten zu manipulieren, würde daher das gesamte Gebäude der Beschaffung und Analyse unserer Bevölkerungsstatistik zum Einsturz bringen.

Auf lange Sicht reichten folglich die unzähligen Korrekturen und Datenmanipulationen nicht aus, die Untersuchungsergebnisse ganz zu verschleiern, die den signifikanten Anstieg der Todesfälle mit dem Entweichen von Niedrigstrahlung in Verbindung brachten. Es ist dennoch eine tragische Begebenheit, wenn die Amerikaner über Nuklearunfälle und ihre Folgen im unklaren gelassen wurden, selbst wenn das im Namen der nationalen Sicherheit geschah. „Nationale Sicherheit" kann keine Rechtfertigung dafür sein, den Menschen die Chance zu verwehren, die Gesundheit ihrer Kinder und die eigene zu schützen. Ohne umfassende Kenntnisse können weder Mediziner noch Angehörige des Gesundheitswesens signifikante Sterblichkeitsursachen untersuchen. Und niemand kann lernen, wie vielleicht ein Unfall verhindert werden kann – am Savannah, in Three Mile Island, Tschernobyl und wer weiß, wo sonst noch.

Was letztlich wirklich vertuscht wurde, können nur eingehende Untersuchungen und Anhörungen im Kongreß zutage fördern.

FOLGERUNGEN

7. Atombombentests in der Atmosphäre

Die Gefahren der Niedrigstrahlung bei der Aufnahme von Spaltprodukten mit der Nahrung waren der amerikanischen Bundesregierung schon bekannt, bevor die erste Atombombe gebaut wurde. In *The Making of the Atomic Bomb* erzählte Richard Rhodes, wie Enrico Fermi im Jahr 1943 Robert Oppenheimer nahelegte, die deutschen Lebensmittelvorräte mit radioaktiven Spaltprodukten zu verseuchen, wenn sich der Bau einer Atombombe als unmöglich erweisen sollte. Aufgrund der Anregung Fermis bestimmten Oppenheimer und Edward Teller Strontium-90 als das Isotop, das „offenbar am erfolgversprechendsten ist", weil es sich „gefährlich und unwiderruflich" in den Knochen des Menschen anreichert. Rhodes zufolge entschied Oppenheimer, „einen solchen Plan nur in Angriff zu nehmen, wenn wir so viele Nahrungsmittel vergiften können, daß eine halbe Million Menschen stirbt".[117]

Als Dr. John Gofman, Leiter der biomedizinischen Abteilung des *Lawrence Livermore Laboratory* und einer der Väter der Atombombe, über die Auswirkungen der späteren Atombombentests in der Atmosphäre nachdachte, sagte er: „Es gibt nichts, das mein Versagen entschuldigen könnte, nicht schon viele Jahre früher Alarm geschlagen zu haben, als ich es getan habe. Ich meine, mindestens ein paar 100 Wissenschaftler, die die biomedizinischen Seiten der Atomenergie genau kennen – mich selbstverständlich eingeschlossen –, sind Anwärter auf einen Prozeß wegen Verbrechen gegen die Menschheit, wie in Nürnberg, weil wir grob fahrlässig und unverantwortlich waren. Jetzt, wo wir die Gefahr der Niedrigstrahlung kennen, lautet das Verbrechen nicht mehr auf das Experimentieren – sondern auf Mord." [118]

Es spricht vieles dafür, daß die staatliche Politik, nicht bloße Fahrlässigkeit, die gesundheitsschädlichen Auswirkungen der Tests in der Atmosphäre verschleiert hat. So berichtete Bill Curry von *The Washington Post:* „Beamte, die mit den US-Bombentests zu tun hatten, befürchteten 1965, Enthüllungen über eine Geheimstudie, die eine Verbindung zwischen Leukämie und dem radioaktiven Fallout der Bomben herstellte, könnten eine Fortsetzung der Tests gefährden und kostspielige Schadenersatzforderungen nach sich ziehen ... Diese Studie und auch eine Anregung, in Utah die Erkrankungen an Schilddrüsenkrebs zu untersuchen, lösten in der altehrwürdigen Atomenergiekommission mehrere Besprechungen auf höchster Ebene darüber aus, wie man die beiden Studien beeinflussen oder ändern sollte. Das Papier belegt auch, daß der öffentliche Gesundheitsdienst, der die Studien durchführte, sich der Haltung der AEC anschloß und die Öffentlichkeit wegen möglicher Gefahren durch den Fallout beruhigte."[119]

Der amerikanische *Rat zur Verteidigung der natürlichen Ressourcen* (NRDC) hat vor kurzem aufgrund einer eingehenden Analyse seismischer Aufzeichnungen geschätzt, daß bei den US-Bombentests von 1945 bis 1962 eine Menge an Radioaktivität freigesetzt wurde, die 137000 Kilotonnen Kernsprengstoff entsprach. Auf die Sowjetunion, die 1961 und 1962 einige schwere H-Bomben mit einer Wirkung von 402000 Kilotonnen Sprengstoff zündete, entfielen drei Viertel der insgesamt 585000 Kilotonnen. Teilt man diese Zahl durch die geschätzte Sprengkraft der Hiroshima-Bombe, kommt man zu dem Ergebnis, daß die Supermächte die Weltbevölkerung in diesen 17 Jahren einem Fallout ausgesetzt haben, der dem von 40000 Hiroshima-Bomben entsprach.[120]

Die Sterblichkeitsraten gehen mit der Zeit im allgemeinen zurück, weil Verbesserungen in der Ernährung, der Hygiene und der Medizin sie nach unten drücken. Diese Entwicklung kann man als ein Zeichen für das allgemeine Wohlergehen betrachten: Da die Sterblichkeit zurückgeht, erhöht sich die Lebenserwartung. Trotz gelegentlicher Einbrüche durch Kriege und Epidemien bleibt der langfristige Rückgang eine der besten

Meßziffern für den Fortschritt bei den Gesundheits- und Lebensbedingungen. Und der anhaltende Rückgang der Sterblichkeit zeigt an, daß die Lebenserwartung auch in Zukunft steigen wird.

Wie aus Abbildung 7.1 hervorgeht, veränderte sich diese Meßziffer jedoch eigenartigerweise in den 50er und 60er Jahren, als die sinkende Kurve sowohl der Säuglings- wie auch der Gesamtsterblichkeit abflachte.[121] Es gibt, wenn überhaupt, nur wenige epidemiologische Untersuchungen dieser beunruhigenden Erscheinungen, doch vielleicht findet man eine Erklärung in den Auswirkungen der Atombombentests in der Atmosphäre.

Rachel Carson erkannte als eine der ersten, daß das plötzliche Auftreten derart gewaltiger Mengen künstlicher ionisierender Strahlung die Gefährlichkeit giftiger Chemikalien noch erhöhen kann. In ihrem Buch *Der stumme Frühling* schrieb sie:

„Der unheimlichste aller Angriffe des Menschen auf die Umwelt ist die Verunreinigung von Luft, Erde, Flüssen und Meer

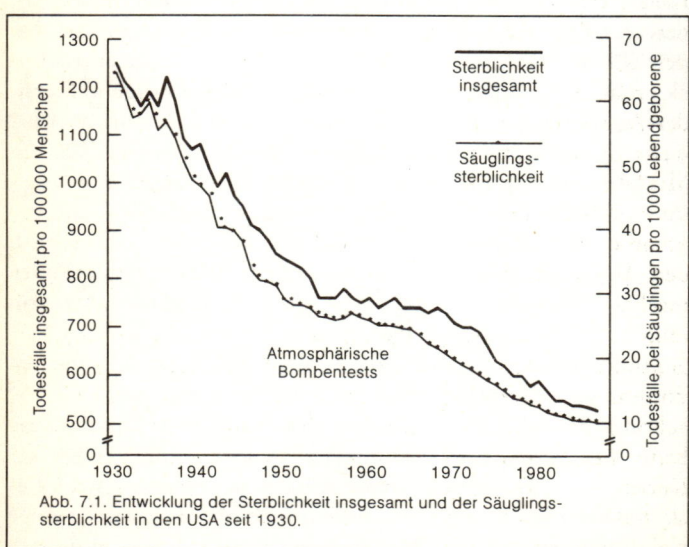

Abb. 7.1. Entwicklung der Sterblichkeit insgesamt und der Säuglingssterblichkeit in den USA seit 1930.

mit gefährlichen, ja sogar tödlichen Stoffen ... In dieser alles-umfassenden Verunreinigung der Umwelt sind Chemikalien die unheimlichsten und kaum erkannten Helfershelfer der Strahlung; auch sie tragen unmittelbar dazu bei, die ursprüngliche Natur der Welt – die ursprüngliche Natur ihrer Geschöpfe zu verändern. Strontium-90, das durch Kernexplosionen in die Luft abgegeben wird, fällt mit dem Regen zur Erde oder schwebt als radioaktiver Niederschlag herab, setzt sich im Boden fest, gelangt in das Gras, den Mais oder den Weizen, die dort angepflanzt werden, und lagert sich mit der Zeit in den Knochen eines menschlichen Wesens ab, um dort bis zu dessen Tod zu verbleiben." [122]

Auch wenn Carson sich der gefährlichen Wechselwirkung von Radioaktivität und giftigen Chemikalien in der Nach-kriegszeit bewußt war, kommt der Radioaktivität doch mehr Bedeutung als den giftigen Chemikalien zu. Die Gesamtpro-duktion an organischen Chemikalien stieg in den USA von 1945 bis 1965 um das 42fache (von 7,5 Millionen auf 316 Mil-lionen Tonnen).[123] Der Gesamtausstoß, der in die Stratosphäre gelangte, stieg dagegen um das 13 000fache (von 45 Kilotonnen auf 587 Megatonnen).[124]

Andrej Sacharow sagte 1958 voraus, daß Atombombentests in der Atmosphäre mit einer Sprengwirkung von 50 Megatonnen weltweit eine halbe bis eine Million Tote nach sich ziehen wür-den.[125] Mit großer Weitsicht nahm Sacharow die Entdeckungen über die tödlichen Auswirkungen der mit der Nahrung aufge-nommenen Spaltprodukte vorweg, die Dr. Abram Petkau von der *Atomic Energy of Canada, Ltd.* gut zehn Jahre später machte. 1972 wies Dr. Petkau im Labor nach, daß Niedrigstrah-lung hochgefährliche geladene Sauerstoffmoleküle erzeugt, so-genannte freie Radiakle, die die Zellwand bei niedriger Strahlen-dosierung weit wirkungsvoller zerstören können als bei hoher.[126] Schon einige Jahre davor hatten Dr. T. Stokke und seine Mitar-beiter beobachtet, daß ganz geringe Strontium-90-Dosen die Knochenmarkzellen von Ratten sehr viel schwerer schädigten als hohe Dosen.[127] Petkaus Entdeckung konnte überraschend viele Immunsystemschädigungen durch Langzeitbelastung mit sehr geringer Falloutstrahlung erklären, denen die Wirkung einer kurzen, aber hohen Belastung mit Röntgen- oder Gammastrahlen bei einer Atombombenexplosion gegenüberstand.

Angewandt auf die Spaltprodukte, die allein bei den sowjetischen H-Bomben-Tests von 1961 und 1962 freigesetzt wurden, deren Sprengkraft nach Schätzungen des NRDC 402 Megatonnen herkömmlichen Sprengstoffs entsprach, ergäbe die Schätzung Sacharows vier bis acht Millionen Tote.

In seinem Papier von 1958 stellte Sacharow zum Schluß die Frage: „Welche moralischen und politischen Folgerungen können auf der Grundlage der oben genannten Zahlen gezogen werden?"

Seine Antwort lautete: „Wir fügen dem Leid und der Zahl der Toten in der Welt ... Hunderttausende zusätzlicher Opfer hinzu, darunter auch Menschen in neutralen Ländern und künftige Generationen. Das Leid, das die Tests hervorrufen, ... folgt auf jeden Abwurf, unerbittlich ... die moralischen Folgen dieses Problems liegen in der Tatsache, daß dieses Verbrechen nicht bestraft werden kann (denn es ist unmöglich nachzuweisen, daß der Tod eines bestimmten Menschen seine Ursache in radioaktiver Strahlung hatte), und sie liegen in der Wehrlosigkeit der künftigen Generationen gegen unser Handeln. Die Beendigung der Tests rettet direkt Hunderttausenden von Menschen das Leben." [128]

Angesichts dieser ernsten Mahnung ist es nicht verwunderlich, daß der Erfinder der sowjetischen H-Bombe nach den massiven Tests der Sowjets von 1961 und 1962 in Ungnade fiel.

Ebenfalls 1958 machte sich Linus Pauling diese Gedanken: „Die bisher durchgeführten Bombentests (etwa 150 Megatonnen) bringen letztlich etwa eine Million schwer geschädigte Kinder und ebenso viele tote Embryonen und Neugeborene hervor und sind die Ursache leichterer Erbschäden bei Millionen Menschen." [129]

Wie zuverlässig waren die inzwischen 30 Jahre alten Voraussagen von Carson, Sacharow und Pauling?

Von 1930 bis 1950 ging die Sterblichkeit in den USA (altersbereinigt) jährlich um durchschnittlich zwei Prozent zurück;

dieser Rückgang verschlechterte sich in den Jahren der Atombombentests jedoch auf 0,8 Prozent. Der öffentliche Gesundheitsdienst merkte diese Verschiebung, die nichts Gutes ahnen ließ, zwar an, lieferte dazu aber keine Erklärung.[130]

Abbildung 7.2 entwirft zwei Szenarien für die zukünftige altersbereinigte Sterblichkeitsrate in den USA auf der Grundlage der bisherigen Entwicklung. Das erste Szenario unterstellt weiterhin einen Rückgang der altersbereinigten Sterblichkeitsrate von jährlich zwei Prozent, wie er bis 1950 galt. Der sich ergebende Kurvenverlauf ist asymptotisch, das heißt die Sterblichkeitsrate nähert sich dem Wert Null, erreicht ihn aber nie. Dieses Szenario entwirft „erwartete" Werte, die den festgestellten Werten bis 1950 ziemlich nahekommen, danach aber eindeutig unter die festgestellten Werte sinken. Die Differenz zwischen den erwarteten und tatsächlich festgestellten Zahlen summiert sich auf etwa neun Millionen zusätzliche Todesfälle. Die unten in der Abbildung 7.2 dargestellten Säulen geben, ausgehend vom ersten Szenario, die zusätzlichen jährlichen Todesfälle an,

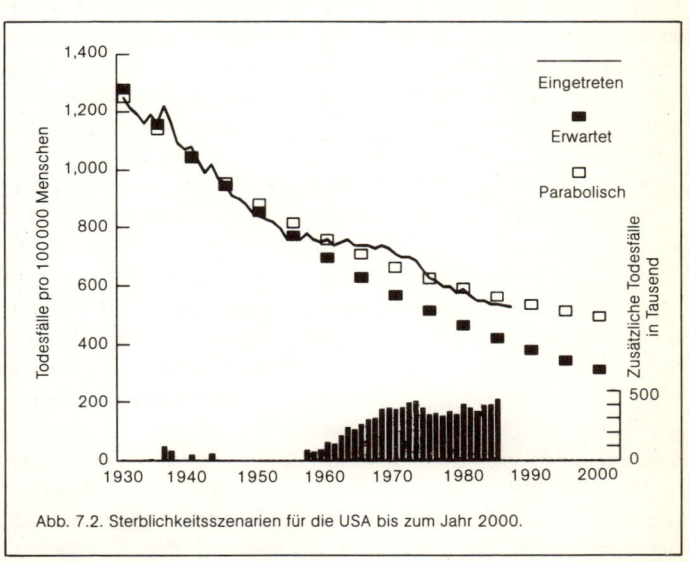

Abb. 7.2. Sterblichkeitsszenarien für die USA bis zum Jahr 2000.

111

eine Kurve, die der festgestellten Sterblichkeit von 1930 bis 1950 entspricht.

Abbildung 7.2 enthält auch ein „parabolisches" Szenario, das den festgestellten Werten vor und nach 1950 angepaßt wurde und mehr die tatsächliche Entwicklung wiedergibt.[131] Im Gegensatz zum ersten Szenario, das einen zeitlich konstanten Rückgang der Sterblichkeit annimmt, entwirft das zweite Szenario einen absoluten Anstieg der altersbereinigten Sterblichkeit ab etwa dem Jahr 2040. (Eine Parabel hat, anders als eine asymptotische Kurve, einen Scheitel, steigt also in unserem Fall wieder an.) Wenn die Verschiebung der Sterblichkeitsrate nach 1950 als natürlich angesehen wird, läßt dieser zweite Entwurf vermuten, daß die altersbereinigte Sterblichkeitsrate der USA ihren niedrigsten Punkt zu Beginn des nächsten Jahrhunderts erreicht, um danach langsam anzusteigen, was die in der Vergangenheit gestiegene Lebenserwartung wieder aufhebt. Dieses Szenario deutet an, daß die Aussichten auf ein längeres Leben in der Zukunft wieder abnehmen.

Doch das Abflachen der Sterblichkeitsrate in den 50er Jahren ist vielleicht gar keine so natürliche Entwicklung. Es könnte ebenso die Folge eines verheerenden Umweltirrtums sein. Im ersten Fall wird ein düsteres Bild der Zukunft gezeichnet. Der zweite deutet eine mögliche Wende an: Die Tatsache oder Ursache von neun Millionen zusätzlichen Todesfällen zu erkennen, ist vielleicht der Preis für Verbesserungen in der Zukunft.

Von 1915 bis 1985 hat sich die Rate der Säuglinge in den USA, die im ersten Lebensjahr starben, von etwa zehn auf ein Prozent verringert. Damit hat sich der lange säkulare Rückgang der Säuglingssterblichkeit seit mindestens dem 18. Jahrhundert fortgesetzt, als noch etwa jedes zweite Neugeborene im ersten Lebensjahr starb.

Doch zwei Tatsachen beeinträchtigen dieses scheinbar gute Ergebnis. Wie bei der Gesamtsterblichkeit flachte auch bei der Säuglingssterblichkeit der jährliche Rückgang von vier Prozent in den Jahren 1915 bis 1950 in der Zeit der schweren radioaktiven Niederschläge ab. Das änderte sich erst wieder nach der Unterzeichnung des Testverbots. Außerdem nahm ab 1950 der

Prozentsatz der untergewichtigen Neugeborenen bedrohlich zu, eine Entwicklung, die bis heute anhält.

In einer 1968 veröffentlichten Untersuchung der *Harvard School of Public Health* wurden diese Tatsachen angesprochen: „Um die Mitte des Jahrhunderts gab es kaum einen Grund, mit einer größeren Veränderung beim Abwärtstrend der (Säuglings-) Sterblichkeit zu rechnen. Man konnte sogar weitere eindrucksvolle Verbesserungen erwarten. Die Ereignisse haben diese Hoffnung nicht bestätigt. 1965 war es möglich, auf einen 15jährigen Zeitraum zurückzublicken, in dem es keinen greifbaren Rückgang der Säuglingssterblichkeit gab. In den 50er Jahren gab es sogar Jahre, in denen die Rate stieg – ein äußerst ungewöhnliches Vorkommnis in einem halben Jahrhundert Bevölkerungsstatistik in den Vereinigten Staaten." [132]

Die Harvard-Untersuchung warf ein Schlaglicht auf die Neugeborenensterblichkeit (Tod im ersten Lebensmonat), die eine Veränderung zum noch Schlechteren erfuhr. Die Untersuchung schloß mit der Hoffnung, daß erhöhte Ausgaben für die Betreuung von Mutter und Kind das Problem aus der Welt schaffen würden, sagte aber nichts über die Ursachen.

Ein Schlüssel zu dem Problem ist der ständig steigende Prozentsatz der untergewichtigen Neugeborenen (unter 2500 Gramm), die wesentlich zur Neugeborenensterblichkeit und zu Fehlgeburten beitragen. Besonders ausgeprägt war die erhöhte Rate der untergewichtigen Neugeborenen bei den nichtweißen Säuglingen, deren Sterblichkeit in diesem Zeitraum sogar zunahm. Von 1950 bis 1963 erhöhte sich der Prozentsatz der extrem untergewichtigen Neugeborenen (unter 1500 Gramm) um etwa zehn Prozent: Der entsprechende Anstieg bei nichtweißen Säuglingen lag bei etwa 50 Prozent. In einem Beitrag des *American Journal of Public Health* heißt es dazu: „Eine interessante und nicht geklärte Beobachtung ist die, daß die Rate der untergewichtigen und extrem untergewichtigen Neugeborenen unter den nichtweißen Lebendgeborenen von 1950 bis Ende der 60er Jahre ständig zunahm und danach nur langsam zurückging." [133]

Es gibt zahllose sozioökonomische Ursachen für die Säuglingssterblichkeit und das Untergewicht bei Neugeborenen;

der zeitliche Verlauf des Trends läßt jedoch vermuten, daß die Atombombentests eine wichtige – und möglicherweise synergistische – Rolle gespielt haben. Abbildung 7.3 zeigt, wie die Rate der nichtweißen untergewichtigen Neugeborenen in den Jahren der Bombentests in der Atmosphäre dramatisch anstieg, um nach der Einstellung der Tests von USA und UdSSR wieder abzusinken. Verbesserungen bei der Neugeborenensterblichkeit wurden auch ab Mitte der 60er Jahre registriert, doch gingen sie in erster Linie auf die gewaltigen Anstrengungen der Medizin zur Rettung der untergewichtigen Neugeborenen zurück.

Die überraschende Anfälligkeit junger Erwachsener für den Tschernobyl-Fallout (vgl. Kapitel 2), die im Mai 1986 einen so dramatischen Ausdruck im erstaunlichen Anstieg von Todesfällen aus dem AIDS-Umkreis fand, läßt auf eine Schädigung des menschlichen Immunsystems schließen: Als die Bombentests in der Atmosphäre in den 50er Jahren ihren Höhepunkt erreichten, wurden diese heute jungen Erwachsenen geboren.

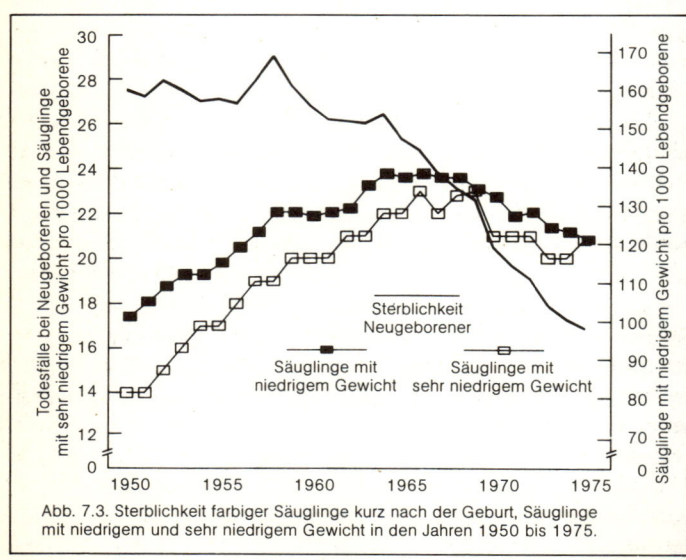

Abb. 7.3. Sterblichkeit farbiger Säuglinge kurz nach der Geburt, Säuglinge mit niedrigem und sehr niedrigem Gewicht in den Jahren 1950 bis 1975.

Seit 1983 erlebten die 15- bis 44jährigen von allen Altersgruppen die geringsten Verbesserungen der Lebenserwartung; sie waren in den Jahren der Bombentests Säuglinge und Kinder gewesen.[134] (Die Chinesen beendeten ihre Tests in der Atmosphäre erst 1980.) Vielleicht haben diese jungen Erwachsenen in jenen Jahren eine Schädigung des Immunsystems erfahren, die erst jetzt allmählich sichtbar wird. Während sich die altersbereinigte nationale Sterblichkeit in den USA von 1983 bis 1988 von Jahr zu Jahr verbesserte, verschlechterte sie sich für die 15- bis 44jährigen jedes Jahr. Letztere waren die einzige Altersgruppe, für die eine ständige Verschlechterung festgestellt wurde.

Noch nie hat es in den verfügbaren geschichtlichen Unterlagen einen vergleichbaren Fünfjahreszeitraum gegeben, in dem die Sterblichkeitsrate junger Menschen beiderlei Geschlechts und weißer wie nichtweißer Hautfarbe zugenommen hat.[135] Und tatsächlich heißt es in einem Bericht des Energieministeriums von 1984, es habe „in den letzten Jahren etwas höhere Werte (von Strontium-90 in menschlichen Knochen) bei jungen Erwachsenen in New York" gegeben. Weiter wird festgestellt, daß „diese Personen in der Zeit der schwersten Strontium-90-Ablagerung Kinder waren".[136]

Abbildung 7.4 verfolgt die Veränderungen der krankheitsbedingten Sterblichkeit bei acht aufeinanderfolgenden, nach 1920 geborenen Altersgruppen in zwei Lebensabschnitten: zwischen fünf und neun Jahren, wenn die Sterblichkeit am geringsten ist, und zwischen 25 und 29 Jahren, wenn die sexuelle Betätigung die Gefahr erhöht, sich eine Infektionskrankheit zuzuziehen.

Wie erwartet, gehen die Geraden im allgemeinen nach unten, da sich die Sterblichkeitsraten für die aufeinanderfolgenden Altersgruppen verbesserten. Es traten allerdings im Zeitablauf auch signifikante und unerwartete Veränderungen bei der Neigung der Geraden auf. Die Neigung der Geraden zeigt abwärts bei den Altersgruppen, die vor 1940 geboren sind; das weist darauf hin, daß sie als junge Erwachsene bessere Überlebenschancen hatten denn als Kinder. Die Geraden für die nach 1940 geborenen Altersgruppen zeigen dagegen nach oben; das deu-

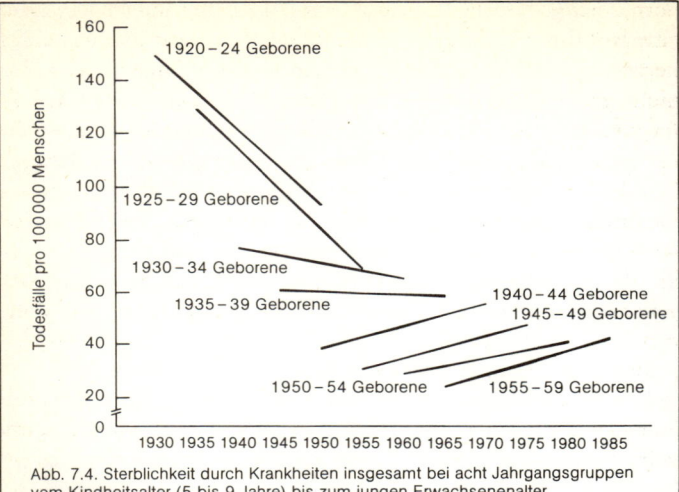

Abb. 7.4. Sterblichkeit durch Krankheiten insgesamt bei acht Jahrgangsgruppen vom Kindheitsalter (5 bis 9 Jahre) bis zum jungen Erwachsenenalter (24 bis 29 Jahre).

tet darauf hin, daß sie als junge Erwachsene sehr viel schlechtere Überlebenschancen hatten denn als Kinder.

Daß bei den nach 1940 geborenen Altersgruppen die Überlebenschancen als junge Erwachsene sich gegenüber denen als Kinder nicht verbessern konnten, läßt darauf schließen, daß vielleicht irgendein neuer Umstand das Immunsystem bei der Geburt oder in früher Kindheit geschädigt hat, dies jedoch erst deutlich wird, wenn die Infektionsrisiken Jahre später kulminieren. Im Gegensatz zu den vor 1940 geborenen Gruppen waren die nach 1940 geborenen dem Fallout von Atombombentests in der Atmosphäre ausgesetzt.

Tabelle 7.1 zeigt, daß dieses Muster einer relativ höheren Sterblichkeit der jungen Erwachsenen in den nach 1940 geborenen Gruppen für beide Geschlechter und für Weiße wie Nichtweiße gilt, allerdings mit einigen interessanten Unterschieden. Die beeinträchtigte Lebenserwartung wirkte sich bei nach 1940 geborenen Männern schneller aus als bei Frauen. Vielleicht spiegelt das eine stärkere sexuelle Aktivität bei Männern, die ja bei der Übertragung von Infektionskrankheiten eine Rolle spielt. Anders als bei den Weißen war die Sterblichkeit der vor 1940 geborenen jungen nichtweißen Erwachsenen nicht geringer als die der nichtweißen Kinder, was vielleicht Ausdruck für die Schädigung ist, die Armut, schlechte Ernährung und mangelhafte Mutterschaftsvorsorge dem sich entwikkelnden Immunsystem zufügen können. Von den vier nach Geschlecht und Hautfarbe unterteilten Gruppen gab es bei den weißen Männern die größte Veränderung im Verhältnis der krankheitsbedingten Sterblichkeit junger Erwachsener zu der von Kindern; dann folgten weiße Frauen und nichtweiße Männer, und die geringsten Veränderungen gab es bei den nichtweißen Frauen.[137]

Eine andere Erklärung für das sich ändernde Verhältnis der Sterblichkeit junger Erwachsener gegenüber der von Kindern wäre die, daß Verbesserungen bei der Mutterschafts-, Säug-

Tabelle 7.1. Veränderungen der durchschnittlichen krankheitsbedingten Sterblichkeitsraten junger Erwachsener und Kinder in Todesfällen pro 100 000 Einwohner

	Weiße		Nichtweiße		Alle Personen
	Männer	Frauen	Männer	Frauen	
Altersgruppen geboren 1920–1939					
Todesalter 5–9	104,4	93,1	143,6	133,4	114,1
Todesalter 25–29	43,9	56,5	159,2	188,4	71,7
Veränderungstate	0,42	0,61	1,11	1,41	0,63
Altersgruppen geboren 1940–1959					
Todesalter 5–9	31,2	30,7	42,5	37,7	28,7
Todesalter 25–29	48,0	48,7	119,2	85,6	48,7
Veränderungsrate	1,54	1,59	2,80	2,27	1,70
Veränderungsrate zwischen den vor und nach 1940 geborenen Altersgruppen	3,66	2,61	2,53	1,61	2,70

lings- und Kindervorsorge sich stärker auf die Kindersterblichkeit ausgewirkt haben als vergleichbare gesundheitliche Vorsorgeverbesserungen bei jungen Erwachsenen. Weniger gesundheitliche Vorsorgeverbesserungen bei nichtweißen Kindern könnten dort geringere Veränderungen erklären. Größere Wirksamkeit gesundheitlicher Vorsorgeverbesserungen bei Jungen, die eine höhere Sterblichkeitsrate als Mädchen haben, könnte auch hier größere Veränderungen erklären. Dieser Gedankengang kann jedoch nicht erklären, warum die Sterblichkeit junger Erwachsener bei bestimmten aufeinanderfolgenden Gruppen tatsächlich zugenommen hat, etwa bei weißen Männern.

Es gibt noch andere Indikatoren für eine mögliche Schädigung des Immunsystems von Kindern, die damals zur Welt kamen. Krebs bei Kindern von fünf bis neun Jahren war in den USA vor 1945, mit einer Sterblichkeitsrate von weniger als 20 Todesfällen auf eine Million Bewohner, relativ selten. Abbildung 7.5 zeigt, daß kindlicher Krebs in den Jahren der Atombombentests epidemische Ausmaße annahm, die 1958, als die H-Bomben-Tests begannen, mit 80 Todesfällen pro eine Million Einwohner einen Höhepunkt erreichten. Ein ähnliches Bild zeichnete sich in Japan ab, wo die Sterblichkeit der fünf- bis neunjährigen Jungen durch Krebs von 1945 bis 1965 um das Zehnfache anstieg.[138]

1958 beobachtete der berühmte australische Arzt und Nobelpreisträger F. Macfarlane Burnet, daß das schnell wachsende Gewebe der Kinder bösartigen Zellen die besten Entwicklungsbedingungen bietet. Er stellte außerdem fest, daß die weltweite Zunahme der Leukämie im Gegensatz zu allen anderen Krankheiten vorwiegend drei- bis vierjährige Kinder traf. Dr. Burnet kam zu dem Schluß, daß „der Höhepunkt im vierten Lebensjahr kaum eine andere Deutung zuläßt als die Belastung des jungen Organismus durch Mutagene um die Zeit der Geburt".[139]

In Abbildung 7.6 ist ein extremer Anstieg der Blutvergiftung bei jungen Erwachsenen von 30 bis 34 Jahren zu erkennen – der reinsten Immunschwächekrankheit. Vor 1945 kam Blutver-

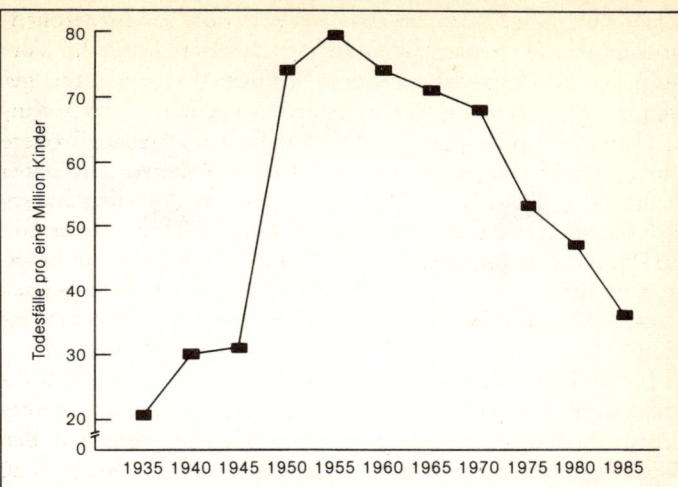

Abb. 7.5. Sterblichkeit durch Krebs bei 5 bis 9 Jahre alten Kindern in den Jahren 1935 bis 1985.

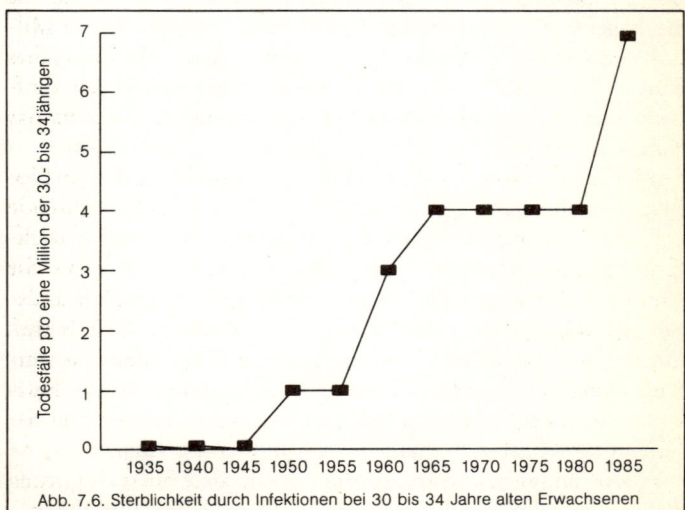

Abb. 7.6. Sterblichkeit durch Infektionen bei 30 bis 34 Jahre alten Erwachsenen in den Jahren 1935 bis 1985.

giftung bei jungen Erwachsenen so selten vor, daß sie nicht registriert wurde. Später nahm sie jedoch bei Personen zu, die zwischen 1950 und 1954 geboren wurden, und erreichte 1985 den Höchstwert von sieben pro eine Million Einwohner.

Dieses Material wirft Fragen über die grundlegenden Ursachen der vielfältigen Immunschwächekrankheiten auf, unter denen junge Erwachsene heute leiden, die vor 1945 aber entweder selten oder gänzlich unbekannt waren – Krankheiten wie AIDS, Herpes, Epstein-Barr-Virus (EBV, auch „Yuppie-Grippe" genannt), toxischer Schock und Todesfälle durch Extrauterinschwangerschaften in Verbindung mit einer Beckeninfektion.

Junge Menschen haben heute auch unter *Candida albicans*-Infektionen zu leiden, die Geburtsfehler, aber auch schweres Unwohlsein und den Anschein von Trunkenheit bewirken. Die Japaner bemerkten sie zuerst bei Überlebenden der Atombombenabwürfe und amerikanischen Militärangehörigen nach dem Zweiten Weltkrieg und nannten sie „die Betrunkenenkrankheit". Einige japanische Wissenschaftler sind der Ansicht, daß die ungezügelte Ausbreitung der *Candida albicans* durch Mutationen nach den Atombombenabwürfen von 1945 verursacht wurde.[140] In Kapitel 11 beschäftigen wir uns mit dem möglichen Einfluß strahlungsbedingter Mutationen im Zusammenhang mit den drei Immunschwäche-Krankheiten, die sich in den USA heute am schnellsten ausbreiten: AIDS, EBV und die Lyme-Krankheit.

Dieses gesamte Beweismaterial deckt sich mit Untersuchungen, die Lester Lave[141] und Ernest Sternglass[142] Anfang der 70er Jahre über die schädliche Wirkung falloutbelasteter Nahrung auf die Säuglings- und Erwachsenensterblichkeit durchgeführt haben. Es bedarf dringend weiterer Untersuchungen zur Bewertung der Hypothese, daß Niedrigstrahlung aus Fallouts wesentlich zur Schädigung des Immunsystems der Babyboomgeneration beigetragen hat. Dabei könnten die Auswirkungen auf bestimmte Bevölkerungsgruppen in den am schwersten vom Fallout der Bombentests betroffenen Gebieten mit denen in Gebieten verglichen werden, die die geringste Belastung er-

lebt haben. Falls die Hypothese zutrifft, wären die Immunsystemschäden nach dem Krieg in den Gebieten größer, die vom
Fallout aus den Atombombentests in der Atmosphäre besonders schwer betroffen wurden.

8. Säuglingssterblichkeit und Milch

Am 31. März 1987 legte die amerikanische Atomaufsichtsbehörde NRC das *Kernkraftwerk Peach Bottom* in Lancaster, Pennsylvania, still und verhängte über den Betreiber ein Bußgeld von über einer Million Dollar, weil Techniker „während der Arbeit geschlafen und Drogen genommen hatten".[143] Das von der Industrie geförderte *Institute of Power Operations* bezeichnete die Reaktoren als eine „Zumutung für die Branche".[144] Doch über die Konsequenzen des fahrlässigen Verhaltens wurde kaum etwas gesagt.

Einen Monat, bevor die NRC einschritt, hatte die Säuglingssterblichkeit im District of Columbia (D.C.) den Landesdurchschnitt um den größten seit dem Zweiten Weltkrieg je registrierten Wert überschritten. Die hohen Jod-131-Werte der Milch in D.C. lassen vermuten, daß *Peach Bottom* im Schutz des Tschernobyl-Fallouts radioaktive Emissionen freigesetzt hat. *Peach Bottom* liegt nur 56 Kilometer südlich von *Three Mile Island* und in der Windrichtung zum größten milchproduzierenden County der USA. Im ganzen Land wurden immer wieder Atomkraftwerke dort gebaut, wo die Milchversorgung großer Stadtgebiete angesiedelt ist, weil Weideland oft vergleichsweise billig und dünn bevölkert ist. Durch Niedrigstrahlung verseuchte Milch ist vielleicht eine der bisher übersehenen Ursachen für die hohe Säuglingssterblichkeit in Städten. Im Monat nach der Stillegung von *Peach Bottom* fiel die Säuglingssterblichkeit in D.C. erstmals wieder seit Inbetriebnahme der Anlage Mitte der 60er Jahre auf den US-Durchschnitt.

Als der Tschernobyl-Fallout die Vereinigten Staaten überquert hatte, kontrollierte die zentrale Umweltschutzbehörde EPA sehr genau den Gehalt der Milch an radioaktivem Jod-131. Man weiß, daß Milch bestimmte abgelagerte radioaktive Teilchen anreichert. Wenn Säuglinge und schwangere Frauen diese Milch trinken, werden die Schilddrüsen des Säuglings bzw. des Fetus mit den tödlichen Schadstoffen belastet. Jod-131 erhöht das Risiko, an Schilddrüsenkrebs und allgemein zu erkranken. Es kann die Schilddrüse eines Säuglings oder Fetus hunderte Male schwerer schädigen als die eines Erwachsenen und das Risiko von Fehlgeburten, Untergewicht bei der Geburt und Säuglingssterblichkeit erhöhen. Bereits kleinste Dosen können darüber hinaus die Produktion wichtiger Wachstumshormone beeinträchtigen und die körperliche und geistige Gesundheit der Kinder stören, die überleben.

Aus Abbildung 8.1 geht hervor, daß Washington, D.C., und Baltimore im Mai 1986, als der Tschernobyl-Fallout niederging, von allen Ostküstenstädten die am stärksten mit radioaktivem Jod-131 verseuchte Milch hatten – die Werte waren mehr als doppelt so hoch wie in anderen Städten aus dem mittelatlantischen Raum.

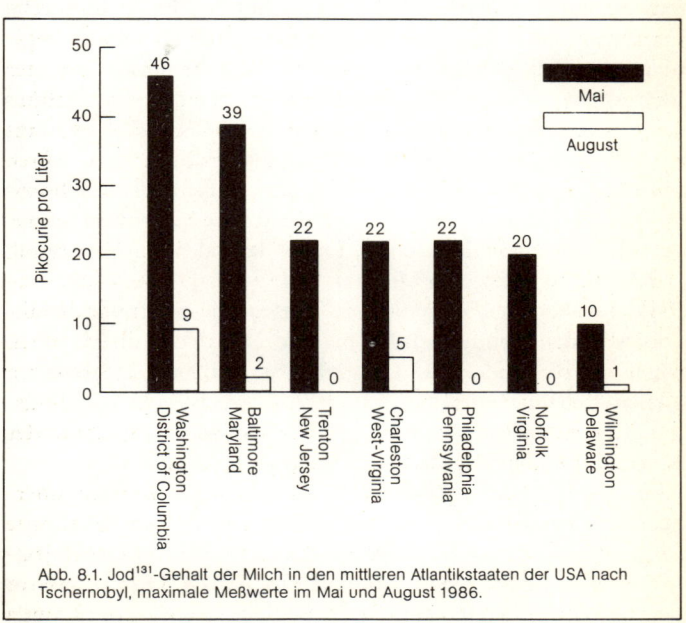

Abb. 8.1. Jod[131]-Gehalt der Milch in den mittleren Atlantikstaaten der USA nach Tschernobyl, maximale Meßwerte im Mai und August 1986.

Es ist unwahrscheinlich, daß diese abnorm hohen Werte allein die Folge des Tschernobyl-Fallouts waren. Im mittelatlantischen Raum wurden die höchsten Jod-131-Werte im Regen, mit dem die Radioaktivität aus Tschernobyl niederging, in Virginia gemessen.[145] Doch die Strahlenwerte der Milch von Virginia waren nicht einmal halb so hoch wie die in D.C. Die Milch in D.C. enthielt darüber hinaus auch im August noch viel radioaktives Jod, drei Monate nach dem Durchzug des Tschernobyl-Fallouts. Wegen der kurzen Halbwertzeit von nur acht Tagen wäre Jod-131 aus Tschernobyl im August nicht mehr nachzuweisen gewesen. Nur aus einem Kernkraftwerk entwichene Strahlung konnte im August 1986 derart hohe Werte verursacht haben.

Warum war die Milch in D.C. so stark verseucht? Jod-131 kommt in der Natur nicht vor; sein einziger möglicher Herkunftsort ist ein Atomkraftwerk. Die Daten lassen vermuten, daß die Tschernobyl-Wolke die radioaktiven Emissionen von *Peach Bottom* vielleicht überlagert hat. Auch im nur 56 Kilometer nördlich gelegenen *Three Mile Island* kann es Emissionen gegeben haben; TMI wurde jedoch gerade gereinigt und stand daher unter strenger Beobachtung, während *Peach Bottom* wohl ziemlich sorglos betrieben wurde. Andere Kernkraftwerke in der Nähe von D.C., etwa die Anlage *Calvert Cliff* in Maryland, kommen als Verursacher der hohen Milchverseuchung ebenfalls kaum in Frage, da in den Countys in ihrem Umkreis nur wenig Milch erzeugt wird.

Eine hohe von *Peach Bottom* freigesetzte Strahlungsmenge erklärt auch, warum Philadelphia und New York im Mai 1986 Milch mit so hohen Jod-131-Werten hatten.[146] Beide Städte beziehen ihre Milch aus den Countys, die im Umkreis von 80 Kilometern um *Peach Bottom* liegen. Aus den Unterlagen der zentralen Milchvertriebsstellen geht hervor, daß aus diesen Countys Milch und Molkereiprodukte in großen Mengen in den Großraum New York und auch zu der Verteilerstelle gelangen, die Philadelphia, Baltimore und D.C. beliefert. Kleinere Städte, die mehr als 80 Kilometer von *Peach Bottom* entfernt liegen und Molkereibetriebe in ihrer Nähe haben, wiesen dagegen eine niedrigere Jod-131-Konzentration in der Milch aus. Dieses Bild paßt zu einer örtlichen Freisetzung aus *Peach Bottom*, nicht jedoch zu einer Belastung durch einen Tschernobyl-Fallout.

Die Anlage *Peach Bottom* hatte seit langem große Probleme. Der erste Reaktorblock nahm 1966 den Betrieb auf, war aber derart undicht, daß er wenige Jahre später abgeschaltet werden mußte. Die Blöcke zwei und drei gingen Anfang der 70er Jahre ans Netz, aber auch aus ihnen entwichen in den darauffolgenden Jahren große Mengen Spaltprodukte. Die Atomaufsichtsbehörde wies mehrmals warnend darauf hin, daß die Freisetzungsgrenzwerte überschritten worden seien, und verlangte umfangreiche Änderungen bei der Entsorgung der radioaktiven Abfälle und den Filtersystemen. Als 1976 eine größere Strahlenmenge entwich, verdreifachte die Aufsichtsbehörde jedoch einfach die Menge, die *Peach Bottom* freisetzen durfte![147]

Die Blöcke zwei und drei von *Peach Bottom* sind von der *General Electric Company* gebaute Siedewasserreaktoren. Dieser Reaktortyp neigt unter normalen Betriebsbedingungen stärker dazu, radioaktive Gase freizusetzen, als die Druckwasserreaktoren, die ursprünglich von *Westinghouse* für den Einsatz in Atom-U-Booten entwickelt wurden. Siedewasserreaktoren sind „einkreisig"; der durch den Uranbrennstoff erzeugte Dampf wird direkt zu den stromerzeugenden Turbinen geleitet. Die Druckwasserreaktoren besitzen dagegen zwei Kreisläufe: einen für heißes Wasser, das durch die heißen Brennelemente strömt, und einen zweiten für den Dampf, der zu den Turbinen geführt wird. Der zweite Kreislauf verhindert, daß Radioaktivität die Turbinen erreicht, wo sie durch die Lager in die Umwelt entweichen könnte. In U-Booten werden ausschließlich Druckwasserreaktoren verwendet, da entweichendes radioaktives Gas dem Gegner erlauben würde, die Boote aufzuspüren und zu verfolgen. Da das Aufspüren durch den Feind bei kommerziellen Reaktoren keine Rolle spielt, ermunterte die Atomaufsichtsbehörde *General Electric*, die billigeren Einkreisreaktoren zu bauen.

Die *Peach Bottom*-Reaktoren liefen auch die ganzen 80er Jahre schlecht. 1983 traten 9500 Liter radioaktives Wasser aus, und man entdeckte Risse in den Kühlrohren. Außerdem verhängte die NRC ein Bußgeld von 140 000 Dollar für Übertretungen im Jahr 1982 und weitere 40 000 Dollar für mangelhaft gewartete Ventile. 1984 erlegte die NRC dem Betreiber, der *Philadelphia Electric Company* (PECO), erneut 30 000 Dollar Bußgeld wegen Übertretungen auf. 1985 wurde die Anlage wegen mechanischer Störungen stillgelegt, und der Wasserstand in Block II sank gefährlich ab. Die NRC und die *Behörde für Sicherheit und Gesundheit am Arbeitsplatz* (OSHA) belegten die PECO wegen Verletzung der Sicherheitsbestimmungen mit einem Bußgeld; angeblich waren Arbeiter radioaktiver Strahlung ausgesetzt worden, was zum Tod eines der Beschäftigten führte. 1986 wurden die Steuerstäbe nicht richtig aus dem Reaktorkern zurückgefahren, in der Notstromstation gab es eine Explosion und einen Brand, und die NRC tadelte die PECO wegen „Unachtsamkeit und Schlamperei". Sie nannte *Peach Bottom* „eine der schlimmsten Anlagen im Land", zählte 17 Übertretungen auf und beschuldigte die Führung, widerrechtlich einen Strahlenschutzbeauftragten entlassen zu haben, der „geplaudert" hatte.[148]

Im März 1987 legte die NRC die Anlage endgültig still. Außer einer zivilrechtlichen Strafe von 1,25 Millionen Dollar verhängte die Aufsichtsbehörde erstmals Geldbußen gegen einzelne Techniker. Die Verstöße gegen die Bestimmungen hatten mehrere Notabschaltungen erforderlich gemacht, die Wärmeschocks erzeugen können, bei denen Jod-131, Strontium-90 und andere Spaltprodukte durch die Risse in den Brennkammern austreten. Man fand nicht nur Techniker eingeschlafen an den Schaltpulten, sondern stieß auch auf zahlreiche Mängel bei der Ausbildung der Techniker und der Disziplin. Das Werk blieb eine Zeitlang geschlossen. Größere Veränderungen in der Werksleitung, die Umschulung der Techniker, technische Änderungen und Reparaturen, die die NRC angeordnet hatte, blieben in der Schwebe, aber man rechnete mit der Wiederinbetriebnahme, während dieses Buch entstand.

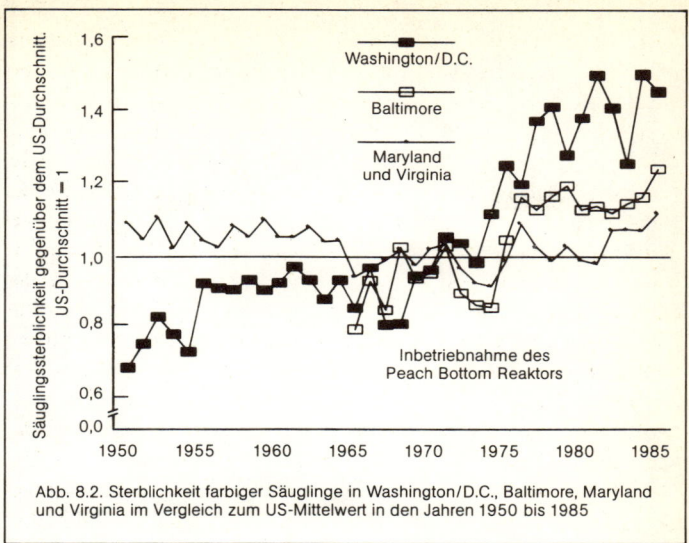

Abb. 8.2. Sterblichkeit farbiger Säuglinge in Washington/D.C., Baltimore, Maryland und Virginia im Vergleich zum US-Mittelwert in den Jahren 1950 bis 1985

Bevor der erste Reaktorblock von *Peach Bottom* in Betrieb ging, waren die Sterblichkeitsraten für nichtweiße Säuglinge in Baltimore und D.C. die niedrigsten im ganzen Land. Wie Abbildung 8.2 zeigt, lag die Sterblichkeit nichtweißer Säuglinge in D.C., die durch die Gerade beim Wert 1 dargestellt ist, in den 50er und 60er Jahren unter der des übrigen Landes. Zu Beginn der 70er Jahre setzte sich D.C. jedoch an die Spitze der USA. Baltimore erlebte einen ähnlichen, wenn auch weniger drastischen Anstieg. In Maryland und Virginia blieben die Werte relativ stabil, etwa beim US-Schnitt, wenngleich sie 1976 in die Höhe schossen, als *Peach Bottom* 212 000 Curie Radioaktivität freisetzte. Wir haben hier nur Nichtweiße berücksichtigt, weil die wenigen Todesfälle weißer Säuglinge in D.C. statistisch nicht signifikant waren.

Abbildung 8.3 konzentriert sich auf den hohen Anstieg der Sterblichkeit nichtweißer Säuglinge in D.C. im Vergleich zu den USA. Zu dem Anstieg kam es 1973, als die *Peach Bottom*-Blöcke II und III und *Three Mile Island* große Mengen radio-

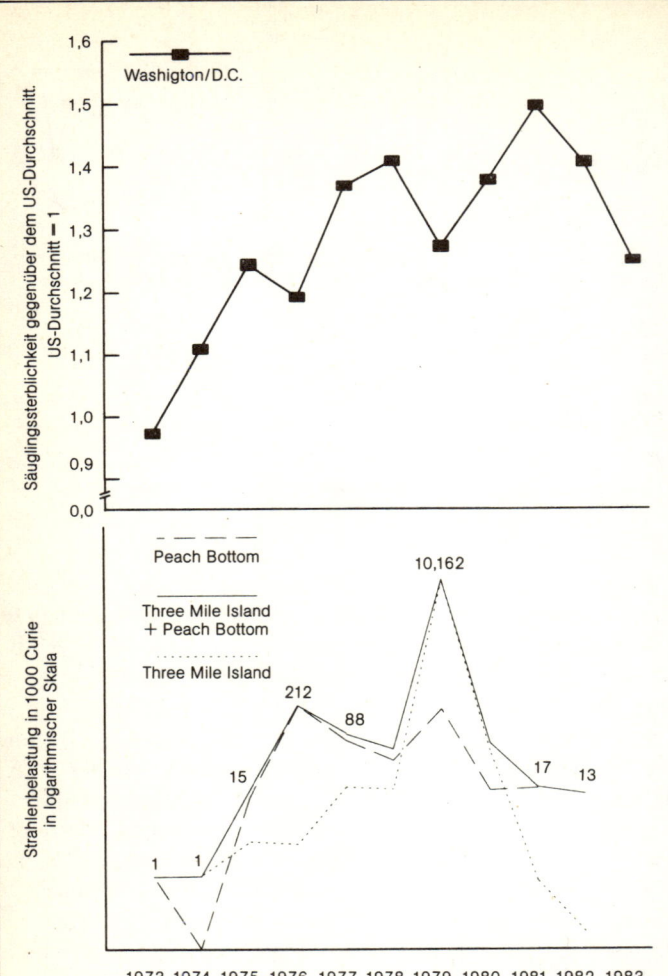

Abb. 8.3. Sterblichkeit farbiger Säuglinge in Washington/D.C. und radioaktive Emissionen der Nuklearanlagen Peach Bottom und Three Mile Island in den Jahren 1973 bis 1983.

aktiven Gases freisetzten. Von der halben Million Curie, die von 1973 bis 1983 in die Luft gelangten, entfielen 80 Prozent auf *Peach Bottom*; nur 1979 bildete eine Ausnahme, als nämlich beim Unglück von *Three Mile Island* zehn Millionen Curie freigesetzt wurden.[149] Diese Freisetzungen stimmten gut mit den Spitzenwerten der Säuglingssterblichkeit in D.C. überein und erklären fast die Hälfte der im oberen Teil der Grafik beobachteten Veränderung.

Abbildung 8.4 zeigt, daß die Säuglingssterblichkeit in D.C. einen statistisch signifikanten Höchstwert in den Monaten erreichte, die auf die hohe Belastung der Milch mit Jod-131 im Sommer 1986 folgten. Offensichtlich schafften viele Neugeborene es nicht, diesen Umweltfrevel zu überleben.

Ein noch beunruhigenderer Vorfall ereignete sich im April 1987, neun Monate, nachdem die hohen Strahlenwerte in der Milch gemessen worden waren. Die damals geborenen Säuglinge waren, als die Milch die höchsten Werte aufwies, Embryonen gewesen. Diese Säuglinge waren in den ersten drei Monaten der Schwangerschaft am anfälligsten für radioaktiv verseuchte Milch, die ihre Mütter zu sich nahmen. Im April 1987 hatte D.C. die höchste relative Säuglingssterblichkeit, die man seit dem Zweiten Weltkrieg festgestellt hatte, dreieinhalbmal so hoch wie im übrigen Land. Die Rate in Baltimore war im darauffolgenden Monat zweieinhalbmal so hoch wie die der USA.[150]

Eine Verbesserung war zu erwarten, sobald die Belastung nachließ. Und tatsächlich sank die Säuglingssterblichkeit in D.C. im Mai 1987, dem Monat nach der Stillegung von *Peach Bottom*, etwa auf den durchschnittlichen US-Wert – zum ersten Mal, seit das Atomkraftwerk Mitte der 60er Jahre den Betrieb aufgenommen hatte.[151] Ein späterer Anstieg der Säuglingssterblichkeit in D.C. war vielleicht darauf zurückzuführen, daß *Three Mile Island* ans Netz ging, kurz nachdem *Peach Bottom* stillgelegt wurde.

Da es im District of Columbia und auch im Stadtgebiet von Baltimore keine Milchkühe gibt, kommen die hohen Jod-131-Werte von dort, wo die Milch produziert wird. Leider ist es

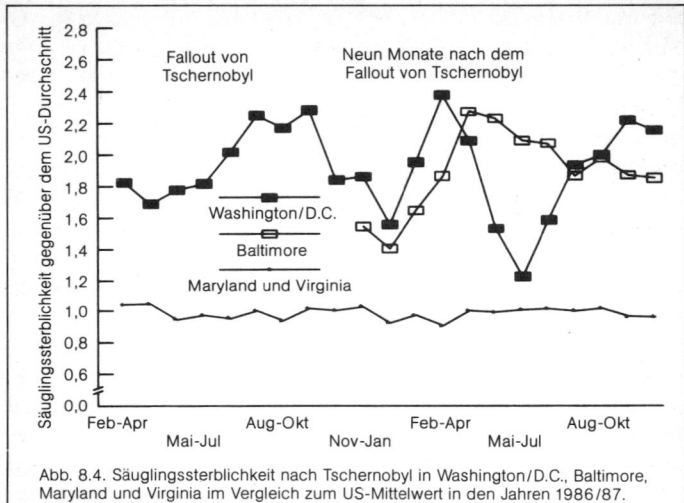

Abb. 8.4. Säuglingssterblichkeit nach Tschernobyl in Washington/D.C., Baltimore, Maryland und Virginia im Vergleich zum US-Mittelwert in den Jahren 1986/87. Die Werte sind für Dreimonatszeiträume gemittelt. US-Durchschnitt = 1.

ziemlich schwierig, die in einem bestimmten Gebiet verkaufte Milch bis zum Ursprungscounty oder gar der Erzeugerfarm zurückzuverfolgen. Dank verbesserter Highways und Kühlwagen ist der Vertrieb von Frischmilch kein auf die Region beschränktes Geschäft mehr. Heute „kann Milch in Großtransportern 2500 Kilometer weit dorthin gebracht werden, wo sie gebraucht wird".[152] Die amerikanische Bundesregierung begann in den 30er Jahren mit dem Aufbau eines Vertriebsnetzes für Milch, um auch kleinen Farmern einen gerechten Preis zu sichern. Den bundesstaatlichen und lokalen Behörden oblag es, die Anforderungen an Hygiene und Qualität durchzusetzen. Wenn Milch also im Verdacht steht, die Ursache eines lokalen Gesundheitsproblems zu sein, müssen die Lokalbehörden den Gründen nachgehen.

Für die Milchversorgung von D.C. ist z.B. ein *Amt für Lebensmittelschutz* (FPB) in der Abteilung für Verbraucher- und Ordnungsfragen zuständig. Das FPB hält jedoch nicht im einzelnen fest, woher die Milch kommt, außer wenn es erforderlich ist.[153] Aus älteren Unterlagen geht hervor, daß D.C. die Milch aus 14 Bundesstaaten bezieht, zum Teil aus Kalifornien, Texas und Wisconsin.[154] Nach Auskunft des FPB haben in der Vergangenheit elf Molkereibetriebe aus Pennsylvania Milch nach D.C. geliefert, von denen vier im 80-Kilometer-Umkreis von *Peach Bottom* liegen; keiner gab auf Fragen jedoch zu, Milch nach D.C. geliefert zu haben.[155] Das Ministerium für Gesundheit und Psychohygiene von Maryland führt aber darüber Buch, woher die Milch für Baltimore kommt; allerdings warteten wir beim Schreiben dieses Buches seit über einem Jahr auf eine Antwort auf unsere diesbezügliche Anfrage.

Wenn man nicht herausfindet, woher die Milch für bestimmte Städte kommt, kann man sich Übersichten über den Produktionsort der Milch und die allgemeinen Vertriebsgebiete beim *Federal Milk Marketing Program* beschaffen, das den Absatz von etwa 80 Prozent der im ganzen Land produzierten Vollmilch koordiniert.[156] Dieses Material macht deutlich, daß es schwerfallen würde, eine Großstadt zu finden, die nicht auch Milch von Molkereien in der Nähe eines Kernkraftwerks bezieht. Kernkraftwerke liegen meistens in ländlichen Gegenden, abseits der Ballungsgebiete. Aber in diesen ländlichen Gegenden befinden sich auch die Farmen, die große Mengen Milch produzieren.

Bei der Auswahl bestimmter Standorte wurde offenbar nicht bedacht, daß die in der Nähe der Kernkraftwerke produzierte Milch in aller Regel auch auf weit entfernte städtische Märkte geliefert wird.

New York z.B. ist auf Milchlieferungen aus den Countys Jefferson, Oswego, Saint Lawrence und Lewis angewiesen, die alle im Wind von den *Kernkraftwerken Nine Mile Point* und *James A. Fitzpatrick* liegen. Auf Molkereibetriebe in Minnesota und Wisconsin entfällt fast die Hälfte der in den USA produzierten Milch, und sie beliefern auch die meisten Städte im Mittelwesten. Die Milch exportierenden Countys von Minnesota, Benton, Isante, Morrison und Sherbourne liegen direkt im Wind vom *Kernkraftwerk Monticello* bei Saint Cloud. Die auf Milchwirtschaft spezialisierten Countys Dakota, Goodhue,

131

Hennepin, Scott und Washington liegen im Wind vom *Kernkraftwerk Prairie Island*, 42 Kilometer südöstlich von Minneapolis. Auch die Milch exportierenden Countys Pierce und Saint Croix in Wisconsin liegen in der Nähe von *Prairie Island*. Buffalo, Jackson, La Crosse, Monroe und Trempealeau produzieren Milch in der Nähe des *Kernkraftwerks La Crosse*, und die in Molkereiprodukten starken Countys Brown, Door und Kewaunee liegen im Wind vom *Kernkraftwerk Kewaunee*, 43 Kilometer von Green Bay entfernt.

Vier bei Kernkraftwerken gelegene Countys des Bundesstaates New Jersey liefern fast ihre gesamte Milch in das mittelatlantische Verkaufsgebiet mit den Städten Philadelphia, Baltimore und Washington. Zu diesen Countys gehören u. a. Burlington in der Nähe des *Kernkraftwerks Oyster Creek*, Cumberland, Salem und Gloucester, die beim *Kernkraftwerk Salem* liegen. Selbst Virginia, das sehr wenig von seiner Milch an andere Bundesstaaten abgibt, hat zwei kleine Milch produzierende Countys, die in der Nähe von Kernkraftwerken liegen und ihre gesamte Milch auf den mittelatlantischen Markt bringen: Louise beim *Kernkraftwerk North Anna* und Surrey beim *Kernkraftwerk Surrey*.

Peach Bottom selbst liegt mitten in einer der milchwirtschaftlich produktivsten Gegenden der USA. Die 15 Countys im Umkreis von 80 bis 95 Kilometern des Reaktors produzieren etwa vier Prozent der Milch in den Vereinigten Staaten – ungefähr zwei Milliarden Liter pro Jahr. *Peach Bottom* liegt dort, wo sich die Countys Lancaster und York berühren, auf der Grenze zwischen Pennsylvania und Maryland, dicht am Susquehanna, der an Baltimore vorbei in die Chesapeak Bucht fließt (vgl. Abbildung 8.5). Lancaster ist mit etwa 750 Millionen Litern pro Jahr der größte Milch produzierende County der USA.

Fast die Hälfte der im mittelatlantischen Raum verkauften Milch kommt aus dem Gebiet 80 Kilometer um *Peach Bottom*. Auf den County Lancaster entfallen etwa 16 Prozent der auf dem mittelatlantischen Markt abgesetzten Milch und etwa fünf Prozent der Milch im Raum New York/New Jersey. Der

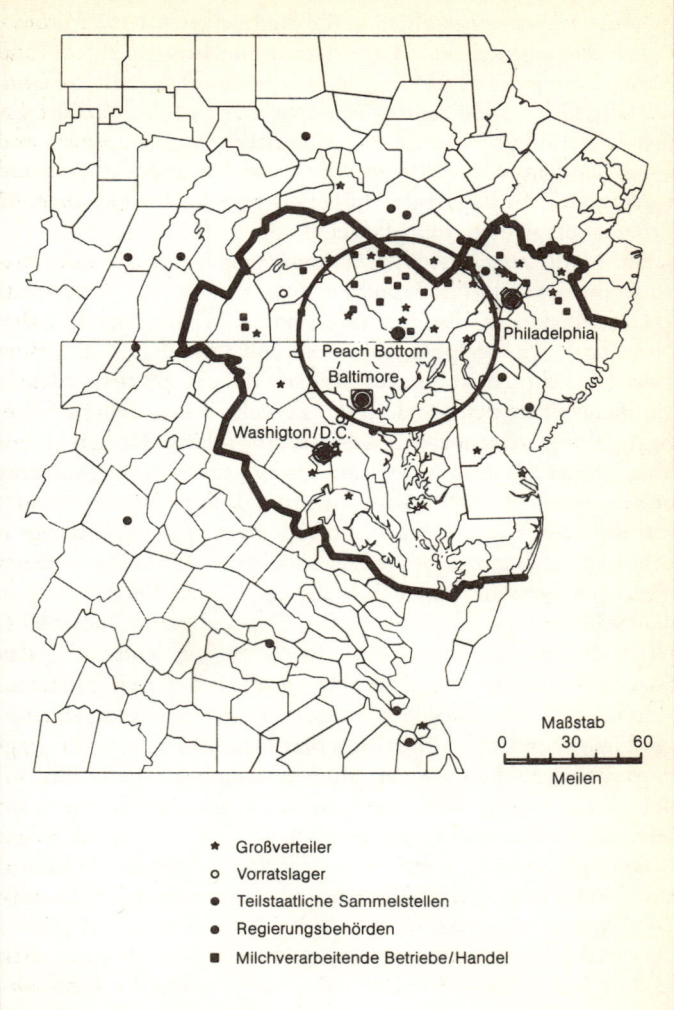

Peach Bottom
Baltimore
Philadelphia
Washigton/D.C.

Maßstab

0   30   60

Meilen

★   Großverteiler

○   Vorratslager

●   Teilstaatliche Sammelstellen

●   Regierungsbehörden

■   Milchverarbeitende Betriebe/Handel

Abb. 8.5. Die Milcherzeugungsgebiete in den mittleren US-Atlantikstaaten im Umkreis der Nuklearanlage Peach Bottom bis 50 Meilen (rund 80 Kilometer).

133

County Dauphin, die Heimat von *Three Mile Island*, liefert über die Hälfte seiner Milch in das Stadtgebiet von New York.

Der den eigenen Bedarf von Lancaster übersteigende Milchertrag könnte die Nachfrage der Städte des D.C. und Baltimores befriedigen, und selbst dann wären noch fast 250 000 Liter pro Jahr übrig.[157] Die Molkereibetriebe Virginias verkauften 1987 dagegen viel zuwenig Milch in den mittelatlantischen Raum, um dem Bedarf der Städte dort genügen zu können. 40 Prozent der Milch aus Maryland, die auf dem mittelatlantischen Markt abgesetzt wurde, kamen aus einem Umkreis von 80 Kilometern um *Peach Bottom*.

Der Rückgang der Säuglingssterblichkeit in den Städten New York, Philadelphia, Baltimore und Washington ist in den zwei Jahrzehnten, seit *Peach Bottom* 1966 in Betrieb ging, signifikant hinter den Landestrend zurückgefallen. Durch Niedrigstrahlung verseuchte Milch ist möglicherweise ein zuvor übersehener Umstand, der zu diesem städtischen Phänomen beigetragen hat; außerdem ein Umstand, der vielleicht vor allem die Schwarzamerikaner geschädigt hat. Es ist hinreichend belegt, daß Säuglinge besonders anfällig für Umweltgifte sind, ebenso für verschiedene Faktoren, die mit der Verelendung in den Städten zu tun haben: Armut, Drogen, mangelhafte Mutterschaftsvorsorge und so fort. Doch die Verelendung in den Städten wird als Vergleichsfaktor zum Teil durch Probleme ländlicher Verelendung wieder aufgehoben. Ein untergewichtiges Neugeborenes hat in städtischen Krankenhäusern mit guter Ausstattung und Fachärzten unter Umständen bessere Überlebenschancen als auf dem Land, wo der Mangel an Krankenhäusern und Ärzten immer größer wird.

Die Abweichung kann nicht nur der Armut der Schwarzamerikaner in diesen Städten zugeschrieben werden, denn weiße Säuglinge waren ebenso betroffen. Trotzdem sind die überdurchschnittlich vielen Todesfälle unter den Säuglingen vielleicht ein Ausdruck für die immer schlechteren Lebensbedingungen in den Städten, die durch ihre wachsenden finanziellen Schwierigkeiten in den letzten zwei Jahrzehnten verursacht sind.

Pittsburgh ist ein typisches Beispiel. Die Stadt weist unter allen Großstädten des Landes die höchste Sterblichkeit farbiger Säuglinge auf und rangiert in den letzten 20 Jahren vor Washington, Detroit und Baltimore.[158] Wie die *Pittsburgh Post Gazette* schreibt, „erhalten in Pittsburgh mehr schwarze Frauen eine angemessene Mutterschaftsvorsorge als in vielen Städten mit geringerer Säuglingssterblichkeit". Und weiter heißt es: „Pittsburghs hohe Rate (der Säuglingssterblichkeit) ist um so erstaunlicher, als die Stadt hinsichtlich anderer Indikatoren, wie Drogenmißbrauch und Kriminalität, gesund erscheint. Und dieses Muster zeigt sich in einer Stadt, die berühmt dafür ist, daß sie Kindern mit Lebertransplantationen des Leben rettet, und berühmt für ihre Fortschritte in der Transplantation mehrerer Organe ... Es ist eine Stadt mit der geringsten Zahl AIDS-Infizierter unter allen Großstadtbereichen in den Vereinigten Staaten. Und es ist eine Stadt, die noch nicht unter der Geißel Crack leidet, die andere Städte bereits heimgesucht hat. Und es ist eine Stadt mit einer so niedrigen Mordquote, daß Polizisten aus Miami bei der Auskunft, 1988 habe es 24 Morde gegeben, fragten, in welchem Monat ... Die allgemeine Erkenntnis, daß mehr Mutterschaftsvorsorge die Lösung der hohen Säuglingssterblichkeit bei den Schwarzen ist, gilt für Pittsburgh offenbar nicht."[159]

Die *Post Gazette* hatte nicht an den möglichen Zusammenhang mit dem Verzehr von Milch aus Countys wie Beaver, Washington, Lawrence und Butler gedacht, die alle mit Emissionen des *Kernkraftwerks Beaver Valley* in Shippingport, Pennsylvania, und aus dem Raum Lancaster/York belastet sind.

Bei Farbigen wirkte sich die nur langsam sinkende Säuglingssterblichkeit in Pittsburgh und anderen Großstädten in den letzten zwei Jahrzehnte am wenigsten aus. Wenn, wie die Erfahrung in Pittsburgh zeigt, Armut und der Mangel an Mutterschaftsvorsorge nicht die einzigen Ursachen sein können, muß nach anderen gesucht werden. Ein Bereich, der Beachtung verdient, sind Ernährungsunterschiede zwischen Weißen und Farbigen. Der Staat gibt z.B. Käse aus eigenen Beständen an arme Familien aus. Da Milchprodukte wie Käse ebenfalls mit dem langlebigen Strontium-90 und Cäsium-137 radioaktiv verseucht sind, können viele Familien, die auf staatliche Unterstützung angewiesen sind, unverhältnismäßig stark betroffen sein.

Von Milch abgesehen, essen Weiße im allgemeinen mehr Fisch und Fleisch, die mehr Calcium pro Strontium-90-Einheit enthalten als die billigeren Wurzelgemüse, die überwiegend von Schwarzamerikanern gegessen werden. Sie können folglich mehr langlebiges Strontium-90 in den Knochen anreichern, was ihr Immunsystem anfälliger macht.

Eine erst seit kurzem bekannte Folge ist, daß ein so geschädigtes Immunsystem einer Frau den heranreifenden Fetus wie einen Fremdkörper abstoßen kann.[160] In solchen Fällen kommt es innerhalb von zwei oder drei Jahren nach der Belastung durch Spaltprodukte zu einem Anstieg der Säuglingssterblichkeit. Die gesundheitsschädlichen Auswirkungen beim Verzehr von Milch, die mit kurzlebigem Jod-131 verseucht ist, können dagegen innerhalb weniger Wochen oder Monate nach der Belastung eintreten.

Das sind ungeklärte Fragen, die zu ihrer Beantwortung erst noch die Aufmerksamkeit erlangen müssen, die sie verdienen. Unglücklicherweise hat die EPA 1974 die Veröffentlichung der jährlichen Meßwerte von Strontium-90 in menschlichen Knochen eingestellt. Sie könnten helfen, festzustellen, ob farbige Stadtbewohner tatsächlich höhere Konzentrationen aufweisen als weiße.

Die Behauptung, daß man nichts weiter als eine verbesserte Mutterschaftsvorsorge brauche, um die steigende Säuglingssterblichkeit in Städten aufzuhalten, übersieht die in Kapitel 7 erwähnte Tatsache, daß die Rate der untergewichtigen Neugeborenen bereits in den 50er Jahren zu steigen begann. Auf jede in diesem Buch untersuchte Freisetzung radioaktiver Strahlung folgte ein Anstieg der Säuglingssterblichkeit. Außerdem fiel von Ende der 60er bis Anfang der 80er Jahre die Verringerung der Säuglingssterblichkeit in den 30 Bundesstaaten, die Kernkraftwerke besaßen oder im Wind von ihnen lagen, deutlich hinter die der übrigen Bundesstaaten zurück.[161]

Untersucht man landesweit, zeigt sich einerseits ein beunruhigender und statistisch signifikanter Zusammenhang zwischen regionalen Risiken durch den Verzehr von Milch, die mit Niedrigstrahlung aus kommerziellen Kernkraftwerken verseucht ist, andererseits eine überdurchschnittlich hohe Säuglingssterblichkeit. Abbildung 8.6 macht deutlich, wie überraschend ähnlich dieser Zusammenhang dem supralinearen Dosis-Wirkungsverhältnis ist, das die Tschernobyl-Daten nahelegen (vgl. die Abbildungen 2.4 und 2.5). Das Belastungsrisiko durch verstrahlte Milch ist beispielsweise in acht Bundesstaaten des nördlichen Mittelwestens – Illinois, Indiana, Iowa, Michigan, Minnesota, Missouri, Ohio und Wisconsin – schätzungsweise über 1000 mal größer als in den drei nördlichen Neuenglandstaaten Maine, New Hampshire und Vermont. Die Säuglingssterblichkeit in diesen Staaten des nördlichen Mittelwestens war denn auch um zehn Prozent höher, was sich weitge-

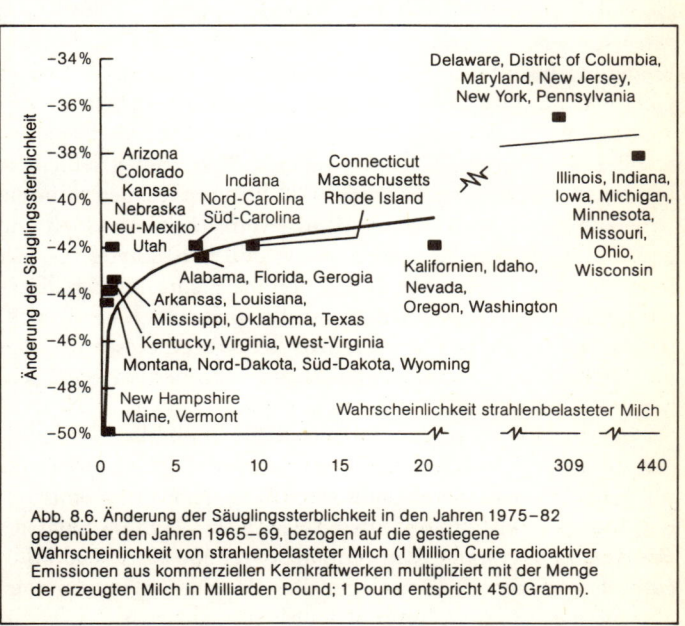

Abb. 8.6. Änderung der Säuglingssterblichkeit in den Jahren 1975–82 gegenüber den Jahren 1965–69, bezogen auf die gestiegene Wahrscheinlichkeit von strahlenbelasteter Milch (1 Million Curie radioaktiver Emissionen aus kommerziellen Kernkraftwerken multipliziert mit der Menge der erzeugten Milch in Milliarden Pound; 1 Pound entspricht 450 Gramm).

hend mit der supralinearen Kurve deckt. Die Wahrscheinlichkeit, daß dieser nationale Zusammenhang ein Zufall ist, beträgt weniger als eins zu hundert.[162]

In Abbildung 8.6 wird das „Belastungsrisiko" berechnet, indem die in jedem Gebiet produzierte Milchmenge mit der Niedrigstrahlungsmenge multipliziert wird, die in dem jeweiligen Gebiet von 1975 bis 1981 von kommerziellen Kernkraftwerken freigesetzt wurde. Die Veränderungen der Säuglingssterblichkeit sind für den Zeitraum 1965 bis 1969 berechnet, als nur einige kommerzielle Kernkraftwerke in Betrieb waren, und für die Jahre 1975 bis 1982, als über zwei Drittel aller radioaktiven Emissionen aus kommerziellen Kernkraftwerken anfielen.

Die Stadtbewohner sind Opfer begrenzter Informationen über die Gefahren geringverstrahlter Milch. Auskünfte über die monatlichen Emissionen von *Peach Bottom, Three Mile Island* und anderen Kernkraftwerken sind nicht zu bekommen, genausowenig wie angemessene Daten zur Herkunft der Milch. Regierungsbeamte spielen die möglichen Risiken derartiger Gefahren im allgemeinen herunter, um Kontroversen zu vermeiden. Als z. B. erste Erkenntnisse aus dem vorliegenden Kapitel bei einer NRC-Anhörung zur Wiederinbetriebnahme von *Peach Bottom* im Februar 1989 bekanntgegeben wurden, widersprach ein Sprecher des Ministeriums für Gesundheit und Psychohygiene von Maryland sofort und behauptete, von der in Washington verkauften Milch komme nichts aus der direkten Umgebung von *Peach Bottom*. Wie sich jedoch herausstellte, konnte die Person, auf die man sich wegen dieser Behauptung berief, keine amtlichen Unterlagen darüber vorlegen, woher die Milch tatsächlich kam.

Noch stärker wurde die Unwissenheit durch die nachsichtigen Grenzwerte für Radioaktivität gefördert. 1964 erhöhte die Johnson-Administration ohne öffentliche Anhörung einen alten, von der AEC festgelegten Grenzwert über die zulässige Freisetzung von Jod-131 in Notfällen von 500 auf 15 000 Pikocurie. Überzeugende Gründe für diese Verdreißigfachung wurden nicht genannt. Allerdings wurde zur gleichen Zeit ernst-

haft erwogen, Atombomben zur Beendigung des Vietnam-
kriegs einzusetzen.

Es gibt eine Möglichkeit, diese Unwissenheit zu zerstreuen
und gleichzeitig die relative Bedeutung herauszustreichen, die
radioaktiv verseuchter Milch als einem Mitverursacher der
schleppenden Verringerung der Säuglingssterblichkeit in den
Städten zukommt. Bei der Wiederinbetriebnahme von *Three
Mile Island* und *Peach Bottom* könnten Umweltschützer in
New York, Philadelphia, Baltimore und Washington zu einem
einjährigen Boykott von Frischmilch aufrufen und dazu, sie
durch Trockenmilch zu ersetzen, die normalerweise kein Jod-
131 enthält. Ginge die Säuglingssterblichkeit in den darauffolgenden Monaten merklich zurück, wie es in Baltimore und
Washington nach der Stillegung von *Peach Bottom* der Fall
war, müßten die Gefahren, die von radioaktiv verseuchter
Milch ausgehen, eigentlich jedem klarwerden.[163]

9. Krebs in Connecticut

Mitte der 60er Jahre rechnete die Nuklearindustrie damit, bis zur Jahrhundertwende weitere 1000 Kernkraftwerke zu bauen. Die Lizenzerteilung für diese Werke machte ungehindert Fortschritte, begleitet von den öffentlichen Versicherungen, der Strom werde „so billig sein, daß es kaum noch lohne, ihn zu messen". Von diesen leistungsstarken neuen Reaktoren standen zwei in *Three Mile Island*, zwei in *Peach Bottom* und zwei in *Millstone* in der Nähe von New London, Connecticut. Diese Reaktoren gehörten zu den anfälligsten im Land und setzten wiederholt große Mengen Niedrigstrahlung frei.

Das *Kernkraftwerk Millstone* rangiert, was die Emission von Spaltprodukten aus kommerziellen Kraftwerken betrifft, hinter dem *Kernkraftwerk Three Mile Island* an zweiter Stelle und hat bis 1983 fast sieben Millionen Curie freigesetzt.[164] Allein 1975 entwichen etwa drei Millionen Curie, darunter zehn Curie Jod-131, fast soviel, wie angeblich beim TMI-Unglück freigesetzt wurden. Seit 1975 ist mehrfach festgestellt worden, daß die krebsbedingte Sterblichkeit in Connecticut die des Landes übersteigt, besonders in den Gegenden, die ganz dicht bei den *Kernkraftwerken Millstone* und *Haddam Neck* etwa 40 Kilometer nordwestlich liegen.

Connecticut, die Heimat von *General Electric*, dem Hersteller von Siedewasserreaktoren, ist mehr als jeder andere Bundesstaat der USA auf Atomstrom angewiesen. Der Gesundheitsdienst von Connecticut hat bestritten, daß ein Zusammenhang zwischen radioaktiver Strahlung und Krebs bestehe, und den öffentlichen Zugang zu Informationen beschnitten, die für eine Untersuchung erforderlich wären.

Wie schon beim Unglück von *Three Mile Island* 1979 und *Pilgrim* 1982 hat Dr. Ernest Sternglass als erster den Zusammenhang zwischen zunehmenden Krebsfällen und radioaktiver

Strahlung aufgedeckt, die vom defekten Kernkraftwerk *Millstone* freigesetzt wurde. Sternglass stellte fest, daß sich der Anstieg der krebsbedingten Sterblichkeit von 1970 (vor Inbetriebnahme von *Millstone*) bis 1975 proportional zur Entfernung vom Kraftwerk veränderte.

Von 1970 bis 1975 nahm die krebsbedingte Sterblichkeit in Waterford Township, dem Standort von *Millstone*, um 58 Prozent zu, und in New London, acht Kilometer östlich des Kraftwerks, um 44 Prozent. In Connecticut insgesamt stieg die krebsbedingte Sterblichkeit um zwölf Prozent, doppelt so hoch wie in den USA mit sechs Prozent. Die Zunahme in sämtlichen, im Wind vom Kernkraftwerk gelegenen Neuenglandstaaten ließ die gleiche Abhängigkeit von der Entfernung erkennen: In Rhode Island und Massachusetts stieg sie um acht bzw. sieben Prozent, während sie im weiter entfernten New Hampshire nur um ein Prozent zunahm; in Maine ging die krebsbedingte Sterblichkeit dagegen um sechs Prozent zurück.

Ein ähnlich enger Zusammenhang zwischen der Radioaktivität in der Milch und der Entfernung zum Kernkraftwerk wurde auch 1976 beobachtet. Die Höchstwerte für radioaktives Strontium und Cäsium wurden in ganz Neuengland auf Milchwirtschaftsfarmen in unmittelbarer Nachbarschaft des Kernkraftwerks *Millstone* gemessen. Man konnte keine chinesischen Atombombentests für die sehr hohen Werte bei *Millstone* verantwortlich machen, wenngleich Stadtwerke und NRC genau das in ihrer Erwiderung auf die Kongreßuntersuchung behaupteten.

Sternglass übergab 1977 die Ergebnisse seiner Nachforschungen dem damaligen Kongreßmitglied Christopher Dodd, bevor die große Freisetzung von *Millstone* aus dem Jahr 1975 bekanntgegeben wurde.[165] Sternglass war besorgt über die zunehmenden Krebserkrankungen in Connecticut, seit die Kernkraftwerke *Millstone* und *Haddam Neck* 1967 bzw. 1971 den Betrieb aufgenommen hatten. Dodd fragte die NRC-Vertreter, ob sie der Meinung wären, der Strontium-90-Gehalt, den man in der Milch aus dem Umkreis der Anlagen in Connecticut festgestellt habe, stünde in keiner Beziehung zum Betrieb der

Anlage. Der NRC-Bevollmächtigte Joseph M. Hendrie erklärte in seiner Antwort, die NRC „war nicht in der Lage, irgendeinen umweltmäßigen Übertragungsweg von der Anlage in Connecticut auf die Milch festzustellen, der die beobachteten Werte hätte erklären können".[166]

Seit 1978 haben Bürgergruppen immer wieder nach den gesundheitlichen Auswirkungen gefragt, die sich aus dem Vertrauen ergeben, das Connecticut auf die Atomkraft setzt. 1987 beauftragte die Bürgerinitiative *Connecticut Citizen's Action Group* (CCAG) die Firma *Public Data Access* (PDA), die Ergebnisse von Sternglass zu aktualisieren, und zwar im Licht der neuen Erkenntnis, daß in *Millstone* 1975 die zweitgrößte Menge radioaktiver Strahlung in der Geschichte der zivilen Kernkraftwerke freigesetzt wurde. Das Ergebnis wurde im März 1987 auf einer Pressekonferenz in Hartford bekanntgegeben: Danach stieg die krebsbedingte Sterblichkeit in Connecticut von Ende der 60er bis Anfang der 80er Jahre eindeutig schneller als in den übrigen USA. Der Anstieg war in den vier dem Kernkraftwerk am nächsten liegenden Countys signifikant höher, darunter Middlesex und New London in Connecticut sowie Kent und Washington in Rhode Island.[167]

Doch für die Bezirke Waterford und New London, die nach Feststellung von Sternglass von 1970 bis 1975 den höchsten krebsbedingten Sterblichkeitszuwachs aufwiesen, standen keine Daten zur Verfügung. Das Gesundheitsministerium von Connecticut hatte die krebsbedingte Sterblichkeit für die Bezirke routinemäßig seit den 30er Jahren veröffentlicht. In den jährlichen Veröffentlichungen nach 1977 fehlte sie jedoch plötzlich, ohne Angabe von Gründen. Die 1977er Daten machten weiter klar, wie wichtig die krebsbedingten Sterblichkeitsraten der Bezirke für die Bewertung der Emissionen von *Millstone* waren; seit 1970 nahm die Zahl der Todesfälle durch Krebs in Waterford um 62 Prozent und in New London um 45 Prozent zu, verglichen mit einem nur 18prozentigen Anstieg in Connecticut insgesamt.

Richard Gruber, Leiter des Gesundheitsdienstes von Connecticut, erklärte zu den Ergebnissen von PDA, die altersbereinigte krebsbedingte Sterblichkeit sei von 1970 bis 1980 nur um 3,1 Prozent gestiegen.[168] Bei der Behauptung, der Anstieg der nicht aufgeschlüsselten Sterblichkeitsraten sei lediglich Ausdruck der schneller alternden Bevölkerung Connecticuts, vergaß er jedoch, die abweichenden Trends in den unmittelbar am Kernkraftwerk gelegenen Gebieten zu erklären.

Die Gesundheitsministerien der Bundesstaaten reagieren auf Analysen der von ihnen veröffentlichten, nicht aufgeschlüsselten Sterblichkeitsraten im allgemeinen mit dem Hinweis auf unveröffentlichte, altersbereinigte Daten, die ohne eine mühsame und kostspielige Computeraufbereitung nicht verfügbar seien. Aus diesem Grund hat PDA viel Zeit und noch mehr Geld für die Aufbereitung der altersbereinigten Sterblichkeitsraten des Bundesstaates und der Countys verwandt. Diese Daten lagen jedoch zur Zeit der *Millstone*-Untersuchung 1987 noch nicht vor.

Paul Gionfriddo vom gesetzgebenden Ausschuß für öffentliche Gesundheit in Connecticut war von den PDA-Ergebnissen so aufgeschreckt, daß er 25 000 Dollar für eine von PDA und dem Gesundheitsdienst gemeinsam durchzuführende Studie abzweigte. Die geplante Studie sollte die altersbereinigten Sterblichkeitsdaten des Bezirks-Gesundheitsdienstes verwenden und dabei das Schwergewicht auf Gebiete in unmittelbarer Nähe des Kernkraftwerks legen. Bei einer Zusammenkunft im Mai 1987 erklärte Dr. Gruber jedoch, für eine Beteiligung von PDA bestehe keine Notwendigkeit, und er lehnte es ab, die PDA-Daten über eine toxische Umweltverschmutzung und andere, möglicherweise unangenehme Faktoren aus der Studie zu benutzen.

Der Bericht des Gesundheitsdienstes wurde dem Ausschuß für öffentliche Gesundheit am 31. Dezember 1987 übergeben. Er enthielt folgende Zusammenfassung und Schlußfolgerung: „Die Studie ... befaßt sich nicht mit der allgemeineren wissenschaftlichen Frage von Ursache und Wirkung im Verhältnis zwischen Niedrigstrahlung und Krebsrisiko. Die Studie untersuchte jedoch die Krebsraten für fünf verschiedene Krebserkrankungen, deren Anfälligkeit für ionisierende Strahlung bekannt war, und konzentrierte sich auf auftretende, demographisch gewichtete Raten. Von besonderem Interesse war Leukämie, weil die Zeit zwischen Belastung und Diagnose um mehrere Jahre kürzer als bei Tumoren ist. Die räumliche Nähe zu den Anlagen von *Haddam Neck* und *Millstone* wurde ebenso untersucht wie die Niederschlagsverteilung. – Da es den Ergebnissen sowohl an statistischer Signifikanz als auch an Anzeichen für ein sinnvolles Ratenmuster fehlt, kommen wir zu dem Schluß, daß nicht genügend Beweise vorliegen, die eine eingehendere, personalintensive Untersuchung rechtfertigen würden." [169]

Diese Studie wirft einige Fragen auf, die äußerst verwirrend sind. Statt der altersbereinigten Zahlen des Gesundheitsdienstes über die krebsbedingte Sterblichkeit in den Bezirken in der Nähe der Kernkraftwerke verwendete die Studie krebsbedingte Häufigkeits- und Sterblichkeitsdaten aus dem Tumorregister von Connecticut, einer in ganz anderem Zusammenhang erbrachten Datensammlung, die die Geschichte von Krebspatienten bis ins Jahr 1935 zurückverfolgt. Die Studie bot jedenfalls keinerlei Sterblichkeitsschätzungen, die man für einen Vergleich der Daten des Tumorregisters mit den gesundheitsdiensteigenen Daten über die krebsbedingte Sterblichkeit hätte gebrauchen können.

Die Vollständigkeit des Tumorregisters ist in der Tat angezweifelt worden. So berichtete z.B. der *Hartford Courant* von der Untersuchung eines Krankenhauses aus Yale-New Haven über Autopsien, die über einen Zeitraum von zehn Jahren hinweg bei Lungenkrebsopfern vorgenommen worden waren. Dort heißt es abschließend: „Die Lungenkrebsrate ist bei den Männern von Connecticut unter Umständen viermal und bei den Frauen des Staates 15mal höher, als im Tumorregister des Staates angegeben." [170]

Es ist nicht nur schwer, die in der Studie verwendeten Daten unbeeinflußt zu prüfen; die Methodik wies ebenfalls schwere Mängel auf. So waren alle Städte ausgeschlossen, die zufällig bei den willkürlich in 16 und 32 Kilometern Entfernung um *Millstone* und *Haddam Neck* gezogenen Grenzen lagen. Dadurch entgingen dem Gesundheitsdienst „Grenzstädte" wie Hartford und Manchester! Statt dessen wurden nur ein paar ländliche Bezirke in der Nähe der Kernkraftwerke untersucht, auf die nur acht Prozent der Bevölkerung des Bundesstaates entfielen, so daß sich eine Erhebungsauswahl ergab, die zu klein war, um statistisch signifikante Ergebnisse zu liefern.

Die *University of Connecticut* hat einen Krebsatlas veröffentlicht, dessen Material den nicht überzeugenden Ergebnissen des Bundesstaates widerspricht.[171] Der Atlas verwendet die altersbereinigten Krebsdaten des Tumorregisters für die Jahre 1958 bis 1982. Es wurde eine Unterteilung in 14 Gebiete vorgenommen. Dem Atlas zufolge nahmen die Krebserkrankungen in den Gebieten um Middletown und Groton, die *Millstone* am nächsten liegen, deutlich schneller zu als im Bundesstaat insgesamt.[172]

Dr. Holger Hansen, verantwortlich für den von der *University of Connecticut* herausgegebenen Atlas, berichtete auch von einem alarmierenden Anstieg beim Down-Syndrom und anderen Geburtsfehlern in den letzten Jahren gegenüber dem Zeitraum 1970 bis 1972. „Vielleicht geschieht in Connecticut etwas sehr Ungewöhnliches", meinte er.[173] Dieser Bericht erhält zusätzliche Bedeutung vor dem Hintergrund der Entdeckung einer hochsignifikanten Zunahme bei Geburtsfehlern, wie sie nach der Freisetzung radioaktiver Strahlung bei den Unfällen am *Savannah* 1970 und von *Three Mile Island* 1979 zu beobachten war.

Die Medien in Connecticut haben ausführlich über die allgemeine Sorge der Bewohner des Bundesstaates hinsichtlich der Niedrigstrahlung berichtet. Bei einer telefonischen Umfrage unter 243 willkürlich ausgesuchten Familien in Windham, die von der *Connecticut Citizen's Action Group* durchgeführt wurde, meinten 39 Prozent der Befragten, daß „Atomenergie so gefährlich ist, daß die Kernkraftwerke in Connecticut stillgelegt werden sollten".[174]

Besorgt sind die Einwohner auch über die schnelle Zunahme der Lyme-Arthritis, die nach dem Ort Old Lyme, nur 16 Kilometer von *Millstone* entfernt, benannt ist. In einem neueren

Bericht über die Lyme-Arthritis heißt es: „Die Lyme-Arthritis trat erstmals im November 1975 in Erscheinung, als das Gesundheitsministerium des Bundesstaates Connecticut Anrufe von zwei Müttern erhielt, bei deren Kindern gerade eine jugendliche rheumatoide Arthritis diagnostiziert worden war. Es ist eine schreckliche Krankheit, die zu lebenslangem Leiden und körperlichem Siechtum führen kann, und es überrascht nicht, daß diese Mütter besorgt waren. Was die Beamten des Gesundheitsministeriums jedoch besonders beunruhigte, war die Nachricht, daß dies offenbar keine Einzelfälle waren. Den Angaben der beiden Frauen zufolge war in jüngster Zeit bei mehreren Erwachsenen und Kindern aus Lyme eine rheumatoide Arthritis diagnostiziert worden. Die Beamten kamen zu dem Schluß, daß dies möglicherweise der Beginn einer Epidemie war".[175]

Die Lyme-Arthritis hat sich seither rasch ausgebreitet. 1975 wurden in Connecticut 59 Fälle registriert, 1985 stieg die Zahl auf 863, hauptsächlich in den beiden Countys Middlesex und New London. So, wie man die Zunahme der Krebserkrankungen mit den gewaltigen Strahlenmengen in Verbindung bringen kann, die 1975 in *Millstone* entwichen, kann man es auch bei der durch Zecken übertragenen Lyme-Arthritis tun. Die Lyme-Arthritis wird durch eine Spirochäte verbreitet, die vor 1975 für den Menschen ungefährlich war.

Es ist bekannt, daß radioaktive Strahlung bei Bakterien Mutationen hervorrufen kann. Die 1975 in *Millstone* ausgetretene radioaktive Strahlung kann eine solche Mutation bei den von Zecken übertragenen Spirochäten bewirkt haben und hat der Öffentlichkeit vielleicht ein weiteres Gesundheitsproblem beschert.

Solche Überlegungen werden von einigen Wissenschaftlern mit Sicherheit als unbegründet und unverantwortlich abgetan, so wie man 1958 in der Sowjetunion Sacharows Warnungen vor einer Epidemie durch falloutbedingte Mutationen unbeachtet ließ. Aber die Ursache des besorgniserregenden Ausbruchs neuer Krankheiten kann nur dann ans Licht kommen, wenn Hypothesen wie die unseren aufgestellt und geprüft werden.

Wichtige Hinweise auf die Gültigkeit solcher Hypothesen würden eine Veröffentlichung der Daten des Gesundheitsministeriums von Connecticut über die Erkrankung an Krebs und Lyme-Arthritis sowie die bezirksbezogene Sterblichkeit liefern. Nach wie vor besteht Bedarf an einer objektiven Untersuchung der Veränderung bei den überdurchschnittlich vielen Todesfällen durch Krebs und andere Krankheiten in Connecticut seit 1975.

10. Strahlung und Sterblichkeit in Oregon

Im Juli 1990 wurden Dr. Sternglass und ich vom *Don't Waste Oregon Committee* gebeten, unsere Methodik bei der Bewertung der gesundheitlichen Auswirkungen von Emissionen des *Kernkraftwerks Trojan* anzuwenden, das 50 Kilometer nordwestlich von Portland im County Columbia liegt. Auf einer Pressekonferenz am 25. Oktober 1990 gaben wir folgende Erklärung ab: „Ein in jüngster Zeit starker Anstieg der Todesfälle durch Leukämie, Krebs und eine Reihe anderer gesundheitsschädlicher Auswirkungen steht offenbar in Zusammenhang mit der Freisetzung von Radioaktivität durch das Kernkraftwerk *Trojan*, nachdem Ende 1981, Anfang 1982 mehrere Lekkagen auftraten. Der Zwischenfall wurde der amerikanischen

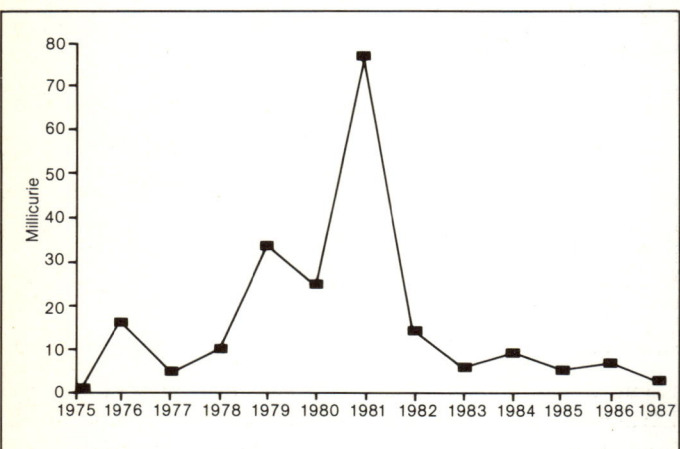

Abb. 10.1. Vom Trojan-Reaktor an die Luft abgegebene Emissionen von Jod[131] und anderen radioaktiven Spaltprodukten in Millicurie. Die Reaktorunfälle von Trojan wurden erst sehr viel später öffentlich bekannt.

Atomaufsichtsbehörde NRC zwar gemeldet, die Öffentlichkeit damals jedoch nicht informiert" (vgl. Abbildung 10.1).[176]

Aus einer äußerst detaillierten Bevölkerungsstatistik von Oregon, die das Arbeitsministerium des Bundesstaates herausgibt, läßt sich schließen, daß die Todesfälle durch Leukämie in Portland zwischen 1980 und 1988 um 70 Prozent gestiegen sind. Die leukämiebedingte Sterblichkeit für Oregon insgesamt erhöhte sich nur um 31 Prozent, während sie für die USA in diesem Zeitraum um 2,7 Prozent zurückging (Abbildung 10.2).

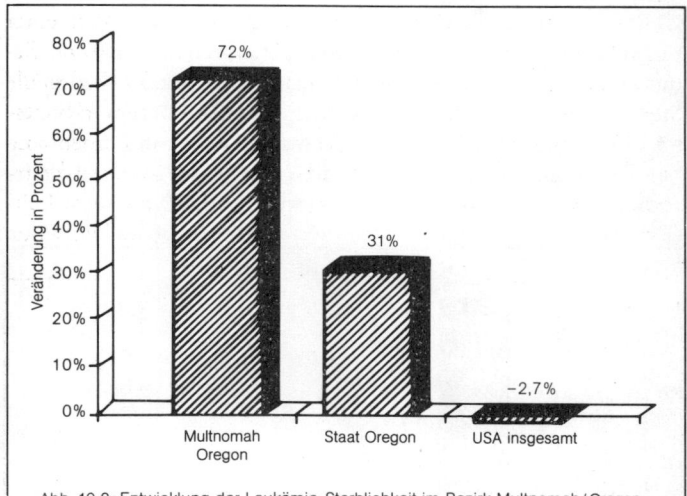

Abb. 10.2. Entwicklung der Leukämie-Sterblichkeit im Bezirk Multnomah/Oregon, im Staat Oregon und in den USA in den Jahren 1980–88. In Multnomah bei Portland, nicht weit vom Trojan-Reaktor, nahm die Leukämie-Sterblichkeit im genannten Zeitraum um 72 Prozent zu. Das steht in auffälligem Kontrast zu einer deutlich geringeren Zunahme im Staat Oregon und zu einer Abnahme von 2,7 Prozent in den USA insgesamt.

Für einen Zusammenhang mit den Freisetzungen aus dem Kernkraftwerk *Trojan* spricht ein ähnlicher Anstieg der Leukämieerkrankungen im Raum des Kernkraftwerks *Pilgrim*, den das Gesundheitsministerium des Bundesstaates Massachusetts meldete.[177] Aus beiden Anlagen entwichen seit 1976 radioaktives Jod und Spaltprodukte, die sich in Knochen anreichern, in die Luft und das Wasser.[178] In beiden Fällen nahmen die Leukämieraten mit wachsender Entfernung vom Werk ab, was bei einem Zusammenhang mit radioaktiven Emissionen wie Jod-131 und Strontium-90 zu erwarten war.

Von den Countys, deren Bevölkerung groß genug war, daß 1980 mindestens fünf Leukämie-Tote pro Jahr gemeldet wurden, gab es die größten Abweichungen von der offiziellen Sterblichkeitsrate in Portland und im County Multnomah, der direkt im Wind vom Kernkraftwerk liegt, gefolgt vom County Washington direkt südlich des Reaktors mit einem Anstieg von 20 Prozent. In krassem Gegensatz dazu stand, daß die entfernteren vorstädtischen und ländlichen Countys im Süden, im Willamette-Tal, wie die USA einen Rückgang der leukämiebedingten Sterblichkeit aufwiesen, und zwar in noch größerem Umfang. So verzeichnete der County Clakamas südlich von Portland einen Rückgang von 18 Prozent, und Yamhill, das sehr viel weiter südlich liegt, sogar von 59 Prozent (Abbildung 10.3).

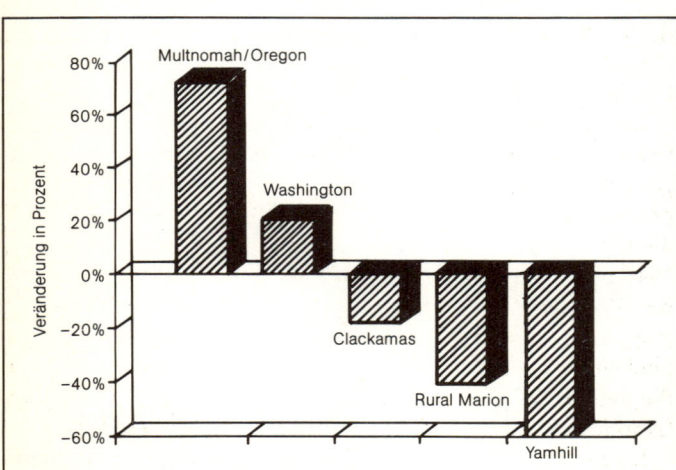

Abb. 10.3. Entwicklung der Leukämie-Sterblichkeitsrate in den wichtigsten Bezirken südlich von Portland/Oregon in den Jahren 1980–88. Von erklärbaren Ausnahmen abgesehen, nahm die Leukämie-Sterblichkeit mit wachsender Entfernung vom Trojan-Reaktor ab.

Es ist wichtig anzumerken, daß normale giftige Chemikalien wahrscheinlich nicht als ein signifikanter Faktor für diesen Anstieg der Leukämieerkrankungen in Frage kommen, denn es gibt kein Industriegebiet im Nordwesten Oregons, das zu den 400 Gebieten der USA gehört, die den meisten giftigen Chemiemüll produzieren.[179]

Für Oregon insgesamt stieg die Zahl der Leukämieopfer von 183 1980 auf 253 1988, ein hochsignifikanter Anstieg um mehr als das Dreifache der normalerweise erwarteten Zufallsschwankung; die Wahrscheinlichkeit, daß er sich zufällig ereignet hatte, betrug weniger als eins zu tausend.

Der Zusammenhang mit radioaktiven Spaltprodukten in Milch und Wasser wird durch offiziell gemessene höhere Strontium-90-Werte der Milch in der Nähe des Reaktors erhärtet, die mit zunehmender Entfernung von der Anlage geringer wurden. Wir sollten festhalten, daß Dr. Victor Archer und seine Mitarbeiter an der *University of Utah* Strontium-90-Werte, die sie in unterschiedlicher Entfernung vom Testgelände in Nevada in der Milch gemessen haben, mit leukämiebedingter Sterblichkeit in den gesamten USA in Verbindung gebracht haben.[180]

Eine weitere Bekräftigung des Zusammenhangs mit radioaktiven Freisetzungen von *Trojan* liefert die Krebsrate in Oregon, die um 20 Prozent stieg, nämlich von 175,7 Todesfällen pro 100 000 Einwohner 1980 auf 211,6 Todesfälle 1988. Wäre die krebsbedingte Sterblichkeit unverändert geblieben, hätte es 1988 in Oregon 987 Krebsopfer weniger gegeben. In den Jahren 1970 bis 1974, unmittelbar bevor *Trojan* 1975 ans Netz ging, war die Krebsrate im Bundesstaat auf gleicher Höhe geblieben. Danach begann eine neue Phase steigender krebsbedingter Sterblichkeit nach dem Zwischenfall von 1981/82 (Abbildung 10.4).

Da Leukämie bekanntermaßen ein empfindlicherer Indikator für die Wirkung von Strahlen ist als alle anderen Krebsarten, spricht die Tatsache, daß die Sterblichkeit durch Leukämie stärker zunahm als durch alle anderen Krebserkrankungen, für den angenommenen Zusammenhang zwischen der bekanntge-

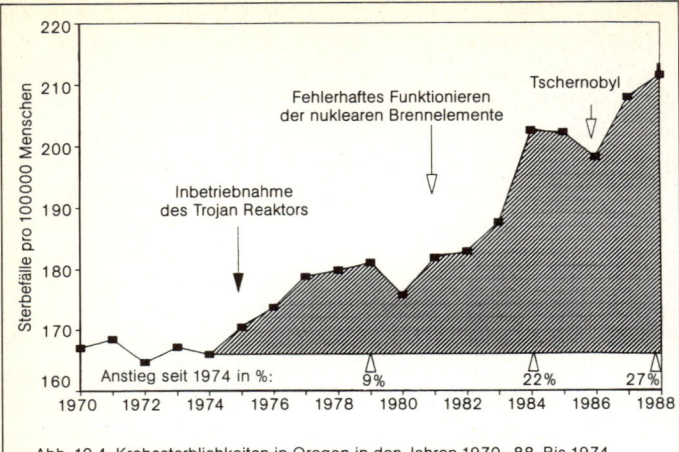

Abb. 10.4. Krebssterblichkeiten in Oregon in den Jahren 1970–88. Bis 1974 gab es keine auffälligen Veränderungen. Nach der Inbetriebnahme des Trojan Reaktors im Jahre 1975, nach Unfällen in diesem Reaktor und nach dem Fallout von Tschernobyl stiegen die Kurven deutlich an.

gebenen Strahlenfreisetzung von *Trojan* und dem Anstieg der Sterblichkeit. Das gilt auch dafür, daß die leukämiebedingte Sterblichkeit ihren Höchstwert sechs oder sieben Jahre nach dem Entweichen der Radioaktivität erreichte. Diese zeitliche Verzögerung entspricht der bekannten Verzögerung zwischen Strahlungsbelastung und Höchstwerten der Sterblichkeit bei den Überlebenden von Hiroshima und Nagasaki. Auch bei den Opfern, die durch Fallouts vom Nevada-Testgelände belastet wurden, ist eine derartige Verzögerung bekannt, wie Dr. Archer berichtete.

Hochsignifikant ist, daß der größte Anstieg der krebsbedingten Sterblichkeit in den 36 Countys von Oregon für die Jahre 1980 bis 1988 im County Columbia auftrat, wo das Kernkraftwerk liegt – die Zahl stieg von 148,7 auf 222,8 Todesfälle je 100 000 Einwohner, was einer 50prozentigen Zunahme gegenüber nur 20 Prozent im gesamten Bundesstaat entsprach. 1988 stieg die Zahl der Todesfälle im ländlichen County Clatsop, dem westlichen Nachbarn von Columbia, um 30 Prozent und erreichte einen Höchstwert von 279,4 krebsbedingten Todesfällen auf 100 000 Einwohner.

Die Ergebnisse aus Oregon widersprechen auch dem bisher angenommenen linearen Verhältnis, nach dem das Risiko sehr niedriger Strahlendosen aus den Daten hoher Dosen errechnet wird. Bei dieser Annahme wurde die Wirkung kleiner Strahlendosen offenbar um etwa das 100- bis 1000fache unterschätzt. Abbildung 10.5 zeigt demnach, daß das Verhältnis zwischen der Belastung durch die offiziell in *Trojan* freigesetzte Strahlung und der erhöhten Sterblichkeit durch Krebs tatsächlich supralinear und nicht linear ist, also bei kleinen Dosen schnell ansteigt und bei höheren in eine langsamer steigende Kurve übergeht. Man beachte, wie sehr sich Abbildung 10.5 und die entsprechenden supralinearen Dosis-Wirkungs-Kurven der Abbildungen 2.5 und 10.1 in diesem Kapitel ähneln.

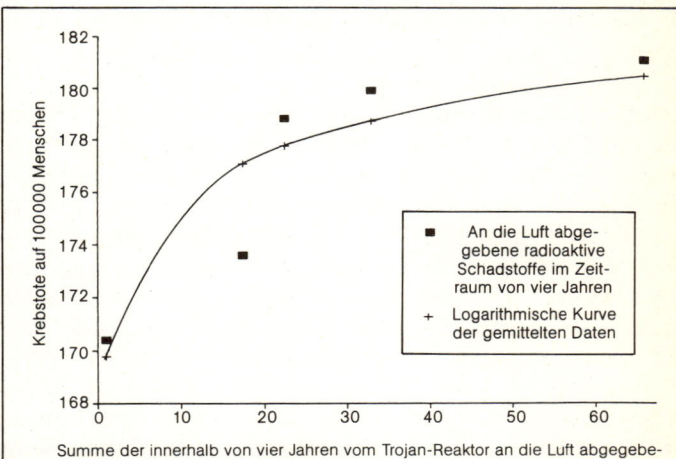

Summe der innerhalb von vier Jahren vom Trojan-Reaktor an die Luft abgegebenen radioaktiven Schadstoffe in Millicurie

Abb. 10.5. Freisetzung nuklearer Spaltprodukte durch den Trojan-Reaktor insgesamt und Krebsraten in Oregon in den Jahren 1975–79. Die vorausgesagten Werte stimmen mit den tatsächlich eingetretenen in hohem Maße überein und bestätigen die Richtigkeit der supralinearen Kurve bei Schädigungen durch radioaktive Niedrigstrahlung.

Dieses Ergebnis stimmt mit dem supralinearen Verhältnis zwischen Dosis und Krebsrisiko überein, wie Kneale, Stewart und Mancuso es bei den Arbeitern im Kernkraftwerk *Hanford* 1981 beobachtet haben.[181] Dieser supralineare Kurvenverlauf des Dosis-Wirkungs-Verhältnisses steht auch im Einklang mit den Erkenntnissen Dr. Abram Petkaus. Danach schädigen längere Strahlenbelastungen die Zellmembran indirekt vor allem durch die Produktion instabiler Moleküle oder freier Radikalen, die bei niedrigen Dosen weit effizienter erzeugt werden als bei hohen Belastungen durch Gamma- oder Röntgenstrahlen. Letztere schädigen in erster Linie direkt die DNA im Zellkern, was von einem gesunden Immunsystem sehr erfolgreich repariert werden kann.

Die unerwartet schweren Auswirkungen der geringen Strahlendosen aus dem Kernkraftwerk *Trojan* werden durch die Tatsache bestätigt, daß alle Todesfälle, gleich welcher Ursache, in den Jahren 1976 bis 1986 altersbereinigt in den Countys von Oregon am höchsten waren, die direkt im Ostwind lagen; außerdem nahmen sie mit wachsender Entfernung vom Kernkraftwerk ab. Ein ähnliches Muster fand man bei der Zahl der untergewichtigen Neugeborenen und der Säuglinge, welche mit Geburtsfehlern auf die Welt kamen, die, wie man seit langem weiß, durch radioaktive Strahlung verursacht werden.

Aus den Oregoner Statistiken geht auch hervor, daß die Todesfälle durch Asthma nach jahrzehntelangem Rückgang anstiegen, und zwar seit der Zeit, als 1976 in *Trojan* das erste radioaktive Gas entwich. Auf den schweren Zwischenfall 1981/82 folgte ein abrupter Anstieg. Von nur 18 Todesfällen durch Asthma 1976 stieg diese Zahl 1983 auf 33 und 1985 auf 74, was einer Rate von 27,7 auf eine Million Einwohner entspricht. 1988 kletterte die Zahl der Asthmatoten auf 81 (Abbildung 10.6), womit sie in die Nähe von Städten wie New York und Chicago rückte, aber relativ viel höher lag und der weit größeren räumlichen Nähe des Kernkraftwerks *Trojan* zu einem großen Bevölkerungszentrum entsprach.

Die drastische Zunahme der asthmabedingten Todesfälle und der Asthmaerkrankungen von Kindern – inzwischen sind 9,9

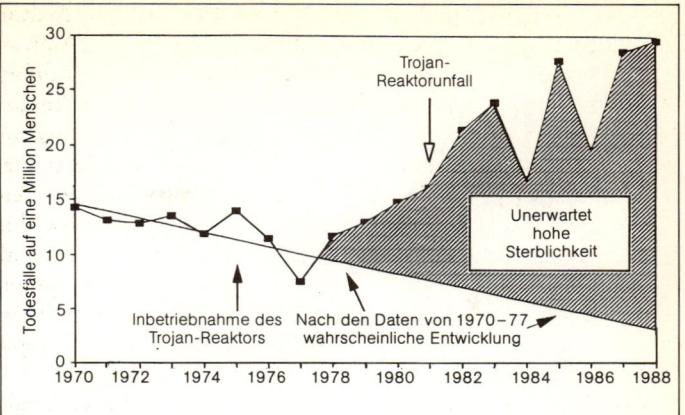

Abb. 10.6. Sterblichkeit in Oregon an Asthma in den Jahren 1970–88. Nachdem die Sterblichkeit lange Zeit zurückgegangen war, stieg sie ab dem Jahr 1977 wieder an. Kleinkinder sind mit einer Zeitverzögerung von drei bis vier Jahren nach radioaktiven Emissionen davon betroffen.

Millionen Menschen in den USA davon betroffen – hat unter Fachleuten erhebliche Besorgnis ausgelöst, weil man den Grund dieses Anstiegs nicht kennt, wie jüngst in einem Artikel zweier Ärzte aus Portland im *Journal of the American Medical Association* klar wurde.[182] Die gegenwärtige Untersuchung läßt vermuten, daß die Zunahme mit der Freisetzung von Radioaktivität durch Kernkraftwerke zu tun hat, die in vielen Teilen des Landes etwa zur gleichen Zeit wie die Anlage *Trojan* bei Portland den Betrieb aufnahmen, denn eine ähnliche Asthmaepidemie ereignete sich in vielen Ländern nach dem starken Fallout Mitte der 60er Jahre, der zu hohen Konzentrationen von Spaltprodukten in der Milch und in den Nahrungsmitteln führte.

Die Abbildungen 10.7, 10.8, 10.9 und 10.10 deuten auf jeweils unterschiedliche Weise an, daß der Betriebsbeginn des Kernkraftwerks *Trojan* 1975 und der Zwischenfall von 1981/82 sich negativ auf die Sterblichkeit in Oregon ausgewirkt haben können, trotz Schwankungen bei der zeitlichen Differenz zwi-

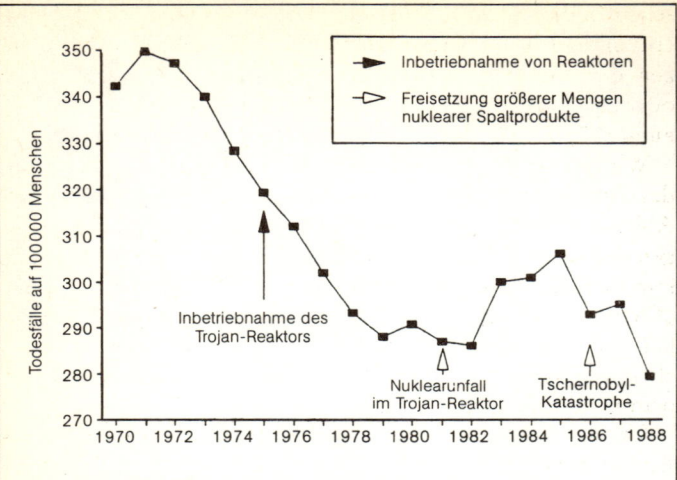

Abb. 10.7. Sterblichkeit in Oregon an Herzkrankheiten in den Jahren 1970–88.
Sie trat mit einer Verschiebung um zwei bis vier Jahre ein.

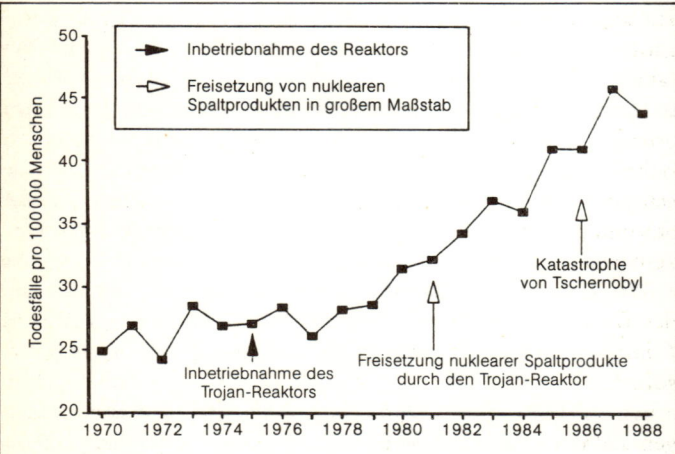

Abb. 10.8. Sterblichkeit in Oregon an chronischen Erkrankungen der Atemwege
in den Jahren 1970–88. Ein Zeitraum von fünf Jahren zwischen nuklearer
Belastung und Ausbruch der Krankheit ist zu beobachten.

schen Belastung und Todesfall. Die Sterblichkeit durch Herz-erkrankungen, Diabetes mellitus und chronische Erkrankungen der Atemwege war vor 1976 entweder zurückgegangen oder gleichgeblieben, stieg nach der ersten und zweiten Freisetzung 1976/77 und 1981/82 jedoch sprunghaft an.

Wir sollten darauf hinweisen, daß die Gesundheitsabteilung des Arbeitsministeriums von Oregon, auf deren Daten diese Abbildungen beruhen, wiederholt auf die jüngsten Steigerungen der krebsbedingten und der Gesamtsterblichkeit aufmerksam gemacht hat. In ihrem Bericht von 1988 stellte sie fest: „Oregon hatte im vierten Jahr in Folge eine höhere Sterblichkeit als das Land (883,0). Die Raten der fünf Haupttodesursachen verschlechterten sich im letzten Jahr im Vergleich mit dem Land insgesamt."

Unsere Annahme über den Zusammenhang mit der vom Kernkraftwerk *Trojan* freigesetzten radioaktiven Strahlung bedeutet folgendes: Würden die radioaktiven Freisetzungen aufhören, wäre zu erwarten, daß Geburtsfehler, Frühgeburten und Säuglingssterblichkeit zahlenmäßig sofort und drastisch zurückgingen. Nach ein paar Jahren würde ein erneuter Rückgang der Gesamtsterblichkeit folgen, wie er Anfang der 70er Jahre nach der Beendigung der schweren Bombentests einsetzte. Zurückgehen würden auch die Todesfälle durch chronische obstruktive Lungenerkrankungen, die nicht in den Oregon-Bericht von 1988 aufgenommen wurden, obwohl sie seit 1980 am stärksten zugenommen hatten, vor allem bei Frauen, deren Sterblichkeitsrate allein durch diese Krankheiten um 80 Prozent gestiegen war.

Wir legten diese Erkenntnisse am 25. Oktober 1990 Beamten des Bundesstaates Oregon vor. Die *Portland General Electric Company*, Betreiberin des Kernkraftwerks *Trojan*, reagierte sofort. Sie bestritt, daß es irgendeinen Zusammenhang zwischen der Radioaktivität und diesen zugegebenermaßen traurigen Zahlen gäbe, und erklärte, man sei von jeglicher Verantwortung durch einen gerade veröffentlichten Bericht des *Nationalen Krebsinstituts* (NCI) freigesprochen worden, der den Titel trug: „Krebs bei Bevölkerungsgruppen, die in der Nähe

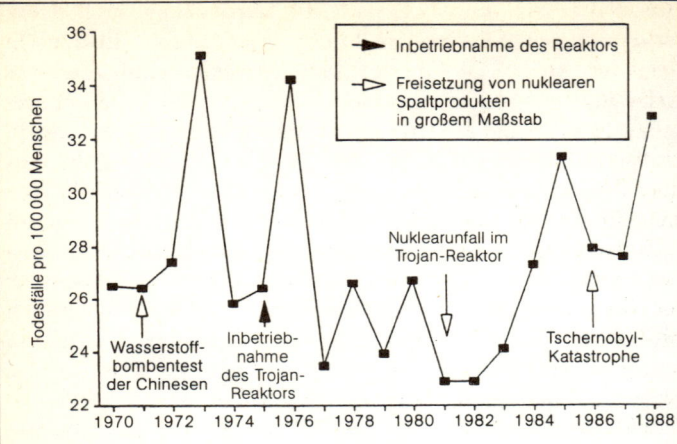

Abb. 10.9. Sterblichkeit in Oregon an Grippe und Lungenentzündung in den Jahren 1970–88. Radioaktive Niedrigstrahlung wirkt sich bei dieser Todesursache in ein bis zwei Jahren aus.

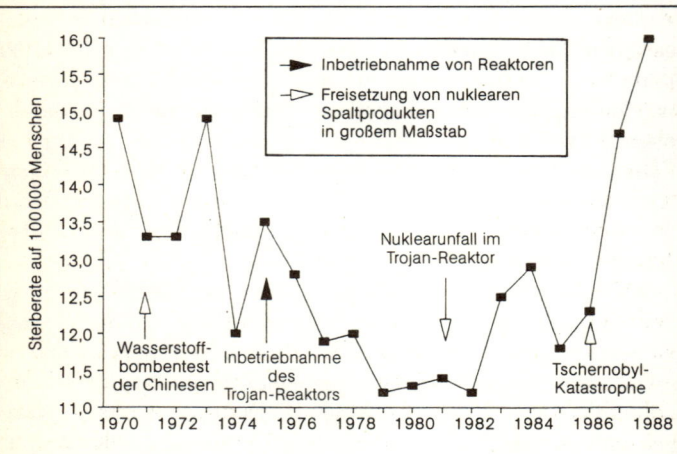

Abb. 10.10. Sterblichkeit in Oregon an Diabetes mellitus in den Jahren 1970–88. Die Sterblichkeitsraten stiegen nach dem Unfall im Trojan-Reaktor und nach der Tschernobyl-Katastrophe an.

von Kernkraftanlagen leben". In dem Bericht heißt es abschließend, daß „die Übersicht keine Beweise dafür erbrachte, daß das Leben in der Nähe von Kernkraftanlagen zu vermehrten Krebserkrankungen geführt hat".

Wir werden nachweisen, daß diese Aussage für das Kernkraftwerk *Trojan* durch die vom NCI veröffentlichten Daten über *Trojan* widerlegt wird, trotz der vielen eingebauten Voreingenommenheiten der NCI-Methodik.

Zunächst ein Wort über den Hintergrund dieser Studie. Früher haben wir beschrieben, daß wir dem Kennedy-Ausschuß für öffentliche Gesundheit bei zwei Zusammenkünften im Frühjahr 1987 Material über die gesundheitlichen Auswirkungen des TMI-Unfalls von 1979 übergeben haben. Senator Kennedy verlangte schließlich von den *National Institutes of Health* eine Untersuchung über die Sterblichkeit in der Umgebung von Kernkraftwerken. Kurz darauf erklärte das amerikanische *Nationale Krebsinstitut* 1988, es werde seine Krebsuntersuchungen einschränken und nur noch die Countys überprüfen, in denen sich Kernkraftwerke befinden. Damit stellte es sicher, daß die Erhebungsauswahl häufig so klein sein würde, daß die Ergebnisse nicht mehr statistisch signifikant waren. Ein derartiges Vorgehen mißachtet die Tatsache, daß Wind und Regen Spaltprodukte in die mit dem Wind gelegenen Nachbarcountys tragen.

Das NCI steigerte seine Voreingenommenheit noch dadurch, daß es in die Ausgangsperiode, mit der die krebsbedingten Todesfälle nach 1975 verglichen werden sollten, die Jahre 1950 bis 1965 einbezog, in denen bekanntlich das Äquivalent von 40 000 Hiroshima-Bomben in die Atmosphäre gelangt war – mit den Auswirkungen auf Krebs und andere Todesursachen, wie wir sie in Kapitel 7 behandelt haben. Dennoch zeigt Tabelle 10.1, die die krebsbedingten Sterblichkeitsdaten des NCI für Columbia, den Heimat-County des Kernkraftwerks *Trojan*, zusammenfaßt, daß es von 1950 bis 1975 nur 153 Leukämietote gab, obwohl mit 160 gerechnet wurde; bei einem „standardisierten Sterblichkeitsverhältnis" (SSV) von 0,96 bedeutet dies, daß die Leukämierate des Countys Columbia alters-, ge-

Tabelle 10.1. Todesfälle durch Leukämie und andere Krebsarten im County Columbia, 1950 bis 1984, und Auswirkungen der Emissionen des Kernkraftwerks Trojan nach 1975 auf die Sterblichkeit durch Krebs

	Periode	Leukämie			Andere Krebsarten			Alle Krebsarten		
		Registriert	Erwartet	SSV	Registriert	Erwartet	SSV	Registriert	Erwartet	SSV
Vor Trojan	1950	6	4,6	1,30	87	91,6	0,95	93	96,2	0,967
	1951–1955	23	24,7	0,93	438	497,7	0,88	461	522,5	0,882
	1956–1960	27	28,4	0,95	510	554,3	0,92	537	582,8	0,921
	1961–1965	35	31,8	1,10	581	624,7	0,93	616	656,5	0,938
	1966–1970	31	34,4	0,90	627	696,7	0,90	658	731,1	0,900
	1971–1975	31	36,0	0,86	749	788,4	0,95	780	824,5	0,946
Nach Trojan	1976–1980	52	39,1	1,33	886	913,4	0,97	938	925,5	0,985
	1981–1984	32	34,0	0,94	802	818,4	0,98	834	852,4	0,978
Vor Trojan	1950–1975	153	160,1	0,96	2992	3253,5	0,92	3145	3413,5	0,92
Nach Trojan	1966–1975	62	70,5	0,88	1376	1485,1	0,93	1438	1555,6	0,92
Nach Trojan	1976–1984	84	73,1	1,15	1688	1731,8	0,97	1772	1804,9	0,98

Die Daten des Nationalen Krebsinstitutes (NCI) für den County Columbia, die oben für die Todesfälle durch Leukämie und alle anderen Krebsarten für sämtliche Altersgruppen wiedergegeben sind, zeigen einen statistisch signifikanten Anstieg, wenn die Zeit nach der Inbetriebnahme des Kernkraftwerks Trojan mit der Zeit davor verglichen wird. Für Leukämie beträgt demnach das standardisierte Sterblichkeitsverhältnis (SSV), also das Verhältnis der registrierten zur erwarteten Zahl der Todesfälle (nach dem Landesdurchschnitt), 1,15 für 1976–84 gegenüber 0,96 für 1950–75. Das heißt, die leukämiebedingte Sterblichkeit erhöhte sich gegenüber dem Land um 20 Prozent, was bei 84 Todesfällen nach 1975 nicht dem Zufall zugeschrieben werden kann.

schlechts- und rassenbereinigt in diesem Zeitraum um vier Prozent „besser" als der Landesdurchschnitt war.

Das NCI berichtet jedoch, daß das SSV in den Jahren 1976 bis 1984, nachdem Trojan den Betrieb aufnahm, 1,15 betrug, das heißt: Columbia stand nach dieser Anpassung um 15 Prozent schlechter da als die USA. Selbst bei der relativ kleinen Zahl von 84 Leukämietoten nach 1957 konnte diese 20prozentige Verschlechterung kein Zufallsereignis sein; die Wahrscheinlichkeit dazu lag bei weniger als 0,0001.

Nehmen wir die Jahre 1966 bis 1975 als den richtigen Kontrollzeitraum – die Auswirkungen der massiven Bombentests klangen allmählich ab –, dann liegt der Grad der Verschlechterung des SSV von 1966 bis 1976 zu den Werten von 1976 bis 1984 im County Columbia jetzt in der Größenordnung von 28 Prozent, wobei die Zufallswahrscheinlichkeit weniger als 0,0000001 beträgt. Eine ähnlich verschwindend geringe Zufallswahrscheinlichkeit ist für die Veränderungen des SSV anderer Krebserkrankungen und aller Krebsarten bezeichnend, weil die festgestellte Steigerung des SSV von der Zeit vor 1976 bis zu den Jahren nach 1976 mit weit höheren Todesfallzahlen verbunden ist.

Und wir können daraus folgern, welche statistisch hochsignifikanten Ergebnisse wir erhalten könnten, wenn die in Windrichtung liegenden Countys und auch andere Todesursachen einbezogen würden, so daß die Zahl der Todesfälle im Untersuchungszeitraum steigen würde – und damit auch ihre statistische Signifikanz. Der Verfasser hat 1986 tatsächlich eine solche Untersuchung durchgeführt, die das Ergebnis erbrachte, daß die Gesamt-, die Krebs- und die Säuglingssterblichkeit in 175 „Kernkraft-Countys" – verglichen mit der (entsprechenden) Veränderung in den USA – in den Jahren 1975 bis 1982 signifikant höher war als 1965 bis 1969. Die 175 Countys waren jene, die im Wind von einem der 50 zivilen Kernkraftwerke lagen.[183]

Am 6. November 1990 verpaßten die Wähler von Oregon die historische Chance, das Kernkraftwerk *Trojan* binnen 30 Tagen abschalten zu lassen, wahrscheinlich weil sie glaubten, eine solche Entscheidung wäre sehr kostspielig. Im County Multnomah, Portland, entschied sich eine Mehrheit für die Stillegung des Reaktors, und auch der neugewählte Gouverneur ist verpflichtet, ihn stillzulegen. Falls das geschieht, hat die Welt die einmalige Gelegenheit festzustellen, wie positiv es sich auf die Sterblichkeit auswirkt, wenn die ständigen Reaktoremissionen beendet werden, die Luft, Milch und Wasser in der Umgebung verseuchen. Wir erklären, daß dies allen Altersgruppen schon bald zugute käme, den Neugeborenen vielleicht innerhalb weniger Monate. Auf die, deren Immunsystem bereits geschädigt ist, wartet jedoch in den vor ihnen liegenden Jahren ein bedenkliches Erbe.

Das vielleicht traurigste und tragischste Zeichen für die Auswirkungen der Niedrigstrahlung in Oregon zeigt sich, wenn man die in Abbildung 10.11 und Tabelle 10.1 enthaltenen, sehr aufschlußreichen Daten studiert.

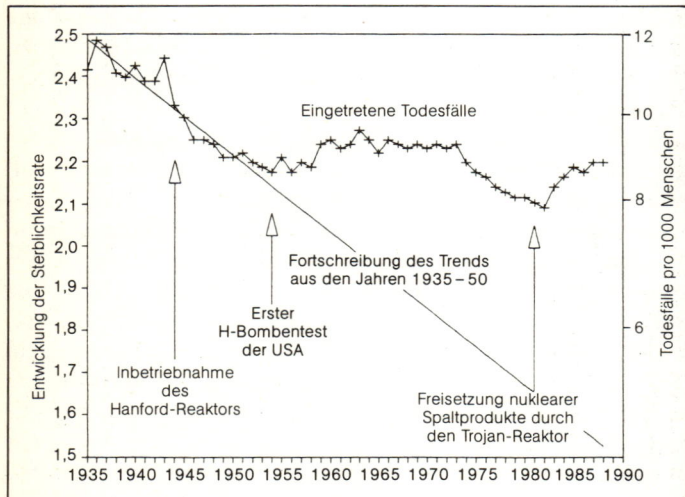

Abb. 10.11. Gesamtsterblichkeit in Oregon in den Jahren 1935–88 nach erwarteten und tatsächlich eingetretenen Todesfällen. Ab Mitte der 50er Jahre nahmen die überdurchschnittlich vielen Todesfälle zu. 1988 starben neun von 1000 Menschen, nicht, wie erwartet, weniger als sechs.

Tabelle 10.2. Sterblichkeit in Oregon und den USA. Todesfälle der 25- bis 44jährigen und der über 45jährigen auf 100 000 Einwohner der Gesamtbevölkerung

Jahr	Oregon			USA		
	Alle Altersgruppen	25–44 Jahre	45 Jahre und älter	Alle Altersgruppen	25–44 Jahre	45 Jahre und älter
1982	813,0	132,0	2423,2	852,0	157,6	2540,0
1983	848,6	131,6	2517,8	862,8	155,3	2527,5
1984	868,5	137,8	2563,4	862,3	162,3	2536,4
1985	890,4	141,5	2631,8	873,9	159,3	2550,5
1986	877,2	145,4	2690,3	873,0	167,4	2516,7
1987	898,9	140,8	2601,8	871,0	166,9	2516,3
1988	895,9	145,3	2582,8	883,0	171,2	2473,7
Anstieg in % 1982–88	10,2	10,1	6,6	3,6	8,6	–2,6

Die Sterblichkeit in Oregon hat nach 1982 für alle Altersgruppen schneller zugenommen als in den USA, auch für die 25- bis 44jährigen und die Menschen über 45. Zum erstenmal ist im 20. Jahrhundert in Friedenszeiten die Sterblichkeit der 25- bis 44jährigen gestiegen. Für Oregon spiegelt das vielleicht nicht nur die Auswirkungen des Fallouts von Bombentests auf das sich entwickelnde Immun- und Hormonsystem, sondern auch des Fallouts von Hanford nach 1945, dessen Wirkung durch die Emissionen des Kernkraftwerks Trojan ab 1975 noch verschlimmert wurde.

Die 25- bis 44jährigen wurden zwischen 1944 und 1963 geboren, in den Jahren der massiven Atombombentests in der Atmosphäre, als die Supermächte dem US-Rat zum Schutz der natürlichen Ressourcen zufolge Spaltprodukte in die Biosphäre freisetzten, der Explosivkraft von 40 000 Hiroshima-Bomben entsprachen. Andrej Sacharow erklärte schon 1958, daß Millionen Menschen durch mit der Nahrung aufgenommene Spaltprodukte sterben würden, die sich in den Knochen anreichern und das Knochenmark bestrahlen, den Entstehungsort der Zellen des Immunsystems.

Abbildung 10.11 zeigt die jährliche Entwicklung der Gesamtsterblichkeit in Oregon seit 1935. Sie ähnelt etwas den Abbildungen 7.1 und 7.2, die die jährliche Entwicklung der altersbereinigten Sterblichkeit der USA seit 1930 darstellen. In den USA verringerte sich die Sterblichkeit in den Jahren der schwersten atmosphärischen Bombentests. In Oregon stieg sie dagegen in den 50er Jahren und frühen 60er Jahren – vielleicht wegen des zusätzlichen Einflusses der, wie wir jetzt wissen, schweren radioaktiven Freisetzungen von *Hanford* nach 1945 – und erreichte erst in den 70er Jahren wieder den Abwärtstrend der Vorkriegszeit. Wenn wir uns fragen, wie sich die radioaktive Strahlung der Bombentests und der Kernkraftwerke *Hanford* und *Trojan* ausgewirkt hat, kann Tabelle 10.2 die eine oder andere Antwort liefern. In der Tabelle wird, zum erstenmal in der Geschichte Oregons, der ungewöhnliche und systematische Anstieg der Sterblichkeit bei den über 25jährigen, die durch alle drei Ereignisse belastet worden sind, seit 1982 analysiert.

Es ist eindeutig, daß zwischen 1945 und 1965 geborene Bürger Oregons, die heute zu den 25- bis 44jährigen gehören, eine Sterblichkeitsrate aufweisen, die höher liegt als die der USA insgesamt; das gleiche gilt übrigens auch für die über 45jährigen. Diese Trends könnten bedeuten, daß die Lebenserwartung in Oregon allmählich zurückgeht, und wenn dem so ist, wird es eine ganze Weile dauern, bis diese unheilvollen Trends sich wieder umkehren.

Seit 1982 verzeichnen in Oregon alle Altersgruppen über 15 Jahren eine steigende Sterblichkeit, was zweifellos den Aufbau einer mächtigen lokalen Bewegung von Kernkraftgegnern gefördert hat, der es am Ende vielleicht gelingt, daß das Kernkraftwerk *Trojan* stillgelegt wird. Ein Erfolg dieser Bewegung wäre ein Fanal für die ganze Welt.

11. Radioaktive Strahlung und AIDS

Zu den sich am schnellsten ausbreitenden Krankheiten gehören heute AIDS, Epstein-Barr-Virus, Lyme-Arthritis, Candida albicans, Herpes, Sepsis und einige andere Immunschwäche-Erkrankungen, die an anderer Stelle dieses Buches erwähnt werden. Die Zunahme dieser Krankheiten in den letzten Jahren, insbesondere unter jungen Menschen, die im Atomzeitalter geboren sind, kann vielleicht mit den Unmengen an Niedrigstrahlung in Verbindung gebracht werden, die seit 1945 freigesetzt worden ist. Die zur Prüfung dieser Hypothese erforderliche Forschung hat gerade erst begonnen. Das vorliegende Kapitel beschäftigt sich mit einem Teil der Forschungsarbeit und bietet Anregungen, wie ein Weiterkommen möglich sei.

In Kapitel 7 wurde die außergewöhnliche Tatsache dargestellt, daß die krankheitsbedingte Sterblichkeit von jungen Erwachsenen, die im Atomzeitalter geboren sind, sich gegenüber den Werten der Kinder beträchtlich verschlechtert hat. Das steht in krassem Gegensatz zu der in den 20er Jahren geborenen Generation, die im Säuglings- und Kindsalter keiner Niedrigstrahlung ausgesetzt war und deren Sterblichkeit sich im Lauf ihres Lebens definitiv verringerte. Diese Erkenntnis stützt die Hypothese, daß Spaltprodukte, die in die Nahrungskette gelangt sind, das Immunsystem eines beträchtlichen Teils der Babyboom-Generation geschädigt haben könnten.

Die drastische Zunahme der Sterblichkeit bei jungen Erwachsenen durch Sepsis, also Blutvergiftung, in Verbindung mit einer Immunschwäche, spricht ebenfalls für diese Hypothese, wie schon in Kapitel 7 erwähnt wurde (vgl. Abbildung 7.6). Die amerikanische Bundesregierung zählt die Sepsis heute zu den zwölf häufigsten Todesursachen – die sepsisbedingte Sterblichkeit lag 1987 bei 8,1 Todesfällen auf eine Million Einwohner. Der Tod durch Sepsis stieg seit den 50er Jahren, als die Rate noch 0,3 Todesfälle auf eine Million Einwohner betrug, jährlich um erschreckende 15 Prozent. Falls die seit 1970 beobachtete jährliche Zunahme von 10 Prozent anhält, werden der Sepsis im Jahr 2000 jährlich 76 000 Menschen zum Opfer fallen.

Die einzige vergleichbare Zunahme dieser Größenordnung hat es in den letzten Jahren nur beim Tod durch AIDS gegeben. Das *National Center for Health Statistics* (NCHS) schätzt, daß 1987 etwa 13 120 Menschen an AIDS gestorben sind. Diese Todesfälle sind in der Kategorie „Todesfälle durch alle anderen Infektions- und parasitären Krankheiten" erfaßt, die seit 1979 jährlich um etwa 20 Prozent zugenommen haben. Sollte sich diese jährliche Zunahme bei zehn Prozent stabilisieren, werden im Jahr 2000 jährlich 46 000 Menschen an Krankheiten aus dem AIDS-Umfeld sterben.

Das sind wirklich erschreckende Zahlen. Es überrascht, daß der Sepsis als einer Immunschwächekrankheit bisher so wenig Beachtung geschenkt worden ist. Sie ist relativ bedeutender als AIDS. Doch die Gefahr, die Immunsystemschwächen heraufbeschwören, geht über AIDS und Sepsis weit hinaus, denn sie verringern unsere Widerstandsfähigkeit gegen Krankheiten ganz allgemein.

Auf das Konto von Herzerkrankungen geht z. B. etwa die Hälfte aller Todesfälle pro Jahr. Die Sterblichkeit durch Herzerkrankungen ist seit 1970 jährlich um etwa 1,3 Prozent zurückgegangen und erreichte 1987 eine Rate von 397 Todesfällen auf 100 00 Einwohner. Doch der Rückgang wurde zweimal unterbrochen. Von 1971 auf 1972 stieg die Sterblichkeit durch Herzerkrankungen von 493,3 auf 497,1 Todesfälle pro 100 000 Einwohner, und dann noch einmal von 1979 auf 1980, als die Rate von 426,7 auf 436,4 Todesfälle pro 100 000 Einwohner zunahm. In Kapitel 5 haben wir festgestellt, daß die altersbereinigte Sterblichkeitsrate in diesen Jahren im ganzen Land signifikant anstieg. 1971/72 waren die Jahre nach dem Unglück in der *Atomwaffenfabrik am Savannah*, 1979/80 die nach dem Unglück von *Three Mile Island*. Für zukünftige Untersuchungen wird es wichtig sein festzustellen, ob sich der ungewöhnliche Anstieg der Sterblichkeit durch Herzerkrankungen in diesen beiden Zeiträumen massiert in den Gebieten ereignete, die von der unfallbedingten Freisetzung radioaktiver Strahlung am stärksten betroffen waren.

Auch Patienten mit Lungenentzündung sind zum Überleben auf ihr Immunsystem angewiesen. Die Todesfälle durch Lungenentzündung erhöhten sich in den USA signifikant nach dem Eintreffen des Tschernobyl-Fallouts in den Vereinigten Staaten, im Zeitraum 1971/72 nach dem Unglück in der *Savannah River Plant* und 1979/80 nach *Three Mile Island*. Noch beunruhigender war, daß die Sterblichkeit durch Lungenentzündung von 1982 bis 1987 um 38 Prozent zunahm. Das war seit den 50er Jahren der erste längere Zeitraum, in dem die nicht aufgeschlüsselte Sterblichkeitsrate der USA sich nicht verringerte. Es war auch das erste Mal, daß sich die Sterblichkeit der 15- bis 44jährigen nicht verringerte (vgl. Kapitel 7). All das sind möglicherweise Beispiele für eine Schädigung des Immunsystems, die auf radioaktiven Niederschlag aus der Atmosphäre zurückgeführt werden können und durch das Entweichen von Spaltprodukten bei Unfällen in Kernkraftwerken und Wiederaufbereitungsanlagen in der Folgezeit noch verschlimmert wurden.

Die Sterblichkeit durch Immunschwächekrankheiten war für Schwarzamerikaner beständig höher als für andere. Nach Angaben des *National Center for Health Statistics* lag z. B. die altersbereinigte Sterblichkeit durch Sepsis für diese Gruppe 1985 bei 11,9 Todesfällen auf eine Million Einwohner, fast das Dreifache der Rate in der Gesamtbevölkerung. Auch die durchschnittliche Lebensdauer der Schwarzamerikaner verschlechtert sich und ging von 65,6 Jahren 1984 auf 65,4 Jahre 1987 zurück.[184] Außerdem stellte man fest, daß die Sterblichkeit bei Farbigen nach dem Unglück in der *Savannah River Plant* höhere Spitzenwerte aufwies als bei Weißen.

Seit den Versuchen des Nobelpreisträgers Herman Müller mit Fruchtfliegen in den 20er Jahren weiß man, daß radioaktive Strahlung die Mutation von Organismen beschleunigt. Es ist durchaus denkbar, daß radioaktive Strahlung in den letzten 50

Jahren viele neue Organismen geschaffen hat, die aus einem geschwächten Immunsystem Nutzen ziehen können.

So ist beispielsweise seit Mitte der 50er Jahre die Zahl der Insekten und Milbenarten enorm gestiegen, die resistent gegen Pestizide geworden sind. 1938 kannte man nur sieben derartige Organismen, 1955 nur 25. Doch 1984 war diese Zahl auf 447 angewachsen, zehnmal so schnell wie von 1938 bis 1955.[185] Obwohl die modernen chemischen Pestizide immer komplexer und teurer geworden sind und weit intensiver eingesetzt werden, bleibt festzuhalten, daß „Schädlinge Mechanismen entwickelt haben, die Wirkungsweise von Chemikalien zu schwächen und aufzuheben, mit denen sie getötet werden sollen ... Resistenz bei Unkräutern existierte vor 1970 praktisch nicht. Aufgrund des wachsenden Einsatzes von Herbiziden gibt es seitdem jedoch mindestens 48 Unkrautarten, die gegen Chemikalien resistent geworden sind ... Bauern und Pestizidhersteller sind in einen Wettlauf mit der rasanten Entwicklung der Getreideschädlinge geraten."[186]

Der Verfasser dieser Untersuchung bot keine Erklärung für die außergewöhnliche „Evolutions"-Fähigkeit dieser Organismen ab Mitte der 50er Jahre und zog auch nicht die Möglichkeit in Betracht, durch radioaktive Strahlung bewirkte Mutationen könnten eine Rolle gespielt haben.

Wie in Kapitel 7 angedeutet, brachten die Japaner die rasche Verbreitung von *Candida albicans* mit einer durch radioaktive Strahlung verursachten Pilzmutation nach Hiroshima in Verbindung. Zur gleichen Zeit fiel ihnen auch das plötzliche Auftreten einiger bis dahin äußerst seltener Krebserkrankungen auf, wie das Pankreaskarzinom und Leukämie bei Kindern. In den Vereinigten Staaten bekam die Lyme-Arthritis vielleicht deshalb plötzlich epidemische Ausmaße, weil es zu einer unerwarteten, für Menschen tödlichen Mutation bei einer Spirochäte kam, die bis dahin generationenlang von Rotwild und Feldmäusen verbreitet wurde, ohne für den Menschen gefährlich zu sein. Wie in Kapitel 9 berichtet, gab es den ersten Fall von Lyme-Arthritis im Herbst 1975, nachdem aus *Millstone* gewaltige Mengen radioaktiver Strahlung entwichen waren.

Die Hypothese, daß radioaktive Strahlung zu Mutationen führte, die ihrerseits AIDS hervorriefen, wurde von Ernest Sternglass und Jens Scheer auf der jährlichen Konferenz der *American Association for the Advancement of Science* am 29. Mai 1986 vertreten.[187] Die Reaktion der Wissenschaftler auf diesen Beitrag bestand in totalem Schweigen, obwohl er doch eine mögliche Erklärung dafür lieferte, warum und wo AIDS erstmals aufgetreten war. Nach den Worten von Professor Scheer von der Universität Bremen war es so, als ob das Papier „spurlos verschwunden" wäre.

Hier eine Zusammenfassung dieses Beitrags, der wie folgt beginnt: „Zwei der prinzipiell unerklärten Aspekte der AIDS-Epidemie sind der Zeitpunkt für die abrupte Zunahme dieser Krankheit, die in den Jahren von 1980 bis 1982 einsetzte, und die anfängliche geographische Konzentration in Zentralafrika, der Karibik und der West- und Ostküste der Vereinigten Staaten. Diese Sachverhalte können durch die Hypothese erklärt werden, daß Beta-Strahlung in Knochenmarkzellen, verursacht von Strontium-90 und anderen Radioisotopen in der Nahrung, die sich am beziehungsweise im Knochen anlagern, während der Periode der oberirdischen Atombombentests zu einer Mutation eines AIDS-verwandten einheimischen menschlichen oder tierischen Retrovirus geführt hat, und daß diese auch eine Gruppe von empfindlichen Menschen hervorgerufen hat, deren Immunsystem während der Schwangerschaft geschädigt wurde."

Obwohl die Atombombentests schon 1945 begannen, kam es erst nach den schweren H-Bomben-Tests Mitte der 50er Jahre zu einem weltweiten Anstieg des Strontium-90-Gehalts der Nahrung, der zwischen 1962 und 1963 am stärksten zunahm. Die größte Zunahme bei AIDS trat etwa 18 bis 19 Jahre später ein, also zwischen 1980 und 1982, als die große Gruppe der potentiell immungeschwächten Säuglinge die Reife erreicht hätte und durch Geschlechtsverkehr übertragenen Krankheiten ausgesetzt gewesen wäre. Das AIDS-Virus verbreitete sich demnach unter Angehörigen dieser Gruppe, wo immer die Bedingungen häufige sexuelle Kontakte oder andere Umstände der direkten Übertragung in die Blutbahn begünstigten.

Da 90 Prozent des Fallouts mit Niederschlägen niedergehen, könnte diese Hypothese erklären, warum die Seuche AIDS in Gebieten mit starken Regenfällen ihren Anfang nahm, wie in Zentralafrika und auf den karibischen Inseln fast auf der Höhe des Breitengrads des pazifischen Testgeländes. Sie könnte auch erklären, warum AIDS sich am schnellsten in den regenreichen Gebieten der Ost- und Westküste Nordamerikas ausbreitete, während es in den trockeneren Regionen wie Nord- oder Südafrika oder den Bundesstaaten der Central Plains in den USA relativ weniger Todesfälle gab.[188]

Da Strontium-90 hauptsächlich über die Nahrung aufgenommen wird, erklärt sich auch, warum in Südostasien trotz der hohen Niederschläge nur wenige AIDS-Fälle auftreten, denn Reis und Fisch sind calciumreicher und erlauben daher nur eine geringere Strontium-90-Aufnahme als Milch, Brot, Fleisch, Obst, Kartoffeln, Bohnen und Gemüse, die in der Ernährung in den USA, der Karibik und Afrika vorherrschen.

Die Verfasser führen als Beispiel die letzten Messungen von 1982 aus New York an, die belegen, daß frischer Fisch und Reis pro Calciumeinheit nur ein Zehntel der Menge Strontium-90 enthalten, die in frischem Gemüse, Kartoffeln und getrockneten Bohnen zu finden ist. Folglich: „Die Ernährung von Menschen, die im gleichen Gebiet leben, kann je nach ihrer Art Unterschiede bis zum Zehnfachen an Strontium-90 pro Gramm Calcium aufweisen, das für die Knochenbildung des Säuglings, des Kindes und der heranwachsenden jungen Frau vor der Schwangerschaft so wichtig ist."

Sie untermauern ihre Hypothese ferner mit dem Hinweis auf eine 1957 vom Wissenschaftsausschuß der Vereinten Nationen veröffentlichte Untersuchung über die biologischen Auswirkungen radioaktiver Strahlen. Darin wurde festgestellt, daß die höchsten Strontium-90-Konzentrationen in menschlichen Knochen in den regenreichen Gebieten Afrikas gemessen wurden; sie waren viermal so hoch wie im sehr viel trockeneren Südafrika. Weiter heißt es: „Die wichtige Rolle der Ernährung könnte auch einen verwirrenden Tatbestand auf der Insel Trinidad erhellen. Bei einem gleich hohen Anteil von Einwohnern

afrikanischer und indischer Herkunft und einem vergleichbaren Prozentsatz Homosexueller wurden dort unter den aus
Afrika stammenden Einwohnern 45 Fälle von AIDS diagnostiziert, bei den Einwohnern indischer Abstammung dagegen
kein einziger Fall. Eine genaue Untersuchung der Ernährungsunterschiede und Strontium-90-Konzentrationen in den Knochen der beiden Volksgruppen wäre sicher ein wertvoller Test
für die vorliegende Hypothese."

Es spricht also sehr viel dafür, daß der Fallout von Bombentests in der Atmosphäre zu Beginn der 60er Jahre das Immunsystem vieler Menschen geschädigt und vielleicht auch die Mutation eines AIDS-ähnlichen Virus beschleunigt hat, das man in
afrikanischen Affen gefunden hat und das jetzt ansteckender
für den Menschen ist. Eine der Schwierigkeiten beim Umgang
mit dem Virus ist, daß es offenbar immer noch mutiert und
mehr als einen Stamm hat.[189] Die schädlichen Auswirkungen
der Niedrigstrahlung bei der Aufnahme von Radionukliden
mit der Nahrung waren Gegenstand Dutzender von Laborver-
suchen, auf die wir in diesem Buch immer wieder hingewiesen
haben. Ein Artikel aus jüngster Zeit hatte z. B. den beziehungs-
reichen Titel „Ultraviolette Strahlung hemmt Wirkung natürli-
cher Killer-Zellen beim Menschen und Vermehrung der Lym-
phozyten", womit die Wirkung auf die Blutzellen gemeint war,
die für die Immunreaktion auf fremde Wirkstoffe zuständig
sind.[190]

Das Epstein-Barr-Virus (EBV) ist eine weitere aktuelle an-
steckende Krankheit, die mit einem geschwächten Immunsystem zusammenhängt.[191] Sie wurde mit einer seltenen Form des
Krebses in Verbindung gebracht, dem sogenannten Burkitt-
Tumor, der erstmals 1965 in Uganda bekannt geworden ist. In
Äquatorialafrika weisen Patienten mit einem Burkitt-Tumor
die gleiche anomale Reaktion des Immunsystems auf, wie sie
bei EBV-Kranken vorkommt. Das Erfreuliche ist, daß EBV-
Patienten auf verschiedene therapeutische und diätetische Be-
handlungsmethoden ansprechen, die darauf abzielen, das Immunsystem zu stärken.

Den Strontium-90-Gehalt in menschlichen Knochen im Labor festzustellen, kostet etwa 50 Dollar. Es wäre relativ billig, eine Untersuchung durchzuführen, bei der die Konzentration von Strontium-90 in den Knochen von AIDS-Opfern mit der von Personen verglichen wird, die bei Unfällen umgekommen sind, wobei Alter, Geburtsort, sozioökonomischer Status, Ernährungsgewohnheiten u. a. berücksichtigt werden. Eine solche Untersuchung könnte über eine Stiftung zur Förderung neuer Wege in der medizinischen Forschung ohne weiteres finanziert werden. Über kurz oder lang werden sich jüngere Wissenschaftler mit solchen Studien befassen, die die älteren wissenschaftlichen und medizinischen Forscher nicht beachtet haben. Die Tatsache, daß der Mensch keine (oder nur eine schlechte) Immunabwehr gegen EBV, AIDS und die Lyme-Arthritis hat, ist ein weiteres Zeichen dafür, daß es sich um ganz neue Viren handelt. Mutation – wodurch auch immer – ist somit ein naheliegender Verdacht.

12. Tod in der Schweiz

Wir haben inzwischen festgestellt, daß dieselbe bösartige Macht, die mit AIDS und anderen Infektionskrankheiten im Bunde ist, heute auch in einem erstaunlichen Ausmaß in der Schweiz und anderen europäischen Ländern wütet.

Ernest Sternglass und ich wurden von einer Vereinigung schweizerischer Kernkraftgegner eingeladen, einen Vortrag zu halten: Wir sollten am 23. September 1990 vor einer Wählerinitiative sprechen, die dafür plädierte, keine Kernkraftwerke mehr zu bauen und die seit 1970 in der Nähe von Großstädten wie Bern, Basel und Zürich errichteten Anlagen nach und nach abzuschalten.[192] Zur Vorbereitung für unseren Vortrag schickte

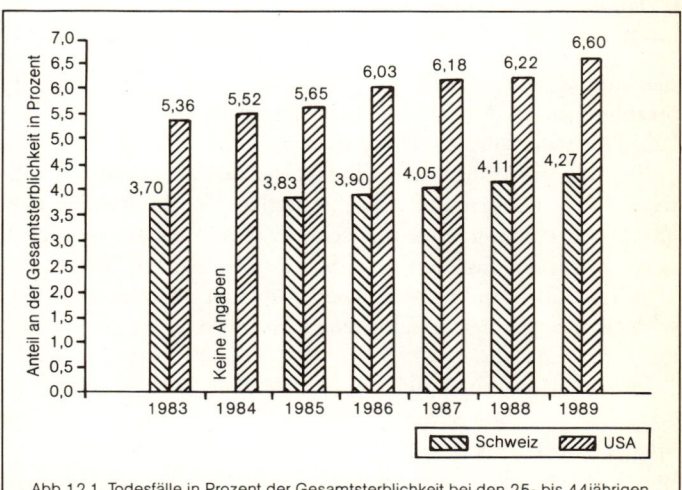

Abb 12.1. Todesfälle in Prozent der Gesamtsterblichkeit bei den 25- bis 44jährigen in der Schweiz und in den USA in den Jahren 1983–89. Die Lebenserwartung dieser Altersgruppe sinkt in beiden Ländern, nachdem sie über ein Jahrhundert hinweg gestiegen war.

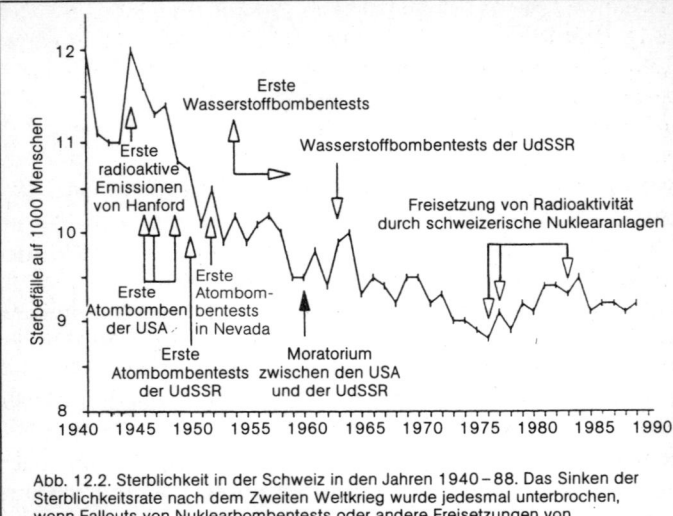

Abb. 12.2. Sterblichkeit in der Schweiz in den Jahren 1940–88. Das Sinken der Sterblichkeitsrate nach dem Zweiten Weltkrieg wurde jedesmal unterbrochen, wenn Fallouts von Nuklearbombentests oder andere Freisetzungen von Radioaktivität zu verzeichnen waren.

man uns die neuesten Zahlen über radioaktive Strahlung und Sterblichkeit in der Schweiz. Die Ergebnisse unserer Analyse lassen sich wie folgt zusammenfassen.

Eine Überprüfung von Fallout-Zwischenfällen und radioaktiven Freisetzungen aus schweizerischen Kernkraftwerken ergibt einen eindeutigen statistischen Zusammenhang zwischen der gemessenen Zunahme von Spaltprodukten wie Strontium-90 in der Milch und menschlichen Knochen und massiven Verschlechterungen bei verschiedenen Todesursachen in den letzten 40 Jahren.

Die jüngsten Zunahmen der Sterblichkeit nach großen Freisetzungen aus den Kernkraftwerken *Beznau* und *Mühleberg* und der Tschernobyl-Fallout 1986 bergen etwas Neues, potentiell Schwerwiegenderes als bisher angenommen, mit möglicherweise weitreichenden Folgen für die Gesundheit der Menschen in der Zukunft. Seit 1983 ist der Anteil der Todesfälle bei den 25- bis 44jährigen, wie im Fall der USA, beständig von 3,7

Prozent auf 4,27 Prozent im Jahr 1989 gestiegen (Abbildung 12.1). Infektionskrankheiten spielen dabei eine signifikante Rolle: Der Prozentsatz der infektionsbedingten Todesfälle unter den 25- bis 44jährigen ist insgesamt von 5,22 Prozent 1983 auf alarmierende 32,9 Prozent 1989 gestiegen. Dabei entfiel ein großer Anteil auf den drastischen Anstieg der AIDS-bedingten Sterblichkeit nach dem Niedergang des Tschernobyl-Fallouts 1986.

Die gezeigten graphischen Darstellungen bieten aufschluß-reiches Material für die schädlichen Auswirkungen der Niedrigstrahlung auf die Lebenserwartung in der Schweiz. In Abbildung 12.2 ist die jährliche Veränderung der schweizerischen, nicht nach Todesursachen aufgeschlüsselten Sterblichkeit von 1940 bis 1988 dargestellt. Man erkennt nach den ersten großen Freisetzungen aus der Plutoniumfabrik *Hanford* 1944 und den ersten Atombombenexplosionen der Amerikaner 1945, 1946

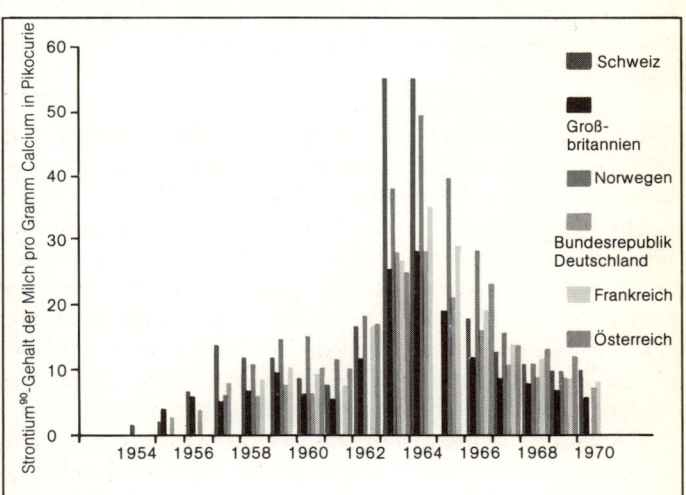

Abb. 12.3. Strontium[90]-Gehalt der Milch in sechs Ländern in den Jahren 1954–70. Nach den atmosphärischen Atombombentests waren die Werte gegen Mitte der 60er Jahre in der Schweiz besonders hoch, weil das europäische Gebirge besonders hohe Niederschläge zu verzeichnen hat. 90 Prozent des Fallouts kommen mit Regen und Schnee nieder.

175

und 1948 sowie der Russen 1949 eine Reihe kleiner Spitzen bei der Sterblichkeit, die jeweils ein oder zwei Jahre nach der Freisetzung der radioaktiven Spaltprodukte auftraten. Sie setzten sich mit dem Beginn der Atombombentests in Nevada 1951 und den ersten H-Bomben-Tests 1953 bis 1955 fort. Nach einer Phase der Beruhigung während des Moratoriums von 1959 erreichte die Sterblichkeit weitere Spitzenwerte nach den ersten französischen Atombombentests von 1960 und den großen sowjetischen H-Bomben-Tests von 1961, die das Moratorium beendeten und den stärksten, je in der Schweiz gemessenen Fallout verursachten, wie Abbildung 12.3 zeigt. Der Fallout war stärker als in allen anderen europäischen Ländern, weil an den Alpen Regen- und Schneewolken hängenblieben.

Danach flachten die Spitzenwerte in den 60er Jahren ab, in denen China seine Atomwaffentests aufnahm. Daß der bedenkliche, seit 1975 wieder ansteigende Trend nichts mit dem Alterungsprozeß der Bevölkerung zu tun hat, läßt sich nachweisen. Diesen Anstieg wollen wir mit Hilfe der graphischen Darstellungen zu erklären suchen.

Abbildung 12.3 zeigt, daß die Schweiz aufgrund des Fallouts von Bombentests in der Atmosphäre Mitte der 60er Jahre die höchste Strontium-90-Konzentration in der Milch von ganz Europa hatte. Die Abbildungen 12.4 bis 12.8 sollen helfen, die drastischen Trendverlagerungen bei der Sterblichkeit in den 70er Jahren zu erklären. Die schweizerischen Atombehörden berichten über mehrere „Zwischenfälle" mit radioaktiver Freisetzung aus Kernkraftwerken seit 1969 und deuten an, warum der Strontium-90-Gehalt zunächst der Milch und später des menschlichen Knochengewebes nach 1968 nicht zurückging, womit zu rechnen gewesen wäre, nachdem sowohl Amerikaner wie Russen keine Bomben mehr in der Atmosphäre testeten (Abbildung 12.4 und 12.5). Die Strontium-90-Werte gingen statt dessen wieder in die Höhe, auch nachdem die Chinesen ihre Bombentests 1980 einstellten.

Zum Verständnis aufschlußreich sind die verschiedenen Atomzwischenfälle in der Schweiz. 1968 wurde das erste kleine Kernkraftwerk der Schweiz in *Lucens* gebaut, zehn Kilometer

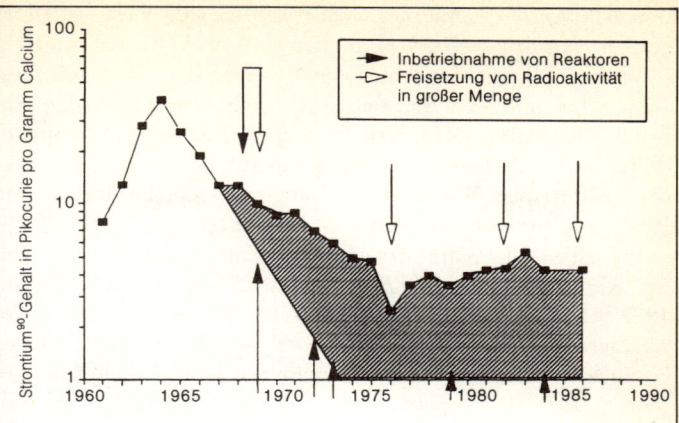

Abb. 12.4. Strontium[90]-Gehalt der Milch. Die erwartete Abnahme nach den atmosphärischen Atombombentests Mitte der 60er Jahre wird in der Schweiz durch die Inbetriebnahme von Nuklearreaktoren und ihre Emissionen bei Nuklearunfällen verhindert.

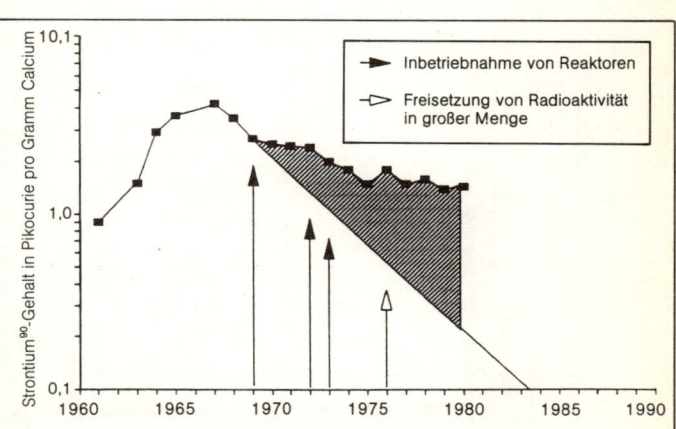

Abb. 12.5. Strontium[90]-Gehalt im menschlichen Knochengewebe. Dieser Gehalt nahm nach den atmosphärischen Atombombenversuchen Mitte der 60er Jahre in der Schweiz deutlich ab, jedoch kaum mehr nach der Inbetriebnahme schweizerischer Nuklearanlagen. Ab 1980 wurden keine Daten mehr veröffentlicht.

nördlich von Lausanne. Die Konstruktion lehnte sich offenbar an den *Hanford-N-Reaktor* an, der Plutonium für Atomwaffen produzieren kann. Im Januar 1969 ereignete sich ein schwerer Unfall, bei dem das Uran teilweise durchbrannte, was den Abbruch der Anlage erforderlich machte. Radioaktive Spaltprodukte aus 40 Kilogramm Uranbrennstoff traten in den Reaktorbehälter aus. Während der langwierigen Entlüftung und Reinigung entwich ein kleiner Teil dieser Spaltprodukte.[193]

Im selben Jahr nahm das erste von fünf großen kommerziellen Kernkraftwerken in *Beznau* bei Zürich den Betrieb auf. 1972 folgte *Beznau II*. 1973 wurde in *Mühleberg* vor den Toren Berns ein Siedewasserreaktor gebaut. Aus beiden Anlagen entwichen nach Berichten bei mehreren Gelegenheiten in den Jahren 1975–1986 beträchtliche Mengen radioaktiven Jods (Abbildungen 12.6 und 12.7).[194]

Die schweizerischen Gesundheitsbehörden haben Jahresdaten über die Sterblichkeit veröffentlicht, die die Zeit seit dem Zweiten Weltkrieg abdecken und die den Abbildungen 12.9,

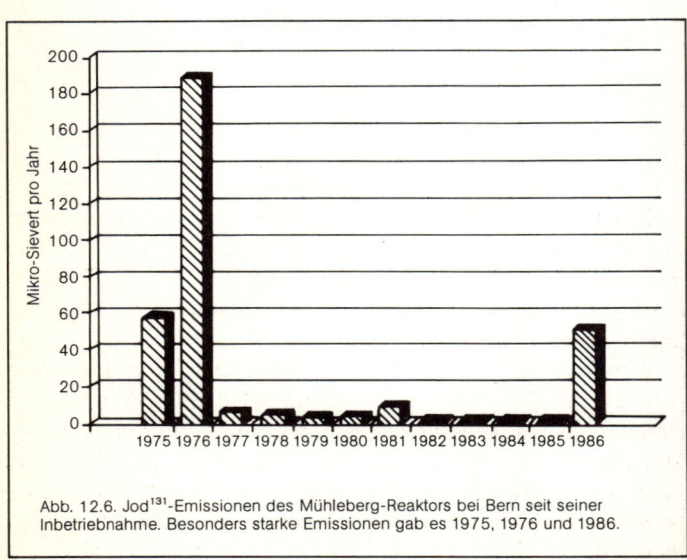

Abb. 12.6. Jod[131]-Emissionen des Mühleberg-Reaktors bei Bern seit seiner Inbetriebnahme. Besonders starke Emissionen gab es 1975, 1976 und 1986.

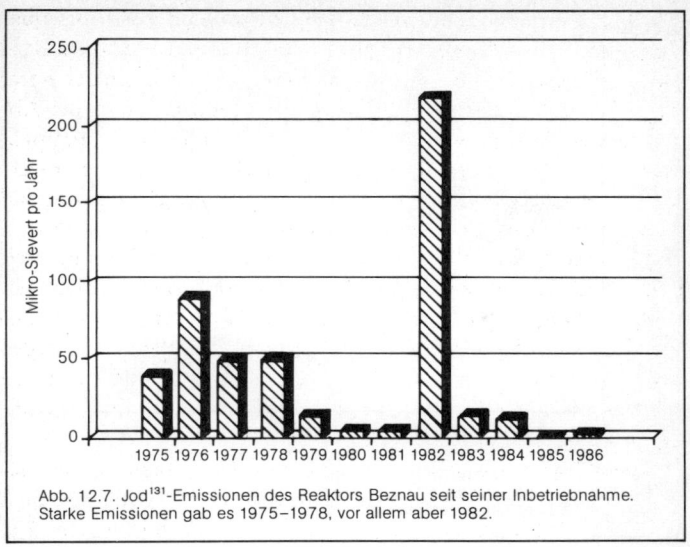

Abb. 12.7. Jod^{131}-Emissionen des Reaktors Beznau seit seiner Inbetriebnahme. Starke Emissionen gab es 1975–1978, vor allem aber 1982.

12.10 und 12.11 zugrunde liegen; die Einteilung der Krankheiten blieb unverändert, um eine langfristige geschichtliche Analyse zu ermöglichen.

Abbildung 12.8 stellt die jährliche Entwicklung der Todesfälle bei sämtlichen Krebserkrankungen dar. Hier ist festzuhalten, daß wegen unterschiedlicher Latenzzeiten etwa fünf bis sieben Jahre nach 1961/62, als die schweren Atombombentests in der Atmosphäre stattfanden, ein Anstieg der Gesamtkrebsrate einsetzte, die sich fünf bis sieben Jahre nach den ersten großen Freisetzungen von *Beznau* und *Mühleberg* noch einmal steigerte (vgl. Abbildungen 12.6 und 12.7).

Abbildung 12.9 zeigt die jährliche Entwicklung der Sterblichkeit durch nichtepitheliale Tumoren einschließlich Leukämie, die weithin als äußerst strahlenbedingt bekannt sind. Um das Auffinden der Latenzzeit von vier bis sieben Jahren vom drastischen Strahlungsanstieg bis zum anschließenden Höchstwert der leukämiebedingten Sterblichkeit zu erleichtern, haben wir in dieser Graphik die radioaktiven Freisetzungen nach gro-

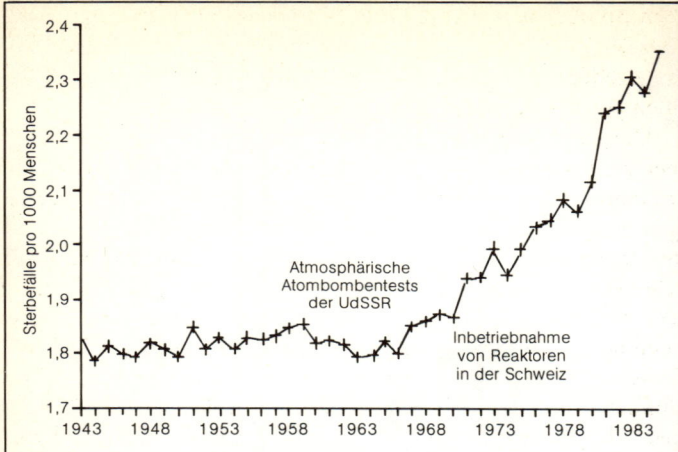

Abb. 12.8. Sterblichkeit an Krebs in der Schweiz in den Jahren 1943 – 85. Deutlich erkennbar sind die Anstiege nach den russischen Atombombentests und nach der Inbetriebnahme schweizerischer Reaktoren.

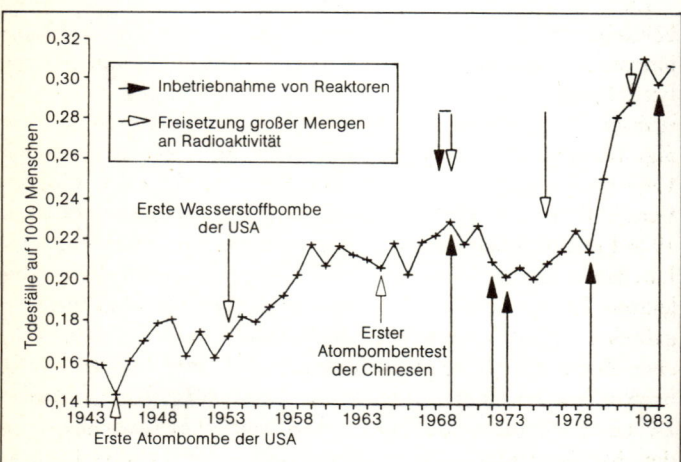

Abb. 12.9. Sterblichkeitsrate an nicht-epithelischem Krebs in der Schweiz, Leukämie eingeschlossen, im Zeitraum 1943 – 85. Spitzen sind fünf Jahre nach starker radioaktiver Belastung zu beobachten.

ßen Bombentests und nach den schweren Unfällen von *Lucens,*
Beznau und *Mühleberg* eingezeichnet. Außerdem haben wir
angegeben, wann die fünf Kernkraftwerke in Betrieb genommen wurden, auch die in *Goesgen* und *Leibstadt.*

Die schweizerischen Daten in Abbildung 12.9, die jeweils einen steilen Anstieg zeigen, nachdem Radioaktivität in die Umwelt entwichen war, stützen nachdrücklich die Schlußfolgerungen von Dr. Victor Archer und anderen, daß kleine radioaktive
Strahlenmengen aus Spaltprodukten Leukämie hervorrufen
können, und zwar bei Dosen, die mit nur einigen Millirem in
der Nähe der Untergrundstrahlung liegen und früher als nicht
meßbar galten. Archer stellte etwa fünf Jahre nach den Bombentests in den USA Höchstwerte für Leukämie fest.[195] Eine
ähnliche fünf- bis siebenjährige Latenzzeit könnte den Anstieg
nach der Inbetriebnahme und nach den Zwischenfällen schweizerischer Kernkraftwerke erklären (vgl. Abbildung 12.9). Ähnliche Spitzenwerte gab es in den Jahren der Bombentests in der
Atmosphäre.

Die Abbildungen 12.10 und 12.11 zeigen Daten zur Sterblichkeit für zwei genau bezeichnete Todesursachen aus der
jüngsten Zeit: akute myeloische Leukämie und Brustkrebs bei
Frauen (die in der Graphik angegebenen Zahlen bezeichnen die
jährlichen Todesfälle; sie sollen die Bewertung der statistischen
Signifikanz erleichtern). Es folgen die Spitzenwerte von 1981,
1984 und 1987 für Leukämie, jeweils etwa um fünf Jahre im
Hinblick auf die großen radioaktiven Freisetzungen der Jahre
1976 bis 1978 und 1982 verzögert. Brustkrebs hat eine längere
Latenzzeit als Leukämie, aber selbstverständlich kam es in den
letzten Jahren zu signifikanten Anstiegen. Von 1980 bis 1983
gab es eine hohe Steigerung von 16 Prozent, was einer jährlichen Zunahme von unübersehbaren 5,5 Prozent entsprach. Danach folgte ein langsamerer Anstieg auf einen breiten Gipfel
zwischen 1985 und 1988, etwa zehn bis elf Jahre, nachdem aus
den Kernkraftwerken *Beznau* und *Mühleberg* große Mengen
Radioaktivität entwichen.

Die statistische Signifikanz dieses Anstiegs ist mit einer
Wahrscheinlichkeit von eins zu tausend sehr hoch, ebenso ist

die entsprechende Zunahme der leukämiebedingten Todesfälle aus zufälligen Gründen nicht zu erklären.

Ein neuerer Artikel in *The Lancet*[196], der die internationalen Krebstrends zusammenfaßt, führt an, diese Entwicklung der krebsbedingten Sterblichkeit in der Schweiz sei typisch für die Industrieländer. Dazu heißt es dort: „1980 entfiel etwa die Hälfte aller Krebsfälle auf ungefähr ein Fünftel der Weltbevölkerung – in den Industrieländern." Weiter wird in dem Artikel angemerkt, daß in den USA, Frankreich und England relativ mehr Männer an einem multiplen Myelom sterben als in Westdeutschland, Italien und Japan. Daß darin unter Umständen die Tatsache zum Ausdruck kommt, daß die ersten drei Länder weit stärker von der Kernkraft abhängen als die letzten drei, wird durch den BEIR V-Bericht bekräftigt (siehe Anhang).

Im BEIR V-Bericht heißt es dazu: „Die Häufigkeit des multiplen Myeloms nimmt, wie man festgestellt hat, durch Bestrahlung beständiger zu als die jedes anderen Lymphoms beim Menschen ... In den aufgeführten Gruppen entsprach die ge-

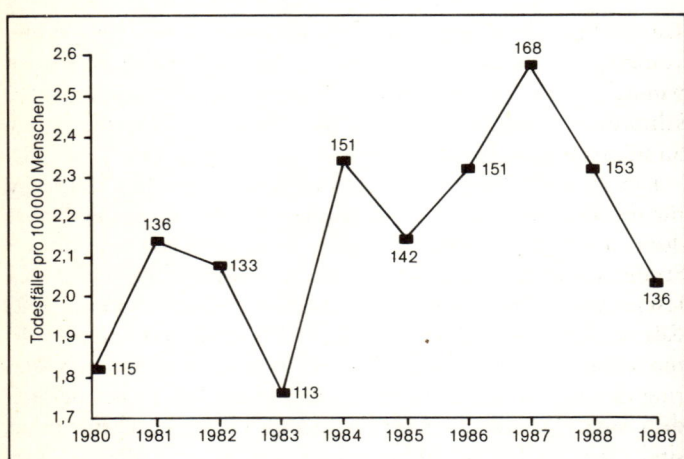

Abb. 12.10. Sterblichkeit in der Schweiz an akuter Knochenmark-Leukämie in den Jahren 1980–89. Die Zahlen in der Graphik bezeichnen die jährlichen Todesfälle.

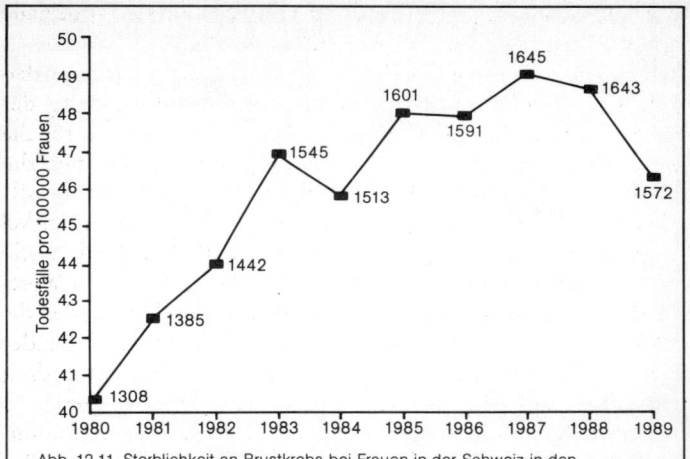

Abb. 12.11. Sterblichkeit an Brustkrebs bei Frauen in der Schweiz in den Jahren 1980–89. Die Zahlen in der Graphik bezeichnen die jährlichen Todesfälle. Brustkrebs hat eine längere Latenzzeit als Leukämie, so daß sich die Folgen der Strahlenbelastung erst nach 5 bis 15 Jahren auswirken.

samte überdurchschnittliche Steigerung einem relativen Risiko von 2,25 (Verhältnis der registrierten zu den erwarteten Fällen, nämlich 50 zu 22 bzw. 21), wobei es die höchsten überdurchschnittlichen Steigerungen bei den Personen gab, die durch Strahlungsquellen im Körper belastet wurden." [197]

Der *Lancet*-Artikel erklärt, daß zu den möglichen Ursachen für die Zunahme der Krebserkrankungen in den Industrieländern, die „eine sorgfältige Prüfung verdienen", auch „höhere Strahlendosen je Diagnoseverfahren" gehören. Archer hat jedoch festgestellt, daß die Belastung des Knochenmarks durch das im Körper abgelagerte Strontium-90, auf die nach seinen Beobachtungen Spitzenwerte bei Leukämieerkrankungen folgten, so gering ist wie bei einer Röntgenuntersuchung. [198] Der entscheidende Umstand, den die *Lancet*-Autoren hier übersehen haben, sind offenbar die Aufnahme von Spaltprodukten mit der Nahrung und die daraus folgende Schädigung des Immunsystems.

Abbildung 12.12 gibt die jährliche Entwicklung der Sterblichkeit durch Kreislauferkrankungen einschließlich der Herz-

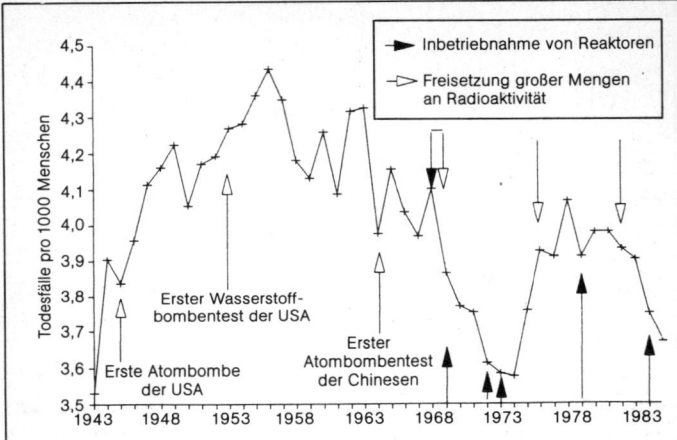

Abb. 12.12. Kreislaufbedingte Sterberaten in der Schweiz in den Jahren 1943–85.
Als sich die Schweizer von den Fallouts der atmosphärischen Nuklearwaffentests
zu erholen begannen, trafen sie in den 70er Jahren die radioaktiven Emissionen
schweizerischer Nuklearanlagen.

leiden in der Schweiz wieder. Sie deutet einen direkteren Zusammenhang mit hohen Strahlenfreisetzungen an, die nach
etwa zwei Jahren Höchstwerte zur Folge hatten. Wieder zeigt
sich ein weiterer Spitzenwert nach der Inbetriebnahme der
schweizerischen Kernkraftwerke. Ein ähnlich erhöhtes Vorkommen von Kreislauferkrankungen gab es auch in den Jahren
der Bombentests in der Atmosphäre.

Der bei weitem größte Anstieg der Sterblichkeit der letzten
Zeit ist jedoch bei den 73 Prozent der an Infektionskrankheiten
Gestorbenen zu finden – eine Zunahme von 401 Todesfällen
1983 auf 693 im Jahr 1989, wovon 279 auf AIDS entfielen. Von
den 279 AIDS-Opfern gehörten 200 den 25- bis 44jährigen an.
1983 machten Personen dieser Altersgruppe nur 5,2 Prozent aller Todesopfer durch Infektionskrankheiten aus. 1989 war der
Prozentsatz auf 32,9 gestiegen, was weitgehend, wenn auch
nicht ganz, auf die schreckliche AIDS-Welle in der Schweiz
zurückzuführen war. Hier wiederholt sich also die Erfahrung,
die die USA jüngst mit dem Tod außergewöhnlich vieler jun-

ger Menschen gemacht haben. Niedrigstrahlung als Grund von Immunschwächekrankheiten ist bislang nicht ausgeschlossen.

Abbildung 12.1 faßt den prozentualen Anstieg aller Todesfälle der 25- bis 44jährigen seit 1983 in den USA und der Schweiz zusammen. In beiden Ländern stieg der Prozentsatz aller Todesfälle dieser Altersgruppe von 1983 bis 1989: in den USA um 23 Prozent, in der Schweiz um 15 Prozent. In beiden Ländern wurde ein Trend umgekehrt, der seit der Jahrhundertwende Bestand hatte.

In beiden Ländern stieg der Prozentsatz der Gesamttodesfälle durch Infektionskrankheiten: in den USA von 1,08 auf 2,46 oder um 127 Prozent, in der Schweiz von 0,66 auf 1,14 – eine nicht ganz so drastische Steigerung von 72 Prozent. In beiden Ländern hat die Zahl der AIDS-Toten rapide zugenommen und machte 1989 etwa 40 Prozent aller Todesfälle durch Infektionskrankheiten aus. In beiden Ländern ist das Leben junger Menschen ohne Frage zunehmend gefährdet.

Daten, die im *1990 Demographic Yearbook* der Vereinten Nationen zusammengetragen sind, deuten darauf hin, daß die Sterblichkeit der 25- bis 44jährigen auch in Großbritannien und Frankreich steigt, den beiden am stärksten von der Kernenergie abhängigen Ländern Westeuropas.[199]

Die Tatsache, daß in diesen Atom-Ländern die Sterblichkeit der Babyboom-Generation schneller steigt als die älterer Generationen, ist die vielleicht bei weitem wichtigste Erkenntnis, die wir gemacht haben. Die Hoffnungen und Ambitionen der Gesellschaft ruhen auf dieser Generation, denn sie stellt den produktivsten Teil der Arbeitskräfte und verkörpert unsere größte Investition in die Zukunft.

Diese Generation wird auch dann noch vorzeitig an Immunschwächekrankheiten leiden, wenn sie im nächsten Jahrhundert zu den höheren Altersgruppen gehört: Wir werden vielleicht feststellen, daß sich die Sterblichkeit für alle Altersgruppen erhöht.

ERGEBNISSE

13. Es ist noch nicht zu spät

Wir haben mit diesem Buch versucht, den möglichen Blutzoll zu zeigen, den die Niedrigstrahlung aus Atombombentests und Kernkraftwerken in den letzten 40 Jahren gefordert hat. Wegen nationaler Sicherheitsbedenken, die noch aus den Anfängen des Kalten Krieges stammen, ist die Wahrheit über diese Verluste dem amerikanischen Volk vorenthalten worden. Wahrscheinlich nicht nur dem amerikanischen Volk.

Die amerikanische Bundesregierung hat jüngst eingeräumt, daß durch radioaktive Verseuchung bei mindestens zwei Gelegenheiten der Tod einer beträchtlichen Zahl Menschen verursacht worden ist. Und in beiden Fällen verweigerte sie den Opfern das Recht, auf Schadenersatz zu klagen. Nach dem Eingeständnis, daß aus der *Atomanlage Fernald* in der Nähe von Cincinnati, Ohio, Uran entwichen sei, entband das Energieministerium den Betreiber, *National Lead*, von jeglicher finanziellen Haftung. Das Oberste Bundesgericht hob ein Urteil auf, das den Bewohnern von St. George, Utah, einen Ausgleich von mehreren Millionen Dollar zuerkannt hatte. Die Bewohner behaupteten, daß Todesfälle durch Krebs mit dem Fallout von fahrlässig durchgeführten Bombentests zusammenhingen. Tatsächlich hat der Staat ein hoheitliches Recht ausgeübt und damit das Leben seiner Bürger gefährdet, als hätte er sich all die Jahre im Krieg befunden.

Es ist leicht zu verstehen, daß die nationale Sicherheit bemüht wurde, um Informationen über die Freisetzung radioaktiver Strahlung aus der *Savannah River Plant* zurückzuhalten, damit die Tritiumlieferungen gesichert waren, die man für die Produktion thermonuklearer Waffen unbedingt brauchte. Aber kann die nationale Sicherheit ein Rechtfertigungsgrund für den Verlust zahlloser Menschenleben sein?

Schwieriger ist es, die Rolle der Wissenschaftler und Medien bei diesem tödlichen Täuschungsmanöver zu erklären. Es hat in den wissenschaftlichen und medizinischen Zeitschriften der Vereinigten Staaten fast überhaupt keine ernsthafte Debatte über die Wirkung gegeben, die mit der Nahrung oder der Luft aufgenommene Spaltprodukte auf das Hormon- und Immunsystem ausüben. Man sollte dabei unterscheiden zwischen den Nuklearwissenschaftlern, die der nationalen Sicherheit den Vorrang vor unerwünschten Wahrheiten einräumten, und der Mehrheit der Wissenschaftler und Ärzte, die nichts von dem Beweismaterial wußten, wonach eine durch freie Radikale bedingte biologische Schädigung bei niedrigen Strahlendosen vieltausendmal wirksamer sein kann als bei hohen Dosen.

Trotz der Warnungen von Rachel Carson, Linus Pauling und Andrej Sacharow gibt es in der einhundert Jahre langen Erfahrung mit einer kurzen, aber hohen Belastung durch Röntgenstrahlen und radioaktive Strahlung nichts, was die Ärzte hätte darauf vorbereiten können, die grundverschiedenen biochemischen Mechanismen zu verstehen, die bei Niedrigstrahlung im menschlichen Körper wirksam werden. Wenn radioaktive Spaltprodukte einmal mit dem Regen niedergegangen und in die Nahrungskette eingedrungen sind, machen freie Radikale das Immunsystem mit Wirkmechanismen verwundbar, die vollkommen anders sind als bei der Zerstörung der DNA durch hochenergetische Strahlung. Das wußten viele der Nuklearwissenschaftler nicht, die am Bau der Atombombe arbeiteten, und auch viele Biologen nicht, die sich mit Erbschäden beschäftigten.

Diese Wissenschaftler wären in arge Bedrängnis geraten, hätten sie sich das Widersinnige einer Nahrungskette ausmalen müssen, die bestimmte mit der Nahrung aufgenommene Spaltprodukte veranlaßt, sich weit höher konzentriert anzureichern als natürlich vorkommende Isotope. Wenn Kühe z. B. auf großen, radioaktiv belasteten Weiden grasen, sammelt sich das radioaktive Jod in ihrem Körper an. Nimmt der Mensch radioaktiv verseuchte Milch, Wasser, Wurzelgemüse oder Obst zu sich, multiplizieren sich die schädlichen Wirkungen, weil die radioaktiven Stoffe sich in Organen wie der Schilddrüse des Fetus oder dem Knochenmark junger gebärfähiger Frauen konzentrieren. Wer konnte schließlich ahnen, daß die Dosis-Wirkungs-Kurve derart unnatürlich supralinear verlaufen würde, daß niedrigere Strahlendosen potentiell hunderte oder tausende Male wirkungsvoller freie Radikale erzeugen konnten, die in die Blutzellen des Immunsystems eindringen und sie zerstören?

Wenn dieses Wissen um Zerstörungen seinerseits als zerstörerisch angesehen und demzufolge von den etablierten wissenschaftlichen Zeitschriften unterdrückt wird, werden Ärzte die mögliche Wirkung auf das Immunsystem ihrer Patienten niemals in Erwägung ziehen. Die Entdeckungen von Dr. Sternglass und Dr. Petkau wurden z. B in einschlägigen Fachzeitschriften in Europa abgedruckt. Sie sind von Ärzten kaum zur Kenntnis genommen worden. Als unsere Erkenntnisse aus dem Tschernobyl-Unglück einen Journalisten des *Toronto Globe* veranlaßten, Dr. Petkau über seine Arbeit zu befragen, wurde Petkau von seinem Arbeitgeber, der *Atomic Energy of Canada, Ltd.*, davor gewarnt, weitere Interviews zu geben.

Anders als der Staat und die Atomindustrie haben Ärzte kein persönliches Interesse daran, aus politischen oder wirtschaftlichen Gründen an Legenden über die Kernenergie zu spinnen. Sie können, ja müssen sich zunehmend mit den Wirkungen der freien Radikalen auf das menschliche Immunsystem auseinandersetzen. Am eingehendsten beschäftigten sich die *Medical News* der *American Medical Association* und ihr kanadisches Gegenstück im Februar 1988 mit den Erkenntnissen von Tschernobyl. Selbst in der wöchentlich erscheinenden medizinischen Ecke der *New York Times* wurden freie Radikale als eine „wesentliche Krankheitsursache" entdeckt, vor allem mit Blick auf die Immunschwächen.[200] Doch die *Times* versäumte, Dr. Petkaus entscheidende Entdeckung zu erwähnen: daß nämlich eine solche Schädigung bei fortgesetzter Belastung durch im Körper abgelagerten Fallout viele 1000mal größer ist als bei einer kurzen Röntgenuntersuchung oder Belastung mit Gammastrahlen.

Man weiß seit langem, daß die körpereigene Immunabwehr außer Kontrolle geratene Zellen, die bösartig geworden sind, erkennt und zerstört. In *Secret Fallout* zog Dr. Sternglass folgenden Vergleich für die menschliche Gesellschaft: „Wir haben die Freiheit, wichtige wissenschaftliche oder öffentliche Erkenntnisse aus dem Gesundheitsbereich schnell und umfassend zu erforschen und zu veröffentlichen, egal wie beunruhigend oder umstritten sie sind. Das ist der Hauptschlüssel zum Schutzsystem, das gebraucht wird, eine Gesellschaft auf potentiell gefährliche Entwicklungen aufmerksam zu machen, bevor sie nicht wiedergutzumachenden Schaden anrichten."[201]

Diese Analogie verdeutlicht die Krise, vor der sowohl die USA wie die ehemalige UdSSR heute stehen. Das Unglück von Tschernobyl hat die Welt tatsächlich aufgeschreckt und ist vielleicht eine letzte Warnung, daß die Aussichten für einen Fortbestand des Lebens auf dieser Erde durch die Kerntechnologie gefährdet werden. Das trägt auch zur Klärung der überraschenden Rede Gorbatschows vor den Vereinten Nationen im Dezember 1988 bei, in der er die Umweltbedrohung für den Planeten als ungleich wichtiger bezeichnete als die intellektuelle Rechtfertigung des atomaren Wettrüstens.

Wenn amerikanische Wissenschaftler mit Hilfe veröffentlichter Monatsdaten auf die Zahl von 40 000 Menschen kommen, deren Leben durch den Tschernobyl-Fallout Tausende von Kilometern vom Unglücksort entfernt offenbar vorzeitig beendet wurde: Was müssen dann Sowjets und Polen in ihren nicht veröffentlichten Unterlagen über die Todeszahlen vorgefunden haben? Sie könnten ganz bestimmt abschätzen, wie sich die durch den Fallout verseuchten riesigen Landwirtschaftsflächen gesundheitlich auswirken.[202]

Im Juni 1987 übergab Adrian de Wind, Präsident des *US-Rates zur Verteidigung der natürlichen Ressourcen* (NRDC), unseren *Three Mile Island*-Bericht, der gerade dem Senatsausschuß für öffentliche Gesundheit vorgelegt worden war, Jewgenij Welichow, Vizepräsident der Sowjetischen Akademie der

Wissenschaften. Damals bemühte sich der NRDC in der Sowjetunion um den Bau von Einrichtungen zur Überwachung von Atombombentests. Nach seiner Rückkehr aus Moskau im Sommer 1987 berichtete de Wind, daß Welichow überrascht von dem Papier war, denn „TMI war nichts im Vergleich zu Tschernobyl". Er forderte uns auf, Welichow den gerade fertiggestellten Bericht über die Auswirkungen des Tschernobyl-Fallouts auf die Sterblichkeit in den USA zukommen zu lassen. Wir schickten Welichow den Bericht mit der leichten Besorgnis, daß er darin nichts finden würde, was er nicht schon wußte. Welichow antwortete uns nicht.

Es wird noch – in Amerika genauso wie in der ehemaligen Sowjetunion – weit mehr Glasnost notwendig sein, bis das wahre Ausmaß der Tschernobyl-Tragödie erkannt wird. Fast zwei Jahre nach dem Unglück hieß es, versteckt in einer Kurzmitteilung über Goldterminkontrakte, in *Investors Daily*: „Goldterminkontrakte festigten sich am Freitag und erholten sich nach einem zweijährigen Tief, als bekannt wurde, daß Moskau die Evakuierung weiterer 20 Dörfer angeordnet hat, weil die Gegend nach dem Unglück von Tschernobyl noch immer radioaktiv verseucht ist." [203]

Die Leser der meisten anderen Zeitschriften erfuhren von dieser Evakuierung nichts. Die amerikanische Presse vermied auch monatelang eine Berichterstattung über unsere bedrückenden Tschernobyl-Erkenntnisse, bis sie sich dem Druck der Konkurrenz aus Japan, Italien, Westdeutschland, Kanada und England beugen mußte, wo man die Geschichte für wert erachtete, auf der Titelseite behandelt zu werden.

Der *New Scientist* schrieb, daß die angesehene britische Zeitschrift *Nature* von Wissenschaftlern aus der ganzen Welt Hunderte von Beiträgen über die Auswirkungen von Tschernobyl annahm, sie dann aber nicht abdruckte. Die verhinderten Autoren beklagten sich in einem offenen Brief: „Wir schätzen die Zeitschrift *Nature* als eines der führenden wissenschaftlichen Blätter in der Welt. Die gegenwärtige Lage bereitet uns größtes Unbehagen. Wir meinen, daß es nicht nur um unsere aktuellen Manuskripte, sondern um wichtige grundsätzliche Fragen geht, etwa das Recht des Wissenschaftlers zu erfahren, was mit seinem unveröffentlichten Beitrag geschieht. Wird seine Arbeit abgelehnt, hat der Verfasser die Möglichkeit, sie zu verbessern und es erneut zu versuchen. Wir haben jetzt eine neue, sehr viel schlechtere Alternative kennengelernt: angenommen, aber nicht veröffentlicht zu werden." [204]

Braucht der Westen sein eigenes Tschernobyl, damit seine Führer hinsichtlich der eigenen Kerntechnologie Glasnost praktizieren? In der Zeit, als dieses Buch entstand, wurden in den USA bedeutende Atomanlagen geschlossen. Nicht nur die Arbeiter gehen ungern in die radioaktiv verseuchten Anlagen, auch ihre Inspektoren teilen diese Furcht. Selbst die Gesellschaften, die die Anlagen jahrzehntelang betrieben haben, sind offenbar zu neuen Einsichten gekommen, da die Anlagen die vorgesehene Laufzeit überschreiten.

Senator John Glenn gehört zu den wenigen US-Politikern, die sich zu der Notwendigkeit bekannt haben, „den Schleier der Geheimhaltung und Selbstbeschränkung niederzureißen". In der *New York Times* schrieb er in einem Artikel über Einsichten aus seiner Anhörung zur Anlage *Fernald*, Ohio: „Jahrzehntelang hat der Staat die Gesundheit und Sicherheit seiner eigenen Arbeitskräfte verletzt und die privaten Betreiber der Anlagen in vielen Fällen angewiesen, sich über Umweltgesetze der Bundesstaaten und des Bundes hinwegzusetzen. Die Folge ist, daß Unmengen radioaktiver und giftiger Abfälle Trinkwasservorräte außerhalb des Geländes verseuchen. Einwohner leben mit der Angst, daß die Anlage ihrer Gesundheit und der ihrer Kinder Schaden zugefügt hat. Jetzt kommt zum Schaden auch noch der Hohn, wenn der Staat erklärt, den Betrieb einzustellen und die schwere Umweltverseuchung zu beseitigen – irgendwann –, aber wann das ist, sagt er nicht. Wie konnte es so weit kommen? Geheimhaltung. Vor langer Zeit, in den 50er Jahren, war die Produktion von Atomwaffen absolut vorrangig und geheim." [205]

Bei Amerikanern wie Russen muß also Offenheit an die Stelle der Geheimhaltung treten. Senator Glenn kam zu dem Schluß, daß „es uns nichts nützt, uns gegen unsere Gegner zu schützen, wenn wir dabei unser Volk vergiften". Obwohl Überlegungen über Leben und Tod oft von wirtschaftlichen Überlegungen übertrumpft wurden, wenn in Amerika Atompolitik betrieben wurde, sind die Kosten inzwischen schwindelerregend hoch. Die Verluste an Menschenleben, die jede größere Freisetzung von Spaltprodukten nach sich zieht, unterstreichen die Wahrheit, daß thermonukleare Waffen nicht eingesetzt werden können.

Der Bundesrechnungshof der USA schätzt die Kosten der Reinigung und Ersetzung der atomaren Waffenfabriken auf bis zu 175 Milliarden US-Dollar. Dazu kommt das viel beängstigendere Problem der Entsorgung der radioaktiven Abfälle, die sich inzwischen bei allen zivilen Kernkraftwerken im ganzen Land stapeln. Die nuklearen Friedhöfe des Landes für zivile und militärische hochradioaktive Abfälle, die in Nevada und New Mexico geplant sind, sind wahrscheinlich politische, technologische und wirtschaftliche Legenden. Wie der Physiker Marvin Resnikoff dargelegt hat, könnten allein beim Transport der Millionen Curie todbringender Materialien zu Lagerstätten, die niemand will, jährlich 16 Unfälle passieren, von denen jeder das Ausmaß von *Three Mile Island* erreichen könnte.[206]

Vielleicht bleiben diese gewaltigen nuklearen Abfallmengen auch einfach dort, wo sie sind. Jedes Kernkraftwerk könnte am Ende mit all seinen Abfällen zugeschüttet werden, wie die Sowjets es mit Tschernobyl tun mußten. Aber wer kann garantieren, daß die Abfälle nicht versickern? Es werden neue Technologien benötigt, die eine ständige Kühlung und Sicherung garantieren, damit die Abfälle keine unterirdischen Wasseradern verseuchen, auf die zukünftige Generationen für ihr Trinkwasser angewiesen sind.

Alle Atomanlagen im nächsten Jahrhundert wieder loszuwerden, wird mindestens genausoviel kosten wie ihr Bau. Eine grobe Schätzung der Rüstungsausgaben für Atomwaffen über vier Jahrzehnte und von Bundeszuschüssen an die zivile Nuklearindustrie über drei Jahrzehnte ergibt eine Zahl in der Größenordnung von zwei Billionen Dollar. Und wenn man nun noch den damit zusammenhängenden Aderlaß an Wissenschaftlern und anderen Arbeitskräften berücksichtigt, wird klar, warum die defizitgeplagte amerikanische Wirtschaft nicht mehr mit den entmilitarisierten Volkswirtschaften Japans und Westdeutschlands konkurrieren kann. In einem jüngst in der *New York Times* erschienenen Leitartikel wird der wirtschaftliche Niedergang auf ein seit 1965 sinkendes Produktivitätswachstum zurückgeführt, das – es klingt wie Ironie – Kosten von zwei Billionen Dollar verursacht hat.[207]

Der ehemalige Präsident Reagan hatte wahrscheinlich recht, als er erklärte, die amerikanische Militärmacht sei ohnegleichen. Aber der Wirtschaftswissenschaftler Benjamin Friedman sagte über die Folgen der Reaganschen Politik: „Daß Amerika seine internationale Position in erster Linie durch militärische Macht erringt, während seine wirtschaftliche Stärke dahinschwindet, bedeutet letztlich, daß wir zu einem bloßen Polizisten werden, einem gemieteten Schützen ... Söldner des 21. Jahrhunderts."[208]

Vielleicht ist es mehr als nur ein zufälliges Zusammentreffen, daß der Produktivitätszuwachs der USA gerade zu der Zeit nachließ, als die ersten Schädigungen des Immunsystems bei den jungen Erwachsenen der Babyboom-Generation auftraten. Denken wir an die Folgen der Entdeckung von Ernest Sternglass für die US-Produktivität, die später von zwei Psychologen der amerikanischen Marine bekräftigt wurde: nämlich, daß sich der Fallout der Atombombentests negativ auf die Ergebnisse des einheitlichen Leistungstests (SAT) an den Schulen auswirkte.

In *Secret Fallout* beschrieb Sternglass seine Reaktion, als er 1975 in der *New York Times* einen Artikel über den verwirrenden, aber ständigen Rückgang der SAT-Ergebnisse seit Mitte der 60er Jahre las. Es waren pro Jahr nicht mehr als zwei oder drei Punkte. 1975 fiel die Leistungskurve in einem einzigen Jahr um zehn Punkte: „Urplötzlich schoß mir die Frage durch den Kopf: Wann wurden diese jungen Leute geboren oder waren sie im Mutterleib? Die meisten waren 18 Jahre alt, als sie die High School verließen. Was kam heraus, wenn man 1975 diese 18 Jahre zurückrechnete? 1957 – das Jahr, als der höchste radioaktive Fallout gemessen wurde, der je über den USA niedergegangen war, nachdem in Nevada Atombomben mit einer Rekordkilotonnage getestet wurden." [209]

1979 war Sternglass dank der Hilfe des Erziehungspsychologen Dr. Steven Bell in der Lage, bundesstaatenweise das Durchsacken der SAT-Ergebnisse nachzuweisen. Der stärkste Leistungsrückgang erfolgte in den Bundesstaaten, die dem Testgelände von Nevada am nächsten lagen. Der größte Abfall wurde im Nachbarstaat Utah registriert, wo der große Bevölkerungsteil der Mormonen mit dem niedrigsten Zigaretten-, Drogen- und Alkoholkonsum des Landes lebte, der traditionellerweise sehr hohe SAT-Ergebnisse erzielte.

Diese Erkenntnisse wurden auf der Jahreskonferenz der *American Psychological Association* im September 1979 bekanntgegeben. Dort wurde vorausgesagt, daß sich die SAT-Ergebnisse ab 1981 wieder bessern würden, 18 Jahre nach dem Stopp der atmosphärischen Atombombentests im Jahr 1963.

Zwei Psychologen der amerikanischen Marine untersuchten, ob diese Erkenntnisse etwas Licht auf die Schwierigkeiten werfen konnten, die neue Rekruten beim Umgang mit komplizierten Waffentechnologien hatten. Sie fanden heraus, daß „der Bundesstaat, der den größten Rückgang beim (SAT)-Leistungstest der 1956 bis 1958 geborenen Kinder hatte, Utah war, was zu der Tatsache paßte, daß Utah nahe beim Testgelände von Nevada liegt, von dem der bei den Atombombentests entstehende Fallout im allgemeinen nach Nordosten zog. Das war sehr überzeugendes und beunruhigendes Beweismaterial, das einen Zusammenhang zwischen dem Rückgang der SAT-Ergebnisse und der Gesamtwirkung des nuklearen Fallouts herstellte." [210]

Die Medien übergingen diese „beunruhigenden" Erkenntnisse weitgehend und auch die Tatsache, daß die SAT-Ergebnisse sich seit 1981 wieder bessern, was die Voraussage von Sternglass bekräftigt.[211]

Nach dem Tschernobyl-Fallout im Sommer 1986 griff die deutsche Zeitschrift *psychologie heute* die SAT-Erkenntnisse von Sternglass erneut auf und fragte nach einer möglichen geistigen Beeinträchtigung deutscher Kinder, die im Jahr 2004 ihr 19. Lebensjahr erreichen werden. Aber wenn die Gültigkeit einer Theorie in ihrem Voraussagewert liegt, dann hat die SAT-Hypothese von Sternglass die Prüfung bereits bestanden.

Wie hoch sind die möglichen Sozialkosten im Zusammenhang mit den Mitgliedern der Babyboom-Generation, die ihre Geburt in den Jahren der atmosphärischen Bombentests zwar überlebten, aber körperliche und geistige Beeinträchtigungen davongetragen haben, die sie vielleicht hindern, in der heutigen Arbeitswelt eine verantwortliche Aufgabe zu übernehmen? Mit der Aussicht auf eine düstere und von Armut bestimmte Zukunft wären diese jungen Menschen eine immer größer werdende Last für die Gesellschaft, da sie sich zu den dichten Reihen der Drogenabhängigen, Wohnsitzlosen und Gefängnisinsassen hinzugesellen würden.

1980 veröffentlichte Dr. Charlotte Silverman eine Untersuchung, bei der sie herausgefunden hatte, daß Kinder, die wegen einer Trichophythie bestrahlt wurden, Jahre später eine erhebliche geistige Rückbildung erlebten.[212] Dr. Silverman faßte ihre und ähnliche Erkenntnisse über israelische Kinder auf dem sechsten internationalen Kongreß für Strahlenforschung in Tokio zusammen: „Mehrere Messungen der Gehirnfunktion, der geistigen Fähigkeit und der schulischen Leistung zeigen, daß die bestrahlten Kinder unter Beeinträchtigungen litten. Diese Erkenntnisse decken sich mit älteren Erkenntnissen über vermutliche Hirnschäden durch Strahlung und erweitern sie."[213]

Der Soziologe Dr. R. J. Pellegrini hat FBI-Daten über Verbrechensberichte untersucht, die bis 1945 zurückgingen, und dabei festgestellt, daß sich die Rate für Mord, Vergewaltigung und schweren Überfall in den 70er Jahren gegenüber den vorangegangenen Jahrzehnten verdoppelt hat – zu der Zeit, als die Babyboom-Generation in die Altersgruppe der 15- bis 24jährigen kam. Die Verbrechensraten der 15- bis 34jährigen haben inzwischen nie gekannte Höchstwerte erreicht, was Dr. Pellegrini der Belastung der Betreffenden mit radioaktivem Fallout zuschreibt.[214]

Die Wirtschaft gibt jährlich Millionen Dollar für die Lese- und Rechtschreibförderung aus, weil viele junge Erwachsene, die erstmals eine Stelle antreten, nicht ausreichend qualifiziert für die zu leistende Arbeit sind.[215] In welchem Umfang trägt wohl die Belastung durch den Bombentest-Fallout zu dieser Verschlechterung der Fähigkeiten bei, für die im allgemeinen der Zusammenbruch des amerikanischen Schulsystems verantwortlich gemacht wird?

Denken wir schließlich auch an die Explosion der ärztlichen Behandlungskosten der letzten Jahrzehnte. Bei der Untersuchung der gesundheitlichen Auswirkungen des Unglücks von Tschernobyl in Europa stellte Professor Jens Scheer von der Universität Bremen fest, daß eine westdeutsche Krankenversicherung in den Monaten nach Tschernobyl die höchsten jährlichen Kostensteigerungen für allergische Erkrankungen seit über zehn Jahren erlebte.[216] Seit 1970 sind die privaten und öffentlichen Gesamtausgaben für die Gesundheit in den USA jedes Jahr um über zwölf Prozent gestiegen. Rechnet man diese Zunahme hoch, kommt man für das Jahr 2000 auf jährliche Gesamtausgaben von 2,5 Milliarden Dollar, was mehr wäre, als die Amerikaner für Nahrung und Wohnen ausgeben!

Ein besonders besorgniserregender Aspekt der gegenwärtigen Inflation der medizinischen Kosten, der noch nicht genügend beachtet wird, ist der überproportional zunehmende Anteil junger Menschen an diesen Kosten. Seit 1982, und vielleicht sogar zum erstenmal überhaupt, steigt die Sterblichkeit bei den 15- bis 54jährigen. Der eigentlich produktivste Teil der Arbeitskräfte muß sich also jetzt zunehmend mit Erkrankungen und Tod auseinandersetzen, die mit AIDS und anderen Immunschwächekrankheiten zusammenhängen.

Doch es besteht Grund zur Hoffnung. Angesichts der medizinischen und wirtschaftlichen Krisen, die wir heute erleben, bieten sich immer mehr Möglichkeiten der öffentlichen Auseinandersetzung, unsere Abhängigkeit von der Nukleartechnologie abzubauen. Es ist noch nicht zu spät. Wir brauchen uns nur jene (zugegeben wenigen) Gebiete in der Welt anzusehen, die es geschafft haben, sich den „Segnungen" des Atoms zu entziehen, um zu erkennen, daß wir noch Luft atmen und Nahrungsmittel essen können, die relativ frei von Radioaktivität sind.

In den USA sind die Bundesstaaten Wyoming und Montana Beispiele für solche Gebiete. Die Säuglingssterblichkeit, die dort einmal deutlich über dem Landesdurchschnitt lag, hat sich seit 1970 merklich verringert. 1987 und 1988 lag die Säuglingssterblichkeit in Wyoming um 42, die in Montana um 30 Prozent unter dem US-Durchschnitt und machte damit Ländern wie Dänemark Konkurrenz, das mit die geringste Säuglingssterblichkeit der Welt hat.[217] Wyoming und Montana haben keine Kernkraftwerke und waren die Nutznießer, als der Staat auf Atombombentests in Nevada verzichtete, weil die Winde den Fallout nach Salt Lake City und Kanada getragen hätten.

Ein Wandel in der Nuklearpolitik würde wissenschaftliche Kräfte freisetzen, die sich dann ernsthaft mit der Energiekrise auseinandersetzen könnten, deren Lösung seit langem zugunsten der Nuklearoption zurücksteht. Ein Bruchteil der Billionen, die in den letzten 40 Jahren für diese todbringende Technologie ausgegeben wurden, könnte die Hoffnung auf eine bessere Energienutzung und die Entwicklung der Solarenergie und anderer, nicht so zerstörerischer Energietechnologien verwirklichen.

Wir brauchen eine freie Wissenschaft, um Wege zur Heilung der Immunschwäche zu finden, die heute die Welt heimsucht und vielleicht zum Teil durch die Niedrigstrahlung verursacht wurde. Und letztlich dient eine offenere wissenschaftliche Forschung auch dem Ziel, die Aussichten auf einen Fortbestand des Lebens auf der Erde zu wahren.

ANHANG I

Nachwort zur ersten Auflage
Von Jay M. Gould

Wie ich es heute sehe, war eine eigenartige Wendung des Schicksals der Grund, mich auf diese umstrittene Entdeckungsreise zu begeben, die in so krassem Gegensatz zu meinen beruflichen Interessen als Ökonom und Statistiker steht.

Ich trat 1979 als statistischer Sachverständiger für die *Westinghouse Electric Corporation* in einem Prozeß auf, bei dem es um die Preisabsprache eines sogenannten „internationalen Urankartells" ging. Meine Aufgabe bestand darin festzustellen, ob die Angebots- und Nachfragekräfte eine Versechsfachung des Uranpreises im Gefolge des Ölembargos der frühen 70er Jahre rechtfertigen konnten. Mir wurde klar, daß Uranmangel allein kein Grund für den Anstieg des Uranpreises hatte sein können. Aufgrund häufiger Stillegungen lag die Leistung der zivilen Kernkraftwerke in den 70er Jahren weit unter den Erwartungen, und das galt ebenso für die Nachfrage nach Uran. Ich stellte auch überrascht fest, daß die monatlichen Berichte über den Reaktorbetrieb in der Fachpresse realistischer waren als die anderslautenden Statistiken über den Uranverbrauch, die die Atomenergiekommission herausgab.

Mein Interesse an Nuklearfragen begann mit diesem Auftrag, zumal ich 1977 in den wissenschaftlichen Beirat der US-Umweltschutzbehörde berufen worden war. Letzteres ging darauf zurück, daß ich eine Möglichkeit entdeckt hatte, regionale Konzentrationen giftiger Abfälle zu schätzen. Das wiederum brachte mich auf den Gedanken möglicher Zusammenhänge zwischen Umweltproblemen und Auswirkungen auf die öffentliche Gesundheit.

So stieß ich auf das Buch *Secret Fallout* von Dr. Ernest Sternglass, das mich sehr provozierte und beunruhigte. Hier war ein bedeutender Professor für Radiologie von der medizinischen Fakultät der *University of Pittsburgh* und ehemaliger ranghoher Physiker bei den *Westinghouse Research Laboratories*, gleichsam gegen seinen Willen, zu der Überzeugung gelangt, daß die Regierung hinsichtlich der tödlichen Auswirkungen eines frühen Unfalls im *Kernkraftwerk Shippingcourt* bei Pittsburgh die Unwahrheit sagte. An seiner Redlichkeit konnte meines Erachtens nicht gezweifelt werden. Das schloß ich aus seiner Schilderung, wie er in die Rolle des nuklearfeindlichen Ausplauderers gedrängt wurde. Aber ich hätte nicht im Traum daran gedacht, daß auch ich eines Tages nach zunächst nur mäßiger intellektueller Neugier gezwungen sein würde, seine Erkenntnisse zu bestätigen und eine ähnliche Rolle zu spielen.

Meine Laufbahn als statistischer Sachverständiger begann rein zufällig, als ich 1955 vom Justizministerium den Auftrag erhielt, statistisches Beweismaterial für einen kleinen Kartellrechtsprozeß vorzubereiten. Zur Überraschung aller Beteiligten ging der Prozeß durch alle Instanzen bis zum Obersten Bundesgericht und als der berühmte *Brown-Shoe-Fall* in die Annalen ein. Er schuf nicht nur einen Präzedenzfall für alle kartellrechtlichen Streitfälle nach dem Krieg, sondern etablierte auch die Rolle des Statistikers als eines Sachverständigen bei der Beurteilung des „Marktanteils" eines Unternehmens.

Nach diesem Fall machte ich eine steile Karriere als statistischer Sachverständiger. In den folgenden zwei Jahrzehnten nahm ich an mehr als zwei Dutzend Kartellprozessen teil, in denen es gegen viele große amerikanische Unternehmen ging – *IBM, Beatrice Foods, Greyhound, Armour, Occidental Petroleum, R. J. Reynolds, Emerson Electric, North American Philips* und *Westinghouse*. Viele dieser Unternehmen sind im „Fusionsrausch" der Reagan-Zeit verschwunden, so daß Kartellrechtsprozesse heute nur mehr eine historische Fußnote sind.

Einen Bedarf an der Analyse von Marktanteilsverhältnissen in einem Kartellverfahren gibt es kaum noch. Es besteht jedoch, wie ich glaube, ein großer Bedarf an statistischem Sachverstand bei der Bewertung von Giftschadensfällen. Wenn ein Bevölkerungsteil einer Umweltgefahr ausgesetzt ist, ist die Untersuchung der Frage wichtig: Ist die „festgestellte" Zahl der Todesfälle in einem bestimmten Gebiet und Zeitraum im Vergleich zur „erwarteten" Zahl, die auf Landesdurchschnittswerten beruht, statistisch bedeutsam. Wir versuchen sodann zu ergründen, ob das Verhältnis der beiden Zahlen so hoch ist, daß es nicht dem Zufall zugeschrieben werden kann. Dieser Wert einer statistisch signifikanten Veränderung der Rate überdurchschnittlich vieler Todesfälle bildet in diesem Buch den Kern der Darstellung eben solcher Todesfälle nach der Freisetzung von Niedrigstrahlung.

Meine Kartellrechtsarbeit veranlaßte mich, die *Economic Information Systems Inc.* zu gründen, eine Firma, die mit Erfolg große Datenbanken für die Analyse von Marktanteilen großer Unternehmen aus allen Branchen entwickelte. Nach dem Verkauf meiner Firma an *Control Data Corporation* 1981 fühlte ich mich frei, meine Spezialkenntnisse für die Untersuchung von Umweltproblemen einzusetzen. Dabei stieß ich auf ein bemerkenswertes Buch von Marvin Resnikoff, *The Next Nuclear Gamble,* das der *Council on Economic Priorities* (CEP) herausgebracht hat.

Von Dr. Resnikoff erfuhr ich, daß hochradioaktiver, ausgebrannter Kernbrennstoff sich in jedem Kernkraftwerk in gekühlten Abklingbecken stapelt und darauf wartet, vermutlich Anfang des nächsten Jahrhunderts auf einem „großen Atomfriedhof" vergraben zu werden. Resnikoff schätzte, daß es bei den Transporten der Hunderte von Millionen Tonnen radioaktiven Materials aus den Reaktoren pro Jahr im Durchschnitt wahrscheinlich 16 Nuklearunfälle geben werde, bei denen jedesmal so viel Radioaktivität in die Umwelt gelangen könnte, wie beim Unglück von *Three Mile Island* 1979.

Resnikoffs Buch machte solchen Eindruck auf mich, daß ich den *Council on Economic Priorities* aufsuchte und eine Einladung des CEP annahm, meine Umweltuntersuchung für den Council fortzusetzen, sobald meine Verpflichtungen gegenüber *Control Data Corporation* endeten.

Bei meinem ersten CEP-Projekt bestätigten sich die Erkenntnisse des amerikanischen nationalen Krebsinstituts von 1977, daß die Krebssterblichkeit auf Countyebene mit der räumlichen Konzentration petrochemischer Fabriken zusammenhing. Ich wußte, daß Umweltschadstoffe zumindest am Anfang örtlich stark konzentriert waren, und da ich mich erinnerte, daß man bei der Volkszählung 1980 zum erstenmal die fünfstellige Postleitzahl als geographische Einheit verwendet hatte, führte ich einige Telefonate mit dem Statistischen Bundesamt und einigen anderen Behörden. Überrascht stellte ich fest, daß ich sehr preiswert (und dank dem *Freedom of Information Act*) Magnetbänder vom *Statistischen Bundesamt*, der EPA, dem *Nationalen Krebsinstitut* und dem *National Center for Health Statistics* erwerben konnte, die unveröffentlichte, aber politisch sensible Informationen enthielten, die den Staat etwa 40 Milliarden Dollar gekostet hatten!

Dieser Schatz aus Daten über Umwelt und öffentliche Gesundheit war nie zusammengefaßt und eingehend ausgewertet worden. Ich kann nur vermuten, daß die überwiegend bei den Gesundheitsministerien der Bundesstaaten angestellten Epidemiologen selten die Ursachen der starken Schwankungen bei örtlichen Sterblichkeitsraten untersucht haben. Vielleicht fürchteten sie die politischen Folgen, einen Zusammenhang mit einem lokalen Umweltverstoß aufzudecken. Ich glaube, die meisten umweltepidemiologischen Untersuchungen setzen sich aus diesem Grund selbst Grenzen.

Für jemanden mit Datenbankerfahrung wie mich waren diese ungenutzten Dateien ein Forschungsparadies. Es erwies sich als relativ einfach, statistisch signifikante Unterschiede bei den geographischen Sterblichkeitsraten zu finden, weil die offiziellen Sterblichkeitsdaten der USA auf allen in einem Jahr abgelegten Sterbeurkunden beruhten. Selbst kleine Unterschiede konnten wegen der großen Erhebungsauswahl signifikant sein. Die Verarbeitung derart großer Datenmengen erforderte jedoch einen Stab professioneller Programmierer und Statistiker.

So beteiligte ich mich 1985 am Aufbau einer kleinen Firma mit Namen *Public Data Access Inc.* (PDA) in der Hoffnung,

sie könnte sich bei der Forschung mit dem Computer als hilf-
reich für die Umweltbewegung erweisen. In diesem Rahmen
arbeitete ich erstmals mit Ben Goldman zusammen, der damals
Projektleiter bei der CEP war. Er hatte die gleiche Notwendigkeit entdeckt, für eine Untersuchung der gefährlichen Abfall-
industrie die verschiedenen staatlichen Datenquellen zusam-
menzulegen, und er war zur Bewältigung dieser Aufgabe in
die Welt der Mikrochip-Technologie vorgestoßen. Tatsächlich
wurde die Datenbank, die er auf einem Personalcomputer für
Hazardous Waste Management: Reducing the Risk (Island
Press, 1986) anlegte, das erste kommerzielle Produkt von
PDA, das über ein computerisiertes Informationsnetz namens
Chemical Information Services Inc. zugänglich war. Ben half
mir beim Aufbau von PDA und wurde schließlich Präsident
der Firma.

Diese noch in den Kinderschuhen steckenden Bemühungen
erhielten großzügige Unterstützung von Umweltstiftungen
und betroffenen Personen. Noch wichtiger war das „Schweiß-
kapital", das ein paar begeisterte junge Statistiker beisteuerten,
die mit der Zeit einiges Geschick im Vernetzen von Großrech-
nern mit den immer leistungsstärker werdenden Personalcom-
putern entwickelten. Dadurch wurden u. a. eine Dezentralisie-
rung der Datenverarbeitung und erhebliche Kostensenkungen
möglich.

Seit 1986 hat PDA an zahlreichen Umweltuntersuchungen
mitgearbeitet. *Lebensqualität im Quartier* (Westview Press,
1986) war ein „Datenbankwerk" mit Daten für Wohngebiete
mit jeweils etwa 35 000 Einwohnern und fünfstelliger Postleitzahl. Die Daten stammten aus Datenbanken der EPA und des
Statistischen Bundesamtes. Obwohl die Volksbefragung von
1980 etwa eine Milliarde Dollar kostete, entschied die Reagan-
Administration, daß es zu teuer wäre, Ergebnisse für so kleine
Postleitzahlengebiete zu veröffentlichen. Dieses Buch ist daher
die einzige öffentliche Quelle für so örtlich begrenzte Informationen.

1987 produzierte PDA auch *Giftmüll und Rasse in den USA*
für die *Commission for Racial Justice.* Die Untersuchung zeig-

te, daß deutlich überproportional viele Giftmülldeponien in Gebieten lagen, in denen Schwarzamerikaner lebten. *The Philadelphia Toxics Story* (Giftgeschichte Philadelphias) für die *National Campaign Against Toxic Hazards* (Nationale Kampagne gegen Giftkatastrophen) und *Toxic Waste and Cancer Mortality in Michigan* (Giftmüll und Krebstod in Michigan) für die *Public Interest Research Group* in Michigan wurden ebenfalls 1987 von der PDA produziert. 1988 stellte PDA *Mortality and Toxics Along the Mississippi* (Tod und Gift am Mississippi) für *Greenpeace USA* fertig.

In all diesen Publikationen lag das Schwergewicht auf Gebieten mit signifikant hohen Sterblichkeitsraten und auf dem Ausmaß, in dem sie mit der Belastung durch giftige Chemikalien zusammenhingen. Obwohl der Zusammenhang häufig offensichtlich war, schien er in wichtigen Fällen widerlegt. Dieser scheinbare Widerspruch löste sich für mich erst durch Gespräche mit Dr. Ernest Sternglass auf, der darauf hinwies, daß ein Hauptschuldiger der Sterblichkeit vielleicht nicht in giftigen Chemikalien, sondern in radioaktiver Niedrigstrahlung zu suchen sei. Er erklärte, daß zumindest ein Teil der positiven Zusammenhänge zwischen Giftstoffen und Sterblichkeit, die wir vorfanden, auf die Überschneidung nuklearer und toxischer Umweltverseuchung in Industriegebieten zurückzuführen sei. Daß wir keine klaren Zusammenhänge erhielten, könne daran liegen, daß unsere Untersuchungen keine nukleare Verseuchungsvariable enthielten.

Dr. Sternglass erkannte auch, daß unser großer Datenbestand die frühere Kritik an seinen Untersuchungen zum Schweigen bringen werde. Er hatte mit kleinen Datenbeständen den erheblichen Einfluß der Niedrigstrahlung auf die Sterblichkeit nachweisen wollen. Aufgrund seiner Anregung beschloß ich, die jüngsten Sterblichkeitstrends in Gebieten zu untersuchen, die seit 1975 am stärksten durch nukleare Emissionen belastet worden waren. Ich fand kleine, aber statistisch signifikante Steigerungen der Gesamt-, Krebs- und Säuglingssterblichkeit für den Zeitraum 1975–82 gegenüber 1965–69. Ich fand sie für „nukleare" gegenüber „nichtnuklearen" Gebieten. Als nukleare Gebiete galten die 160 Countys, die entweder mindestens ein Kernkraftwerk hatten oder im Wind von einem solchen County lagen.

Nach monatelangem Nachrechnen und Prüfen veröffentlichte CEP die Ergebnisse aus den nuklearen Countys in seinem Dezember-Info 1986 unter dem Titel „Nukleare Emissionen fordern ihren Tribut". Die darauffolgenden Monate brachten eine Enttäuschung, denn eine Berichterstattung in den US-Medien kam nicht zustande. In Italien jedoch erschien der Bericht im Januar 1987 auf Seite 1. Fabrizio Tonello, der für die italienische Wochenzeitschrift *Il Mondo* über meine Ergebnisse berichtete, erzählte mir, daß seine Geschichte eine wichtige Rolle bei den 80 Prozent der Volksbefragungsstimmen gespielt habe, die sich für einen Baustopp der beiden geplanten italienischen Kernkraftwerke ausgesprochen hatten. Das italienische Kabinett beugte sich später im Jahr dem Volksentscheid, und inzwischen hat Italien den Bau neuer Kernkraftwerke verboten.

Europäische Umweltschützer waren allerdings nicht die einzigen, die meine Ergebnisse zur Kenntnis nahmen. Daß das CEP-Info in Italien die Wogen hochgehen ließ, erfuhr ich nach einer telefonischen Anfrage der italienischen Atomenergiekommission. Nur wenige Stunden später bekam ich einen Anruf von einem Maschinenbauunternehmen aus Philadelphia, das am Bau von Kernkraftwerken beteiligt war. Der Anrufer schien etwas verunsichert zu sein, weil er mich direkt am Telefon hatte, denn ich hatte keine Sekretärin beim CEP. Ich fragte ihn, ob er ein Exemplar des Berichts wünsche. „Nein", erwiderte er. Er wolle eine Antwort auf die Frage, wer diesen Bericht autorisiert habe.

In den USA riefen verschiedene Anti-Atomgruppen, die durch das CEP-Info aufgeschreckt worden waren, lautstark nach detaillierten Berichten über jedes einzelne Kernkraftwerk. Nach eingehenderer Prüfung unserer Daten kam ich zu der Annahme, daß die meisten der überdurchschnittlich vielen Todesfälle, auf die ich gestoßen war, wahrscheinlich mit einigen größeren radioaktiven Freisetzungen zusammenhingen, vor allem mit dem Unglück in *Three Mile Island* (TMI).

Besorgte Bewohner von Harrisburg drängten uns, unsere TMI-Ergebnisse dem Senatsausschuß für öffentliche Gesundheit vorzulegen und eine öffentliche Erörterung anzustreben. In dieser Zeit erfuhr ich zum erstenmal, daß 2500 Prozesse gegen die Anlage liefen, von denen 300 bereits unter der Bedingung abgeschlossen waren, keine Einzelheiten über die Einigung bekanntzugeben. Und all das trotz der Behauptung, daß „niemand bei TMI gestorben ist".

Ich legte Mitgliedern des Ausschusses unsere TMI-Ergebnisse zweimal im Frühjahr 1987 vor. Anfang 1988 verlangte Senator Edward Kennedy, der Vorsitzende des Ausschusses für öffentliche Gesundheit, daß die *National Institutes of Health* die Sterblichkeit in der Nähe von Kernkraftwerken untersuchten. Senator Kennedy zitierte Berichte über hohe Leukämieraten, die Epidemiologen der *Harvard School of Public Health* 1982–1984 in der Nähe des *Kernkraftwerks Pilgrim* festgestellt hatten und die in einem Brief an die britische Ärzte-Zeitschrift *The Lancet* am 5. Dezember 1987 veröffentlicht worden waren. *The New York Times* berichtete am 7. Juli 1988, das amerikanische *Nationale Krebsinstitut* (NCI) habe sich bereit erklärt, Krebstote, die in der Nähe von Kernkraftwerken gelebt haben, zu untersuchen. Die *Times* zitierte Dr. John Boice, den Leiter der Strahlenepidemiologie beim NCI, mit den Worten: „Die Untersuchung wurde durch eine britische Übersicht veranlaßt, die im letzten Jahr fertiggestellt wurde .., (und die) ein häufigeres Vorkommen von Leukämie unter Kindern und Jugendlichen feststellte, die in der Nähe von Kernkraftwerken leben."

Wir rechnen damit, daß dieses Buch den Erkenntnissen des NCI widerspricht. Nach unserer Vermutung müssen sehr viel mehr Countys untersucht werden als die vom NCI genannten. Gefährliche Spaltprodukte, insbesondere radioaktives Jod und Strontium, können durch Wind und Wasser Hunderte von Kilometern weit getragen werden und dann mit dem Regen niedergehen und Wasserquellen und Milch, weit vom Reaktor entfernt, verseuchen. Diese Spaltprodukte können, mit der Nahrung aufgenommen, dann zu einer schweren Schädigung des Immunsystems führen. All das haben bereits unsere Tschernobyl-Ergebnisse angedeutet.

Wir begannen unsere Tschernobyl-Untersuchung nach einer Einladung, unsere TMI-Ergebnisse auf der europäischen Konferenz über Tschernobyl-Strahlung Ende Mai 1987 in Amsterdam vorzutragen. Während meines Aufenthalts dort erfuhr ich nicht nur beiläufig sehr viel über die Auswirkungen der Tschernobyl-Strahlung in Europa, sondern ich erfuhr auch, daß kein Land in Europa monatliche Sterblichkeitsberichte veröffentlicht, die dem *Monthly Vital Statistics Report* des Nationalen Zentrums für Gesundheitsstatistik der USA entsprächen. Ich fragte mich, ob die Sterblichkeit in den USA durch den geringen Prozentsatz der Tschernobyl-Strahlung hatte beeinflußt werden können, der in der Stratosphäre herübergetrieben worden war und sich im Mai 1986 abgeregnet hatte.

Wir begannen mit der Untersuchung dieser Frage, als ich im Juni 1987 nach New York zurückkam. Verblüfft stellten wir fest, daß Milchüberwachungsstationen der Umweltschutzbehörde ab etwa dem 9. Mai 1986 in fast allen Bundesstaaten eine abnorm hohe Belastung mit radioaktivem Jod gemessen hatten. Wir stellten außerdem fest, daß die Sterblichkeit im Mai signifikant gestiegen war, wofür der Tschernobyl-Fallout die einzige plausible Erklärung zu sein schien.

Wir informierten über unsere Tschernobyl-Erkenntnisse in zwei Berichten, die wir auf der *Ersten Weltkonferenz der Strahlenopfer* im September 1987 in New York verteilten. Wie wir erwarteten, ging die US-Presse über den Bericht hinweg, während er in japanischen und kanadischen Zeitungen auf Seite 1 erschien. Es folgten größere Artikel in führenden englischen Blättern wie dem *Independent* und dem *Economist*. Schließlich, fast ein halbes Jahr, nachdem wir unser Material vorgelegt hatten, brach *The Wall Street Journal* das Schweigen in den USA und berichtete am 8. Februar 1988 über unsere Ergebnisse.

Einige Wochen nach dem Bericht im *The Wall Street Journal* bekam ich einen äußerst interessanten Brief von Dr. David DeSante, einem Forscher von der *Vogelwarte Point Reyes* in Kalifornien, dem ein Artikel beilag, den er Anfang 1987 in einer ornithologischen Zeitschrift veröffentlicht hatte. Er hatte von Mitte Mai bis Mitte August 1986 einen 62prozentigen Rückgang bei der Zahl der neu geschlüpften Landvögel festgestellt. Die einzige Erklärung, die er für diesen Reproduktionsausfall bei den Landvögeln finden konnte, war der radioaktive Fallout von Tschernobyl.

Warum wurden Vögel so stark betroffen? Warum verdoppelten sich im Mai 1986 in den USA die Todesfälle im AIDS-Umfeld? Warum wurde das menschliche Immunsystem durch den Tschernobyl-Fallout so schwer geschädigt? Das alles waren Fragen, auf die wir eine Antwort finden wollten. Und so fingen wir an, die großen radioaktiven Freisetzungen der Vergangenheit zu untersuchen – von den atmosphärischen Atombombentests in den 50er und 60er Jahren bis zu Reaktorunfällen in zivilen und militärischen Kernkraftanlagen wie denen von *Savannah River* und *Millstone* und den wiederholten Freisetzungen von *Three Mile Island* und *Peach Bottom*.

Ab 1945 setzten die Supermächte bei ober- und unterirdischen Atomexplosionen gewaltige Mengen Spaltprodukte in die Biosphäre frei; Mengen, die nach Schätzungen des amerikanischen *Rates zur Verteidigung der natürlichen Ressourcen* etwa 600 000 Kilotonnen entsprachen. Das wiederum entsprach etwa 40 000 Hiroshima-Bomben. Emissionen aus Kernkraftwerken, die auch größere Unfälle wie *Three Mile Island* und *Tschernobyl* einschlossen, erhöhten die Gesamtbelastung noch, die zu einem erheblichen Teil aus langlebigen radioaktiven Isotopen bestand, die sich Tausende von Jahren in der Stratosphäre halten.

Im Herbst 1988 veranstaltete der Senatsausschuß für Regierungsaktivitäten unter der Leitung von Senator John Glenn Anhörungen über mehrere Unfälle und Sicherheitsprobleme in militärischen Kernkraftanlagen, die vom Energieministerium betrieben wurden. Wie sich herausstellte, waren der Öffentlichkeit und dem Kongreß entscheidende Informationen über einige dieser Unfälle bis zu 25 Jahre lang vorenthalten worden.

Uns war sofort klar, daß unsere Sterblichkeitsdaten, anhand der wir die überdurchschnittlich vielen Todesfälle an jedem

Ort und für jede Zeit berechnen konnten, genutzt werden konnten, die gesundheitlichen Folgen dieser Unfälle zu zeigen. 1988 taten wir uns mit dem *Ausschuß für Rassengerechtigkeit* (CRJ) der *United Church of Christ* zusammen und riefen das Projekt *Strahlung und öffentliche Gesundheit* (RPHP) ins Leben. Das Projekt erwuchs aus einer langjährigen Beziehung zwischen PDA und CRJ.

Seit 1982 untersucht der CRJ das Vorhandensein von Giftstoffen in Wohngegenden der gesamten USA und hat mit Nachdruck auf die unterschiedlichen Auswirkungen bei verschiedenen rassischen und ethnischen Gruppen aufmerksam gemacht. Diese Arbeit veranlaßte den CRJ auch, 1986 die PDA mit der wegweisenden Untersuchung *Toxic Wastes and Race in the United States* (Giftmüll und Rasse in den USA) zu beauftragen, die erste umfassende empirische Studie über Rassenzugehörigkeit und Giftstoffe in den USA, die auch zur Entscheidung des *Center for Desease Control* (Zentrum für Krankheitskontrolle) beitrug, epidemiologische Untersuchungen auf diesem Gebiet durchzuführen. Das RPHP hat die Aufgabe, unsere Untersuchungen über die gesundheitlichen Auswirkungen radioaktiver Freisetzungen zu erweitern und die öffentliche Diskussion über diese kontroversen Fragen anzuregen.

Im vorliegenden Buch haben wir in erheblichem Umfang auf die Daten der *Public Data Access Inc.* zurückgegriffen, worauf wir im methodischen Anhang noch einmal zurückkommen. Ich betrachte diese Datenbanken als unsere eigentliche Leistung, denn sie sind eine hervorragende öffentliche Quelle und ein Beitrag zu einer bedeutenden demokratischen Tradition des offenen Zugangs zu sensiblen Informationen. Diese Daten erlauben uns jetzt die detaillierte Untersuchung überdurchschnittlich vieler Todesfälle gleich welcher Ursache, in jedem County oder Countyverbund, überall in den USA und für jeden Zeitraum seit 1968.

Wir haben uns in diesem Buch zwar auf die lange vernachlässigte Niedrigstrahlung konzentriert, sind uns aber durchaus bewußt, daß im gleichen Geist jedem Umweltvergehen durch eine öffentliche Untersuchung nachgegangen werden sollte.

Nachwort zur zweiten Auflage
Von Jay M. Gould

Im Sommer 1990, kurz nach der Veröffentlichung der ersten Auflage von *Tödliche Täuschung*, kamen zwei offizielle Berichte heraus, in denen die abträglichen Auswirkungen der Niedrigstrahlung auf die Sterblichkeit geleugnet wurden. Trotzdem enthielten beide erstaunlicherweise Daten, die genau das Gegenteil bewiesen und auf die wir noch zu sprechen kommen. In einem dritten offiziellen Bericht des Gesundheitsministeriums von Massachusetts vom Oktober 1990 wurde ein Zusammenhang zwischen einem signifikanten Anstieg leukämiebedingter Sterblichkeit und Emissionen aus dem defekten Kernkraftwerk *Pilgrim* bei Boston bestätigt.

Wir beschäftigen uns zuerst mit der Untersuchung eines Epidemiologenteams der *Columbia University*, die im August 1990 unter dem Titel *Cancer Near the Three Mile Island Nuclear Plant: Radiation Emissions* (Krebs in der Nähe der Nuklearanlage *Three Mile Island:* Radioaktive Emissionen)[218] herauskam. Die Untersuchung der Epidemiologen ist insofern erstaunlich, als die dort veröffentlichten Daten in völligem Widerspruch zu ihrer Schlußfolgerung stehen, wonach „die Ergebnisse insgesamt keinen überzeugenden Beweis dafür liefern, daß radioaktive Freisetzungen aus dem Kernkraftwerk *Three Mile Island* in der begrenzten Zeit der Nachuntersuchung auf das Krebsrisiko eingewirkt haben".

Aus der Untersuchung geht hervor, daß bei 159 684 Einwohnern, die im Umkreis von 16 Kilometern des Kernkraftwerks wohnen und in den ersten drei Tagen nach dem Unglück unterschiedlich hoher Strahlung ausgesetzt waren, 2831 Krebsfälle in den fünf Jahren von 1981 bis 1985 gemeldet wurden: 64 Prozent mehr als die 1723 Fälle, die man in den fünf Jahren vor dem Unglück (1975 bis 1979) registriert hatte. Da der erwartete

Anstieg aufgund des Landesdurchschnitts, wie er aus den Daten des Berichts hervorging, nur 26 Prozent betrug, zeigt eine einfache Berechnung, daß die Wahrscheinlichkeit, daß eine so hohe Abweichung ein Zufall war, verschwindend gering ist.

Die Daten der *Columbia University*-Untersuchung sind in Tabelle 1 dieses Nachworts aufgeführt. Die Gesamtzahl der Krebsfälle vor und nach dem Unglück ist in vier Bereiche unterteilt, bei denen sich die Belastung der ersten beiden Tage des Unglücks unterschiedlich stark auswirkte. Bei Lungenkrebs war 1981 bis 1985 die Abweichung zwischen dem registrierten Anstieg der Gesamtzahl der Fälle in allen Bereichen (127 Prozent) und dem erwarteten Anstieg aufgrund des Landesdurchschnitts (27 Prozent) sogar noch höher. Die Wahrscheinlichkeit, daß eine so hohe Abweichung ein Zufallsereignis ist, war ebenfalls verschwindend gering.[219]

Das eigentlich Bemerkenswerte ist hier, daß die Autoren gar nicht leugnen, daß die Bewohner im Umkreis von 16 Kilometern um das Kernkraftwerk nach dem Unglück von einer Krebsepidemie heimgesucht wurden. Ihre einzige Sorge ist nur zu erklären, daß die zunehmende Zahl der Krebserkrankungen nicht mit der ihrer Meinung nach sehr geringen Strahlungsintensität in Verbindung gebracht werden kann, die sie vorfanden. Aber sie versäumen, irgendeine andere Erklärung für den signifikanten Anstieg der Krebserkrankungen zu liefern.

Die Autoren gehen offenbar davon aus, daß für einige relativ seltene Krebsarten, wie jugendlicher Krebs und Leukämie, die vier altersmäßig unterteilten Bereiche nach dem Unglück zu wenige Fälle aufwiesen, um eine statistisch signifikante Korrelation zwischen dem Anstieg der Fälle und dem Ausmaß der Belastung zu zeigen. Aber selbst hier irritierte ihre Argumentation. Sie stellen z. B. fest, daß die Leukämiefälle bei den über 25jährigen von 27 auf 49 Prozent zunahmen, ein gewaltiger Anstieg von 81 Prozent. Aber sie erklären, das könne nicht als signifikant gewertet werden, da die für diesen Zeitraum erwartete Zahl der Fälle sich um 51 Prozent erhöhte.

Aber daß ein Zusammenhang zwischen Belastung und Anstieg der Krebshäufigkeit besteht, geht eindeutig aus den in Ta-

Tabelle 1 Nachwort. Krebsfälle vor und nach dem TMI-Unglück in vier Bereichen mit zunehmender Belastung

Mittlere Belastung		3	41	145	597	Gesamt	Anstieg in Prozent gegenüber 1975–1979
Alle Krebsarten							
1975–1979	Registriert	538,8	525,5	403,8	254,1	1722,0	
	Erwartet	748,1	740,1	560,8	298,9	2347,9	
	SHQ	0,72	0,71	0,72	0,85	0,73	
1981–1985	Registriert	846,9	874,8	707,4	401,8	2830,9	64,4
	Erwartet	951,6	930,6	700,4	372,0	2954,6	25,8
	SHQ	0,89	0,94	1,01	1,08	0,96	30,6
Lungenkrebs							
1975–1979	Registriert	45,1	63,2	50,7	35,0	194,0	
	Erwartet	110,0	112,9	84,5	46,0	353,4	
	SHQ	0,41	0,56	0,60	0,76	0,55	
1981–1985	Registriert	88,2	137,4	120,5	93,9	440,0	126,8
	Erwartet	142,3	141,6	105,7	57,6	447,2	26,5
	SHQ	0,62	0,97	1,14	1,63	0,98	79,2
Alle anderen Krebsarten							
1975–1979	Registriert	493,5	463,3	353,1	219,1	1529,0	
	Erwartet	640,9	634,7	470,8	251,8	1998,2	
	SHQ	0,77	0,73	0,75	0,87	0,77	
1981–1985	Registriert	758,7	737,4	586,9	308,0	2391,0	56,4
	Erwartet	815,8	792,9	592,8	314,3	2515,8	25,9
	SHQ	0,93	0,93	0,99	0,98	0,95	24,2

In einem Umkreis von 16 Kilometern um den Reaktor unterschieden die Verfasser einer Studie vier Bereiche, die in den beiden ersten Tagen nach dem Unglück steigender Strahlung ausgesetzt waren. Sie ist durch die mittleren Belastungswerte in der oberen Tabellenzeile gekennzeichnet. SHQ = Standardisierte Häufigkeitsquote.

belle 1 dieses Nachworts für 1981 bis 1985 gezeigten Daten hervor: Dort steigt nämlich für alle Krebse, bei denen die Zahl der registrierten Fälle groß genug ist, um signifikant zu sein, die standardisierte Häufigkeitsquote (SHQ = das Verhältnis zwischen registrierten und erwarteten Fällen) stetig von 0,89 für den Bereich mit der geringsten Belastung auf 1,08 für den am stärksten belasteten Bereich. Ähnlich nimmt die SHQ nach dem Unglück auch bei Lungenkrebs beständig von 0,62 auf 1,63 zu.

Die Korrelationskoeffizienten, die diese direkten Verhältnisse messen, sind ungewöhnlich hoch und signifikant, vor allem dann, wenn die ansteigende Progression der SHQs den logarithmischen Werten der Strahlungsbelastung angepaßt wird. So beträgt z. B. der Korrelationskoeffizient zwischen den SHQs der gesamten Krebshäufigkeit für die in den beiden ersten Tagen nach dem Unglück zunehmend belasteten Bereiche 0,97, wenn die logarithmischen Werte der Belastung verwendet werden, und 0,91 bei den tatsächlichen Werten. Abbildung 1 dieses Nachworts stellt die registrierten und die durch die log-

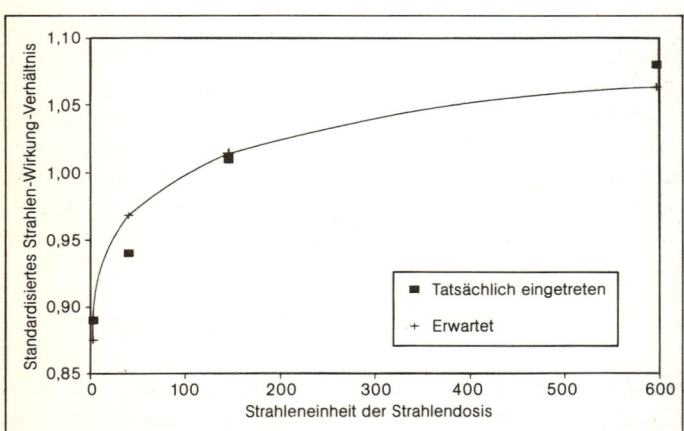

Abb. 1 Nachwort. Standardisiertes Strahlen-Wirkung-Verhältnis als Verhältnis der erwarteten zu den tatsächlich eingetretenen Fällen an Krebs nach der Katastrophe von Three Mile Island.

arithmische Regression vorausgesagten Werte dar. Beiden entspricht, wie man sieht, am besten die gleiche supralineare Kurve, die in Abbildung 2.5 dargestellt ist. Dort zeigt die supralineare Kurve die unterschiedliche Dosiswirkung der Tschernobyl-Strahlung in den USA, die weit weniger als Süddeutschland durch radioaktives Jod belastet waren.

Alles in allem stützen die Daten aus Tabelle 1 dieses Nachworts nachhaltig unsere Hauptthese, daß ein direkter Zusammenhang zwischen dieser geringen Strahlenbelastung und der Dosiswirkung besteht – wie die Zunahme der Krebshäufigkeit belegt – und daß diese Beziehung am besten durch eine logarithmische oder supralineare Funktion ausgedrückt wird.

Aber die Verfasser von der *Columbia University* übergehen nicht nur diese hohen Korrelationen zwischen Strahlendosen und Krebshäufigkeit. Sie beachten auch die bekannte Tatsache nicht, daß Wind und Regen Spaltprodukte oft weit vom Ursprungsort entfernt abladen, denn sie beschränkten sich unnötigerweise auf einen Umkreis des Kernkraftwerks von 16 Kilometern, weshalb so wenige Fälle seltener Krebserkrankungen registriert wurden.

Diesen Fehler vermied das Gesundheitsministerium von Massachusetts bei seiner jüngsten umfassenden Untersuchung der signifikanten Zunahme von Leukämie in 22 Städten im Südosten von Massachusetts in den Jahren 1978 bis 1988. Die Untersuchung stellte einen „starken Zusammenhang zwischen der Anlage *Pilgrim* und erhöhten Leukämieraten" fest. Das Risiko für die Einwohner dieser Städte wurde als viermal so hoch wie erwartet eingestuft.[220]

Die Aufnahme von „Tödliche Täuschung"

Im August 1990 wurde *Tödliche Täuschung* in der *New York Sunday Times Book Review* besprochen, zusammen mit dem hervorragenden Buch *Legacy of Chernobyl* (Das Erbe von Tschernobyl) des sowjetischen Biologen und Systemkritikers Zhores Medwedjew. Der Rezensent, ein Korrespondent von

Time Magazine, lobte das Buch Medwedjews zu Recht in den höchsten Tönen, tadelte uns jedoch, die Gefahren der Niedrigstrahlung übertrieben zu haben. Ihm war offenbar nicht klar, daß die Nachrichten aus der Sowjetunion über Hunderttausende von Kindern, die nach dem Verzehr tschernobylverstrahlter Lebensmittel erkrankten, das bedrückendste Beispiel für diese Gefahren war. Die vielleicht wichtigste Zahl, die Medwedjew nannte, waren die 90 Millionen Menschen überall in der Sowjetunion, die durch den Tschernobyl-Fallout verseuchte Nahrung zu sich genommen hatten.

In der September-Ausgabe 1990 des *Bulletin of Atomic Scientists* tat der Statistik-Professor Paul Meier *Tödliche Täuschung* mit der Feststellung ab, „die Epidemiologie ist schrecklich und die Statistik noch schlimmer". Besonders beunruhigt war er über das Kapitel 7, in dem wir uns darum bemüht hatten, die Signifikanz des epidemiologisch so mysteriösen Abflachens der US-Lebenserwartung nach 1950 zu beurteilen, nachdem die durchschnittliche Sterblichkeitsrate 50 Jahre ständig gesunken war.

Wir hatten den Vorteil dessen, der im nachhinein immer klüger ist, was Linus Pauling und Andrej Sacharow verwehrt blieb. Beide hatten vorausgesagt, daß weltweit Millionen Menschen durch die nahrungsbedingte Aufnahme von Spaltprodukten aus Bombentests in der Atmosphäre sterben würden, und so verglichen wir die festgestellte Zahl der Todesfälle in den USA nach 1950 mit der Zahl, mit der wir gerechnet hätten, wenn die durchschnittliche Jahresrate weiter wie vor 1950 gefallen wäre. Meier spottet über uns, die einfache Lösung der „kleinsten Quadrate" zu gebrauchen, um auf die erwartete Zahl der Todesfälle nach 1950 zu kommen, nennt aber keine Alternative zu dieser üblichen Methode und sagt auch nichts über den wichtigsten Punkt des Kapitels – das rätselhafte Abflachen der zuvor sinkenden Sterblichkeitsraten in den Jahren der Atombombentests.[221]

Meier macht sich auch über unsere Darstellung im selben Kapitel lustig, daß die Sterblichkeitsrate der im Atomzeitalter Geborenen sich abrupt verschlechterte, als sie zu jungen Erwachsenen heranwuchsen – im Gegensatz zur Generation vor dem Atomzeitalter. Nach seinen Worten ist das lediglich Ausdruck dessen, daß die verbesserten Gesundheitsstandards im wesentlichen den Kindern zugute gekommen sind, nicht den Erwachsenen (worauf wir auf Seite 118 ausdrücklich hinweisen, auch wenn Meier das Gegenteil behauptet).

Aber genau das ist die entscheidende Frage. Warum sind junge Leute heute nicht die Nutznießer neuer Medikamente und medizinischer Fortschritte? Warum leiden junge Erwachsene, die in den Jahren des Bombenfallouts geboren wurden, an so vielen Immunschwächekrankheiten, daß sie in der ersten Friedensperiode dieses Jahrhunderts steigende Sterblichkeitsraten erleben? *Tödliche Täuschung* wies auf die Tatsache hin, daß die Sterblichkeit unter den 25- bis 44jährigen seit 1983 zunimmt. Bestätigt wurde dieses neue epidemiologische Rätsel jetzt in einem Artikel des *American Journal of Public Health* über aktuelle Sterblichkeitstrends bei jungen Menschen.[222] In diesem Artikel heißt es, daß der Anstieg der Sterblichkeitsrate der 25- bis 44jährigen von 1983 bis 1987 nicht allein auf AIDS abgeschoben werden kann, sondern daß es in Bundesstaaten mit einer hohen AIDS-bedingten Sterblichkeit auch „verwandte" Zunahmen gab, etwa bei Sepsis, Lungenentzündung, Lungentuberkulose, Erkrankungen des zentralen Nervensystems, Herz- und Bluterkrankungen, Drogenmißbrauch und „anderen Immunschädigungen".

Wir haben diese Untersuchung um zwei Jahre erweitert und können aufgrund von Daten des *National Center for Health Statistics* bestätigen, daß die Sterblichkeit für diese Altersgruppe (für Männer wie Frauen) von 1983 bis 1989 um etwa 14 Prozent gestiegen ist: von 155,3 Todesfällen je 100 000 Einwohner auf 176,7. In krassem Gegensatz dazu steht ein durchschnittlicher Rückgang der Sterblichkeit aller älteren Bevölkerungsgruppen in diesem Zeitraum um 2 Prozent (vgl. Tabelle 2 dieses Nachworts).

Wäre die Sterblichkeit der 25- bis 44jährigen nach 1982 jährlich weiterhin um 2,6 Prozent zurückgegangen, wie seit 1970, hätte die erwartete Rate 1989 nur 136,2 Todesfälle auf 100 000

Tabelle 2 Nachwort. Sterblichkeit in den USA. Alle Altersgruppen und 25- bis 44jährige. Todesfälle auf 1000 Einwohner

Jahr	Alle Altersgruppen	25- bis 44jährige						
		Registriert			Erwartet		Überzählige	Zuwachs/ Jahr
	Rate pro tausend	Rate pro tausend	Todesfälle pro tausend	Bevölkerung in tausend	Rate pro tausend	Todesfälle pro tausend	Todesfälle pro tausend	pro tausend
1970	9,453	2,341	111,9	47,8	2,341	111,9	0,0	
1980	8,783	1,724	108,6	62,9	1,727	108,6	0,0	
1983	8,628	1,553	108,4	69,6	1,596	111,1	-2,7	
1984	8,623	1,623	112,5	69,3	1,554	107,7	4,8	
1985	8,739	1,593	117,7	73,9	1,514	111,9	5,8	1,0
1986	8,730	1,674	126,7	75,7	1,475	111,7	15,0	9,2
1987	8,710	1,669	131,2	78,6	1,436	112,9	18,3	3,3
1988	8,830	1,712	135,1	78,9	1,339	110,4	24,7	6,4
1989	8,651	1,767	141,9	80,3	1,362	109,4	32,5	7,8

Die registrierten Daten beruhen auf den Jahresberichten des *National Center for Health Statistics* (NCHS) 1983–89 und umfassen beide Geschlechter. Die erwarteten Raten beruhen auf der Annahme, daß die Raten für diese Altersgruppe nach 1982 jährlich weiter um 2,6 Prozent fallen, den von 1970 bis 1980 registrierten durchschnittlichen jährlichen Rückgang. Man beachte, daß die errechneten überdurchschnittlich vielen Todesfälle 1989 weit über der NCHS-Schätzung lagen, nach der die Gesamtzahl der Aids-Opfer in jenem Jahr etwa 22000 betrug, von denen dem *Center for Disease Control* zufolge etwa drei Viertel auf die 25- bis 44jährigen entfallen würden.

Einwohner betragen statt der registrierten 176,7. Die für 1989 erwartete Zahl der Todesfälle hätte für diese Bevölkerungsgruppe bei 109 400 gelegen, 32 500 weniger als die tatsächlich registrierten 141 900. Die letzten verfügbaren Schätzungen über Zahlen aus der Gruppe der 25- bis 44jährigen, die 1989 an AIDS starben, liegen bei 16 000 (von 1989 insgesamt 22 000 Todesfällen). Das läßt darauf schließen, daß es zusätzlich überdurchschnittlich viele Todesfälle in der gleichen Größenordnung aufgrund anderer Ursachen gab, wie sie von den Verfassern des zuvor zitierten Artikels über AIDS unter jungen Menschen erwähnt wurden.

Wir wissen nicht, weshalb die Epidemiologen es versäumt haben, die Gründe zu erforschen, warum gerade diese Altersgruppe offenbar besonders anfällig für AIDS und andere Immunschwächekrankheiten ist. Wir sind der Ansicht, daß die massive Belastung durch Spaltprodukte, die bei der Geburt mit der Nahrung aufgenommen wurden, weiterhin eine äußerst plausible Erklärung dafür ist, warum diese Generation heute unter einer so verheerenden Schädigung des Immunsystems zu leiden hat.

Haben wir Grund zu der Hoffnung, daß sich die Zahl der überdurchschnittlich vielen Todesfälle junger Menschen, die inzwischen um etwa 8000 pro Jahr wächst, in naher Zukunft verringert? Ist es nicht der Fall, werden die Reihen dieser Generation bis zur Jahrhundertwende durch eine bösartige, todbringende Macht dezimiert; eine Macht, die die Epidemiologen nicht mehr werden leugnen können.

Methodischer Anhang

Die statistische Epidemiologie, die Lehre von der Verteilung und den Bestimmungsfaktoren von Krankheiten in der Bevölkerung, reicht weit zurück. Wie John Allen Paulos in seinem Buch *Innumeracy* anmerkt, begann die Wahrscheinlichkeitstheorie tatsächlich schon im 17. Jahrhundert mit Spielproblemen, und „die Statistik begann im gleichen Jahrhundert mit der Zusammenstellung von Sterbetabellen, und etwas von ihrem Ursprung haftet auch ihr an".[223]

Die Epidemiologen weisen mit Nachdruck darauf hin, daß die statistische Korrelation keine Kausalität beweisen kann. Sie haben sogar den Begriff „ökologischer Trugschluß" geprägt, um Fälle zu bezeichnen, in denen aus gleichzeitigen Entwicklungen der Merkmale A und B fälschlicherweise die Schlußfolgerung gezogen wurde, A sei die Ursache von B. Jedes Lehrbuch über Epidemiologie ist voll von Beispielen für derartige falsche Schlußfolgerungen.

Der gesunde Menschenverstand sagt uns das gleiche. Jeder Baseballfan weiß, daß, wenn eine Mannschaft im August 15 von 18 Spielen gewonnen hat (Merkmal B), das wahrscheinlich weniger damit zu tun hatte, daß die Temperatur an den Siegtagen bei über 32° Celsius lag (Merkmal A), als mit einem Superwerfer, der einen Run schafft (Merkmal C). Zu diesem Schluß würden wir selbst dann kommen, wenn 32°-Tage besser mit Siegen korrelieren, weil der Spielerstar vielleicht auch an den Tagen mitgespielt hat, an denen verloren wurde. Wenn also ein plausibler theoretischer Mechanismus besteht, dank dem Merkmal A Merkmal B verursachen kann, ist ihre Korrelation weit schlüssiger als bei einem Merkmal C, für das kein offensichtlicher kausaler Zusammenhang mit B besteht.

Die statistische Korrelation wurde immer als Hilfsmittel benutzt, mögliche Kausalmerkmale zu bestimmen. Die Suche nach statistischer Korrelation soll keineswegs die Ursachenforschung ersetzen, sondern nur Hinweise liefern, wo man nachsehen kann. Wenn ein Epidemiologe beispielsweise in einer Gemeinde auf den Ausbruch einer Krankheit stößt, würde er viele Merkmale prüfen und versuchen festzustellen, welches Merkmal mit der Krankheit korreliert. Sollte sich herausstellen, daß die meisten der in der Gemeinde erkrankten Personen in der letzten Woche im *Gasthaus zum Ochsen* zu Abend gegessen haben, wäre es ein vernünftiger erster Schritt, den Gasthof oder etwas darin auf ein Kausalmerkmal zu untersuchen. Weitere Untersuchungen, bei denen besonders auf die Sauberkeit des Gasthofs, die Verpackung der Lebensmittel usw. geachtet würde, könnten am Ende vielleicht beweisen, daß irgend etwas im *Ochsen* die Ursache für den Ausbruch der Krankheit war.

Eine Untersuchung der Erkrankten in jener Gemeinde kann jedoch auch eine statistische Korrelation zwischen der Krankheit und dem Tragen roter Kleidung ergeben. Der kluge Epidemiologe, der zwei Merkmale prüfen soll – Merkmal A: im *Ochsen* gegessen; Merkmal C: rote Kleidung getragen –, würde sich zweifellos der Prüfung des Merkmals A widmen. Der gesunde Menschenverstand gibt uns ein, daß das Essen in einem Gasthof als Ursache einer Erkrankung sehr viel näherliegt als das Tragen roter Kleidung; ein ganz gewissenhafter Epidemiologe würde allerdings vielleicht auch die Möglichkeit prüfen, ob die Erkrankten Kleidung trugen, die mit einer schädlichen Chemikalie gefärbt war.

Die kausale Annahme, die in diesem Buch das Merkmal A (Niedrigstrahlung) mit dem Merkmal B (überdurchschnittlich viele Todesfälle) verbindet, ist der „Petkau-Effekt". Er bietet eine einleuchtende Erklärung, die darauf schließen läßt, daß Niedrigstrahlung tatsächlich eine unerwartet hohe Sterblichkeit hervorrufen kann, und diese Annahme wird durch die statistisch signifikanten Korrelationen gestützt.

Damit kommen wir zu dem wichtigen Begriff „überdurchschnittlich viele Todesfälle", der sich durch das ganze Buch zieht.[224] Die Epidemiologen gebrauchen den Begriff der überdurchschnittlich vielen Todesfälle, um darzustellen, daß bestimmte geographische Gebiete und demographische Gruppen eine unerwartet hohe Sterblichkeitsrate aufweisen. Überdurchschnittlich viele Todesfälle könnte man etwa als die Differenz definieren, die zwischen der Zahl der in einer Bevölkerungsgruppe registrierten Todesfälle und der erwarteten Zahl zu beobachten ist. Es ist relativ einfach, mit Hilfe der vom Staat erfaßten Sterbeurkunden die Zahl der registrierten Todesfälle festzustellen. Die schwierigere Frage lautet: Woher wissen wir, wie viele Todesfälle zu erwarten sind?

Die gebräuchlichste Methode, der sich die Epidemiologen zur Schätzung der erwarteten Todesfälle bedienen, ist der Vergleich der betroffenen Bevölkerungsgruppe (z.B. Einwohner von Countys im Umkreis des Kernkraftwerks am Savannah) mit einer sehr viel größeren Bevölkerungszahl (etwa alle Einwohner der USA). Dem liegt der Gedanke zugrunde, daß die sehr viel größere US-Bevölkerung eine „normale" oder durchschnittliche Sterblichkeitsrate aufweist, die als Maßstab genommen werden kann. Es werden also die registrierten Todesfälle in der kleineren Bevölkerungsgruppe – sei es ein Ort, eine bestimme Altersgruppe oder eine andere Gruppe – darauf untersucht, ob sie signifikant vom Landesdurchschnitt abweichen.

Für diesen Vergleich „standardisieren" die Epidemiologen die betreffende Bevölkerungsgruppe, um den Einfluß von Alters-, Geschlechts- und rassischen Besonderheiten auszuschließen. Diese drei Merkmale werden am häufigsten standardisiert, zum Teil weil diese Daten auf jeder Sterbeurkunde vermerkt sind. Wenn ein County z.B. einen überdurchschnittlich hohen Anteil an älteren Menschen hat, ist es normal, mit einer höheren Sterblichkeit zu rechnen. Hat ein County einen ungewöhnlich hohen Männeranteil, kann das ebenfalls eine höhere Sterblichkeit erklären, weil Frauen durchschnittlich länger leben als Männer. Neben der Einteilung der Todesfälle nach Alter und Geschlecht wird in den USA zwischen „Weißen" und „Nichtweißen" unterschieden, wobei letztere Amerikaner afrikanischen, spanischen, asiatischen, indianischen Ursprungs usw. umfassen. Auch wenn „farbig" oder „nichtweiß" eine sehr ungenaue Bezeichnung ist, hat man allgemein doch festgestellt, daß diese Gruppe eine signifikant höhere Sterblichkeit aufweist als die der „Weißen".

Die Epidemiologen unterteilen die in Frage kommende Bevölkerungsauswahl zunächst in die verschiedenen Alters-, Geschlechts- und Rassengruppen und berechnen dann die erwartete Sterblichkeitsrate jeder dieser Gruppen anhand der entsprechenden Landesrate. Der Wert der theoretisch erwarteten Sterblichkeit kann dann mit dem der in jeder Gruppe tatsächlich registrierten Sterblichkeitsrate verglichen werden, und die Differenz wird offenkundig. Die überdurchschnittlich vielen Todesfälle werden also definiert als die Zahl der Todesfälle, die durch die Differenz zwischen erwarteten und tatsächlich eingetretenen Todesfällen definiert ist, wenn diese Zahl signifikant höher als für die einzelnen Rassen-, Geschlechts- und Alters-Gruppen erwartet ausfällt. Grundlage ist dabei jeweils der entsprechende Landesdurchschnitt. Allerdings werden manchmal nur altersbereinigte Zahlen verwendet.

Es ist wichtig, einen Mangel der herkömmlichen Standardisierungsmethode anzumerken, wie sie von den staatlichen Epidemiologen und auch in diesem Buch angewandt wird. Durch die Standardisierung nach den vagen rassischen Kriterien „weiß" und „farbig" unterschätzt diese Methode die überdurchschnittlich vielen Todesfälle der Farbigen. Anstatt über die Ursache der höheren Sterblichkeit unter den Farbigen nachzudenken, definiert diese Methode sie einfach als erwartet.

Für bestimmte Geschlechts- und Altersgruppen eine höhere Sterblichkeit zu erwarten, gibt es eindeutige biologische und verhaltensmäßige Erklärungen; für die aus mehreren Rassen zusammengesetzte Gruppe der Farbigen läßt sich das gleiche nicht sagen. Ein 80jähriger stirbt wahrscheinlich eher als ein junger Erwachsener. Frauen bekommen mit größerer Wahrscheinlichkeit Brustkrebs als Männer, und Männer entsprechend öfter einen Herzanfall als Frauen. Die meisten Unterschiede bei der Sterblichkeit unter rassischen und ethnischen Gruppen werden dagegen durch Umweltfaktoren verursacht, wie Lebensbedingungen, Ernährung, Umweltverschmutzung etc. Nur ganz wenige Krankheiten sind genetisch an bestimmte rassische und ethnische Gruppen gebunden, etwa das Tay-Sachs-Syndrom unter Juden und die Sichelzellenanämie unter Amerikanern afrikanischer Herkunft.

Eine höhere Sterblichkeit für Farbige zu erwarten, ist demnach so ähnlich, als erwarte die Gesellschaft, daß Farbige ungesunden Umweltbedingungen ausgesetzt sind. Die Forschung der Zukunft sollte diese Verzerrung beseitigen; das wurde hier jedoch noch nicht getan.

Was macht überdurchschnittlich oft vorkommende Todesfälle „statistisch signifikant"? Grob gesprochen: Ein Ereignis ist dann statistisch signifikant, wenn es „unwahrscheinlich" ist, daß es im wirklichen Leben festgestellt wird, sofern nur die Gesetze des Zufalls in Kraft sind. Die Epidemiologen suchen bei der Sterblichkeit nach Schwankungen, die die Grenzen der zufälligen Änderung überschreiten. Das tun sie, indem sie die „Unwahrscheinlichkeit" des Unterschieds zwischen festgestellter und erwarteter Sterblichkeit bestimmen. Ein Unterschied, der so groß ist, daß er unwahrscheinlich, d. h. ein Zufallsereignis ist, bedeutet, die gestiegene oder überdurchschnittlich hohe Sterblichkeit ist „signifikant".

Ein Anstieg der Sterblichkeit wird in diesem Buch als signifikant bezeichnet, wenn die Wahrscheinlichkeit, daß er auf einen Zufall zurückgeführt werden kann, weniger als eins zu hundert ist (der Wert „Z" liegt unter 0,01). Das läßt sich genau beurteilen, weil Abweichungen bei der Sterblichkeit nicht mit der glockenförmigen „Normal"-Kurve übereinstimmen. Weil die statistischen Darstellungen Hypothesen entwickeln und nicht deren Gültigkeit beweisen sollen, hat man signifikante Abweichungen gelegentlich mit $Z < 0,05$ angesetzt (die Wahrscheinlichkeit für ein Zufallsereignis ist geringer als 5 Prozent). Statistiker arbeiten üblicherweise mit beiden Sicherheitswerten. Jeder Einzelfall, der einen Signifikanztest besteht, kann trotzdem noch eine Zufallsänderung darstellen. Aber die gehäufte Signifikanz der fünf Korrelationspaare von Niedrigstrahlung und erhöhter Sterblichkeit, von der wir in den Kapiteln 2, 4, 5, 8 und 9 ausgehen, bedeutet, daß die Wahrscheinlichkeit eines Zufallsereignisses für sie minimal ist.

Stellen Sie sich vor, Sie werfen mehrmals eine Münze ein-hundertmal und notieren sich, wie oft Zahl bzw. Wappen oben liegt. Es könnte sich z.B. diese Folge ergeben: 51 Prozent Wappen, 48 Prozent Wappen, 50 Prozent Wappen, 47 Prozent Wappen, 52 Prozent Wappen, 50 Prozent Wappen usw. Wenn wir das 100malige Hochwerfen der Münze 1000mal wiederho-len und dann aufzeichnen, wie oft jeder Prozentwert vor-kommt, bekämen wir die glockenförmige Normalkurve, und 50 Prozent Wappen wäre das am häufigsten registrierte oder „mittlere" Ergebnis.

Die statistische Theorie ermöglicht uns zu bestimmen, daß die „Standardabweichung" dieser Verteilung Wappen plus oder minus 5 Prozent beträgt. Das heißt, es wird erwartet, daß etwa zwei Drittel aller Ergebnisse in eine Standardabweichung auf beiden Seiten des mittleren Ergebnisses fallen (von 45 oder 55 Prozent Wappen). Etwa 95 Prozent aller möglichen Ergebnisse fallen (erwartet) in den Bereich zwischen 40 und 60 Prozent Wappen, oder in zwei Standardabweichungen auf beiden Seiten des Mittels. Die meisten Statistiker würden die übrigen mögli-chen Ergebnisse (d.h. weniger als 40 oder mehr als 60 Prozent Wappen) als höchst unwahrscheinlich und damit statistisch sig-nifikant bezeichnen. Die folgende Tabelle gibt den Wert für Z oder den Grad der statistischen Unwahrscheinlichkeit an, die drei zunehmend unwahrscheinliche Ergebnisse haben:

Prozent Wappen	Standardabweichungen	Z
65 %	3	0,001
70 %	4	0,0001
75 %	5	0,000001

Wenn ein Anstieg der Sterblichkeit einen Wert Z von weniger als 0,001 hat, also weniger als 1:1000, entspricht das dem höchst unwahrscheinlichen Ereignis, daß man eine Münze 100mal hochwirft und 65mal Wappen und 35mal Zahl be-kommt.

Die in diesem Buch gebrauchte Formel zur Berechnung der Signifikanz der Sterblichkeit ist die Standardformel, wie sie vom amerikanischen *National Center for Health Statistics* in den Jahresbänden der *Vital Statistics of the United States* angegeben ist:

$$(O-E) / SQRT ([O^2 + E^2] / N)$$

Es bedeuten: O = registrierte Sterblichkeitsrate; E = erwartete Sterblichkeitsrate; SQRT = Qadratwurzel aus; N = registrierte Zahl der Todesfälle. Erwartete Raten werden als Funktion der ursprünglich registrierten Rate berechnet, multipliziert mit der Änderung der US-Rate. Diese Formel beruht auf einer Poisson-Verteilung, die sich für statistisch seltene Ereignisse wie die Sterblichkeit eignet. Die Formel ergibt die Zahl der Standardabweichungen, um die die registrierte Rate von der erwarteten abweicht. Dieser Wert kann mit einer Tabelle der Fläche unter der Normalkurve in eine Wahrscheinlichkeitsschätzung umgewandelt werden, wie sie auf der Rückseite jedes statistischen Lehrbuchs zu finden ist.

Da wir errechnet haben, daß es äußerst unwahrscheinlich ist, daß die in den Fallstudien festgestellten überdurchschnittlich vielen Todesfälle auf Zufall zurückzuführen sind: Was konnte sie dann verursacht haben? Die von uns genannte Annahme besagt, daß sie durch einen biochemischen Mechanismus verursacht wurden, bei dem mit der Nahrung aufgenommene Spaltprodukte die Bildung von „freien Radikalen" begünstigen, die das Immunsystem schädigen. Dieser Mechanismus wurde 1972 von Abram Petkau entdeckt.[225] Die statistischen Tests in diesem Buch belegen, daß es hochsignifikante Ereignisse gab, die weite Bevölkerungsteile einschlossen, und jedes Ereignis verlangt nach einer vernünftigen Erklärung. Der Petkau-Effekt ist ein einleuchtender biochemischer Mechanismus (wenngleich Signifikanztests nicht beweisen können, daß er ursächlich war) und muß deshalb berücksichtigt werden.

Dr. Abram Petkau ist ein kanadischer Arzt und Biophysiker, der bis vor kurzem die Abteilung für medizinische Biophysik des *Whiteshell Nuclear Research Establishment* in Pinawa, Manitoba, leitete. Als er 1971 die Wirkung von Strahlen auf die Zellmembran untersuchte, führte er ein noch nie gemachtes Experiment durch. Er gab etwas radioaktives Natrium-22 in

Wasser, das frischem Rinderhirn entnommene Lipidmembranen enthielt. Zu seiner Überraschung platzten die Membranen bei langanhaltender Belastung von nur einem „rad" (eine Maßeinheit für die aufgenommene Strahlung). Andererseits hatte Dr. Petkau zuvor festgestellt, daß zum Aufbrechen der Zellmembran 3500 rad nötig waren, wenn sie den Röntgenstrahlen nur einige Minuten ausgesetzt wurde. Er folgerte daraus: Je länger die Bestrahlung, desto kleiner die Dosis, die für eine Schädigung der Zelle notwendig war.

Nach einigen weiteren Versuchen fand er die Ursache dieser überraschenden Wirkung in der Niedrigstrahlung. Die Bestrahlung setzte Elektronen frei, die von im Wasser gelöstem Sauerstoff eingefangen wurden und ein giftiges negatives Ion bildeten, ein sogenanntes freies Radikalmolekül. Das negativ geladene freie Radikalmolekül wird von der elektrisch polarisierten Zellmembran angezogen. Das ruft eine chemische Kettenreaktion hervor, die die Lipidmoleküle auflöst, die Hauptbausteine jeder Zellmembran. Die verletzte und beschädigte Zelle stirbt ab, wenn sie den Schaden nicht umgehend reparieren kann. Bilden sich die freien Radikale in der Nähe des Erbguts im Zellkern, kann die geschädigte Zelle zwar überleben, aber in mutierter Form. Dr. Petkau und andere Wissenschaftler wiesen in anschließenden Versuchen nach, daß dieser Prozeß selbst bei Belastung nur durch Untergrundstrahlung abläuft.[226] Bei hohen Strahlendosen fand Petkau weniger Zellschäden durch die Bildung freier Radikalen pro aufgenommene Strahleneinheit als bei niedrigen Dosen.

Freie Radikale sind für lebende Systeme deshalb so gefährlich, weil sie sich in Wasser bilden, und eine Zelle besteht zu 80 Prozent aus Wasser. Freie Radikale zerstören nicht nur gesunde Zellen, sondern beeinflussen vermutlich auch die normale Zellfunktion in dem Sinn, daß sie den Alterungsprozeß beschleunigen.

Die Natur hat für einen gewissen Schutz gegen freie Radikale gesorgt, wahrscheinlich weil sie beim Sauerstoff-Stoffwechsel in der Zelle natürlich entstehen. Der Beschützer, die Superoxid-Dismutase, stoppt die Kettenreaktion.[227]

Man glaubt inzwischen, daß Superoxid-Dismutase in allen Zellen vorkommt, die Sauerstoff zum Leben brauchen. So ist z. B. menschliches Gewebe, das von Natur aus viel Superoxid-Dismutase enthält – Gehirn, Leber, Schilddrüse und Hypophyse – widerstandsfähiger gegen die Wirkung von Strahlen als Gewebe, das wenig Superoxid-Dismutase enthält, wie etwa die Milz und das Knochenmark. Offenbar entwickelte sich dieses Enzym zum Schutz der biologischen Systeme vor Schäden durch Superoxid oder freie Radikale, die durch ultraviolettes Licht, Untergrundstrahlung und die normale Energieerzeugung in der Zelle verursacht werden. Strahlung, die durch Spaltprodukte entsteht und über die Nahrungskette aufgenommen wird oder von außen einwirkt, kann jedoch mehr freie Radikale erzeugen, als der Körper ausschalten (oder „dismutieren") kann, was zu einer erheblichen Schädigung führt, die unter Umständen irreparabel ist. Darüber hinaus haben Dr. Petkau und andere herausgefunden, daß schon 10 bis 20 millirad eine Zellmembran zerstören, wenn die schützende Superoxid-Dismutase fehlt.

Die Reaktion der freien Radikalen kann auch noch auf andere Art unterdrückt werden. Bei höherer Strahlungsintensität wird die Konzentration der freien Radikalen so hoch, daß sie sich gegenseitig unschädlich machen. Wäre das nicht so, würden Röntgenstrahlen einen weit größeren Schaden im Körper anrichten, als sie es in Wirklichkeit tun. Eine einfache Analogie, die Dr. Sternglass erstmals benutzte, kann dieses Phänomen erklären. Stellen wir uns freie Radikale als Einzelpersonen in einem überfüllten Zimmer vor. Ein Feuer bricht aus, und alle versuchen gleichzeitig, nach draußen zu kommen. Die Folge ist, daß alle sich gegenseitig behindern und nur wenige sich retten können. Wenn beim Ausbruch des Feuers aber nur wenige Menschen im Zimmer sind, kann jeder mühelos durch die Tür ins Freie gelangen. Die Fluchtrate ist sehr hoch und damit wirkungsvoll.

Eine chronische Belastung durch Niedrigstrahlung erzeugt jeweils nur einige freie Radikale. Sie können die Membranen der Blutzellen erreichen, sehr wirksam in sie eindringen und so die Einheit des Immunsystems zerstören, obwohl der Körper nur sehr wenig Strahlung aufgenommen hat. Bei einer kurzen, hohen Strahlenbelastung, wie beim Röntgen, entstehen dagegen so viele freie Radikale, daß sie sich gegenseitig behindern und zu harmlosen normalen Sauerstoffmolekülen werden. Eine kurze Belastung mit einer hohen Dosis schädigt die Zellmembran also weit weniger als die gleiche Dosis, die über Tage, Monate oder Jahre hinweg verteilt langsam auf sie einwirkt.

Charles Waldren und Forschungskollegen haben jüngst folgendes festgestellt: Wenn ein einzelnes menschliches Chromosom in eine Hybridzelle geschleust und bestrahlt wird, erzeugt die ionisierende Strahlung bei geringen Dosen weit wirksamer Mutationen als bei hohen Dosen, genau wie im Fall der Schädigung der Zellmembran.[228] Sie entdeckten, daß eine sehr schwache ionisierende Strahlung Mutationen 200mal effizienter hervorbringt als die herkömmliche Methode, die mit hohen Dosen oder kurzen, starken Röntgenimpulsen arbeitet. Sie stellten fest, daß die Dosis-Wirkungs-Kurve bei Zellen von Säugetieren einen konkav nach unten weisenden Verlauf hat (logarithmische oder supralineare Beziehung), so daß die Röntgenstrahlung bei niedrigen Dosen ihre größte Mutationswirkung hat, genau wie Petkau es bei biologischer Schädigung durch freie Radikale nachwies. Ihre Erkenntnisse widersprechen demnach der herkömmlichen wissenschaftlichen Auffassung, daß die Dosis-Wirkungs-Kurve linear verlaufe und man mit einer Geraden die Wirkung bei geringen Dosen aus den hohen Dosen ableiten könne.

Eine längere Belastung durch Betastrahler, die mit der Nahrung aufgenommen werden, kann die Zellmembranen 1000mal schwerer schädigen als eine kurze äußerliche Belastung durch Röntgenstrahlen, weil die DNA sich nach einer Röntgenbestrahlung relativ erfolgreich regeneriert, anders als bei einem Schaden durch freie Sauerstoffradikale bei ganz geringen Dosen.[229] Vielleicht erklärt daher diese Art von Belastung den sprunghaften Anstieg der Todesfälle, den man unmittelbar nach Unfällen in Kernkraftwerken oder nach einem Fallout von Atombombentests in der Atmosphäre festgestellt hat.

Strontium-90 ist chemisch ähnlich wie Calcium aufgebaut und reichert sich deshalb in den Knochen heranwachsender Säuglinge, Kinder und Jugendlicher an. Hat es sich einmal dort angesammelt, bestrahlt Strontium-90 in geringer Dosierung, aber über Jahre hinaus das Knochenmark, in dem sich die Zellen des Immunsystems bilden. Als erste machten Dr. Stokke und seine Mitarbeiter am Krebskrankenhaus Oslo 1968 die Entdeckung, daß schon extrem niedrige Dosen von nur 10 bis 20 millirad die blutbildenden Zellen des Knochenmarks sichtbar schädigen können, wahrscheinlich mit Hilfe der Bildung von freien Sauerstoffradikalen.[230] Das kann Knochenkrebs, Leukämie und andere bösartige Gewebeneubildungen hervorrufen – direkt durch die Schädigung der Gene, und indirekt durch die Schwächung der Fähigkeit des Immunsystems, Krebszellen aufzuspüren und zu vernichten.[231]

Eine maximale Ansammlung von Strontium-90 im Körper nach zwei oder drei Jahren könnte den verzögerten Höchstwert der Gesamtsterblichkeit erklären, der nach den Unfällen in der *Savannah River Plant* registriert wurde (vgl. Kapitel 4). Diese Ansammlung ergibt sich aus der Kombination von steigender Aufnahme und langsamer Ausscheidung. Die Menschen sterben danach überwiegend an Herzerkrankungen, Krebs und anderen Krankheiten. Freie Sauerstoffradikale, die am wirksamsten von inneren Betastrahlern wie Strontium-90 erzeugt werden, spielen beim Herzinfarkt vielleicht ebenso eine Rolle wie beim Krebs. Der Theorie nach oxidieren die freien Radikale das LDL-Cholesterin und fördern seine Ablagerung in den Arterien, wodurch sie den Blutfluß behindern und Herzanfällen Vorschub leisten.[232]

Die jüngste medizinische Forschung in den USA hat neue Beweise erbracht, die Krebs mit einem geschwächten Immunsystem in Verbindung bringen.[233] Die Untersuchungen konzentrierten sich auf Transplantationspatienten, die insgesamt sehr häufig an den verschiedensten Krebserkrankungen leiden. Ihre Erkrankungen gingen rasch zurück, sobald die Dosierung der Immunsupressiva gesenkt wurde. Diese Medikamente werden verabreicht, um eine Abstoßung des transplantierten Organs durch das Immunsystem zu verhindern. Die Wissenschaftler vermuten, daß bei dieser Erscheinung zwei Zellarten im Immunsystem eine größere Rolle spielen: natürliche Killer-Zellen und zytotoxische (zellschädigende) T-Zellen. Die Forscher fanden Beweise dafür, daß diese Zellen während der Unterdrückung des Immunsystems bei den Transplantationspatienten stärker dezimiert waren, die an Hautkrebs erkrankten, als bei jenen, die nicht daran erkrankten.[234] Bei früheren Versuchen mit Labormäusen war 1977 nachgewiesen worden, daß sich vorwiegend in Knochen anreichernde Isotope, wie Strontium-89 und Strontium-90, gerade diese natürlichen Killer-Zellen vernichteten.[235] Diese neuen Erkenntnisse, die Krebs mit Immunschwäche in Verbindung bringen, und die früheren Erkenntnisse von Petkau und anderen über Zellschäden durch Niedrigstrahlung deuten eine mögliche Erklärung für den schnellen Anstieg der Sterblichkeitsraten nach der Freisetzung von Niedrigstrahlung an.

Der Zusammenhang zwischen gesundheitlichen Auswirkungen und Niedrigstrahlung, um den es in diesem Buch ständig geht, kann also indirekt schon bei geringer chronischer Belastung durch den Verzehr radioaktiver Nahrung verursacht werden, die das Hormon- und Immunsystem durch freie Radikale schädigt. Geringe Dosen Strontium-90 und Jod-131, die mit der Nahrung, mit Milch und Wasser aufgenommen oder mit der Luft eingeatmet werden, können die Fähigkeit des Körpers beeinträchtigen, infizierte oder bösartige Zellen aufzuspüren und zu vernichten.

Eine solche Schädigung kann selbst dann eintreten, wenn die Konzentration der vorhandenen Strahlung weit unter den bestehenden Grenzwerten liegt. Diese Grenzwerte wurden aufgrund eines ganz anderen biologischen Mechanismus festgelegt, nämlich der Produktion von Krebszellen, die durch die direkte Einwirkung hoher Bestrahlung von außen auf die Gene hervorgerufen wird.

Der BEIR-V-Bericht

Unmittelbar bevor die amerikanische Erstauflage unseres Buches in Druck ging, gab der „Ausschuß für biologische Auswirkungen ionisierender Strahlung" der amerikanischen Nationalen Akademie der Wissenschaften einen neuen Bericht heraus, der sich direkt auf unsere grundsätzlichen Erkenntnisse bezieht.[236] Die ausführliche Kritik der jüngsten wissenschaftlichen Literatur durch den Ausschuß, die als BEIR-V-Bericht bekannt wurde, kommt zu dem Schluß, daß die Krebs- und Leukämierisiken der Überlebenden von Hiroshima und Nagasaki um den Faktor drei bis vier unterschätzt wurden. Ursache dafür waren fehlerhafte Dosisschätzungen und unzureichende Folgeuntersuchungen der Überlebenden. BEIR V fand darüber hinaus, daß die Risiken von Röntgenuntersuchungen zu Diagnosezwecken unter Umständen um einen zusätzlichen Faktor von zwei unterschätzt worden sind, weil sie auf Extrapolationen von Belastungen durch kurze, hochenergetische Gammastrahlenimpulse bei Bombenexplosionen beruhten, die, wie man herausfand, biologisch nicht so wirksam sind wie Röntgenstrahlen.[237]

Der BEIR-V-Bericht zitiert zahlreiche Untersuchungen über den Anstieg von Leukämie- und Krebserkrankungen aufgrund schwachradioaktiven Fallouts von Waffentests und Kernkraftwerksunfällen. Wie bei der diagnosebedingten Röntgenstrahlung, lagen diese Anstiege weit über denen, die aufgrund der Untersuchungen von Überlebenden der Bombenabwürfe erwartet wurden, was die grundsätzlichen Erkenntnisse unseres Buches ebenfalls stützte. In dem Bericht heißt es: „Obwohl solche Untersuchungen nicht so viel statistische Genauigkeit bieten, daß sie zum Verfahren der Risikoschätzung an sich beitragen, *werfen sie doch berechtigte Fragen über die Gültigkeit der gegenwärtig anerkannten Schätzungen auf*" (Hervorhebung vom Verf.).[238]

Der Bericht fährt fort und stellt das unseres Erachtens grundlegende Problem klar heraus: „Die Unterschiede zwischen Schätzungen auf der Grundlage von Untersuchungen hoher Strahlendosen und Beobachtungen aus einigen Untersuchungen geringer Dosen können ... aus Extrapolationsschwierigkeiten entstehen."[239] Diese Extrapolationen können zu niedrige Schätzwerte bei geringen Dosen ergeben haben, weil sie eine lineare oder quadratische statt einer supralinearen Dosis-Wirkungs-Kurve voraussetzten – letztere steigt bei geringen Dosen schnell und wird bei hohen Dosen flach.

Eine supralineare Dosis-Wirkungs-Kurve wird vom sogenannten „Petkau-Effekt" unterstellt, der im methodischen Anhang abgehandelt wurde und bei dem es um die Begünstigung von Tumoren durch freie Radikale geht, die bei wiederholter Belastung durch geringe Strahlendosen entstehen. Tatsächlich bezieht sich der BEIR-V-Bericht ausdrücklich auf die tumorbegünstigende Wirkung der freien Radikalen, die bei Laboruntersuchungen von Zellen festgestellt wurde. Er zeigt auch, wie derartige begünstigende Kräfte die Form der Dosis-Wirkungs-Kurve entscheidend verändern können, so daß die Wirkung der Karzinogene bei den niedrigsten Dosen steigt.[240] Als Folge der Risikoschätzungen aufgrund falscher Extrapolationen sind die staatlichen Grenzwerte für die radioaktive Umweltbelastung durch Kernkraftanlagen möglicherweise 100- bis 1000mal zu hoch, insbesondere für Säuglinge.

Am meisten beunruhigen vielleicht auf lange Sicht die Erkenntnisse des BEIR-V-Berichts über die Auswirkungen niedriger Strahlendosen auf die körperliche und geistige Entwicklung Neugeborener. Bei detaillierten Untersuchungen von Säuglingen, die zur Zeit des Bombenabwurfs über Hiroshima und Nagasaki noch im Mutterleib waren, wurde ein weit höheres Risiko einer verzögerten geistigen Gesamtentwicklung festgestellt als bis dahin angenommen.[241] Die neuen Untersuchungen ergaben außerdem, daß auch Ergebnisse von Intelligenztests und die schulischen Leistungen von Kindern, die im Mutterleib durch Strahlen belastet wurden, im Verhältnis zum Ausmaß der Belastung signifikant beeinträchtigt waren.[242]

Neue Untersuchungen von Kindern, die aus therapeutischen Gründen in ihrer frühen Kindheit am Kopf und Hals bestrahlt wurden, förderten ebenfalls Verhaltensbeeinträchtigungen und schlechtere Schulleistungen zutage. So fand man z. B. bei einer Untersuchung durch eine israelische Gruppe heraus, daß bestrahlte Kinder bei Eignungs-, Intelligenz- und psychologischen Tests schlecht abschnitten, häufig vorzeitig die Schule verließen oder wegen neuropsychiatrischer Erkrankungen in eine psychiatrische Klinik kamen und relativ öfter geistig zurückblieben.[243]

Diese Ergebnisse, die neuen Erkenntnisse über Fehler in der Dosimetrie, die unterschiedlichen Strahlungs- und Belastungsarten und die irrige Annahme über den Verlauf der Dosis-Wirkungs-Kurve sprechen, jede für sich, für einen Zusammenhang zwischen der Fallout-Intensität und den Ergebnissen der einheitlichen Leistungstests an den amerikanischen Schulen. Wir haben darüber und über die ernsten Folgen für damit zusammenhängende soziale Probleme in Kapitel 13 gesprochen. Die neue Beweislage führte im BEIR-V-Bericht zu folgender Empfehlung: „Die dosisabhängige zahlenmäßige Zunahme der Retardation bei vor der Geburt bestrahlten Überlebenden von Atombombenabwürfen schließt die Möglichkeit ein, daß der Embryo durch die Niedrigstrahlung höheren Risiken ausgesetzt ist als bisher angenommen wurde. Es ist wichtig, daß geeignete epidemiologische und experimentelle Untersuchungen durchgeführt werden, um unser Verständnis für diese Auswirkungen und ihr Dosis-Wirkungs-Verhältnis zu erweitern."[244]

Diese Erkenntnisse machen nicht nur die Notwendigkeit weiterer Untersuchungen deutlich, sondern auch die, umgehend Schritte zu unternehmen, die die nachsichtigen Grenzwerte für radioaktive Isotope in unserer Milch und Nahrung beträchtlich senken.

Die Delaney-Klausel des *Food, Drug and Cosmetic Act* verbietet jeden Nahrungsmittelzusatz von Substanzen, die bei Mensch oder Tier als krebserregend bekannt sind.[245] Doch neue, im BEIR-V-Bericht überprüfte Untersuchungen belegen, daß radioaktive Isotope, die durch den Fallout von Bombentests in

Milch und andere Nahrungsmittel gelangt sind, mit einem signifikanten Anstieg der Leukämierate in den USA zusammenhängen.

Der BEIR-V-Bericht beschreibt die Erkenntnisse wie folgt: „Die leukämiebedingten Sterblichkeitsraten (für alle Altersgruppen und Zelltypen) erreichten in den zehn Jahren von 1960–1969 einen Höchstwert und waren ohne Ausnahme in den Bundesstaaten am höchsten, in denen die Nahrung, Milch und Knochen die höchste Strontium-90-Konzentration aufwiesen (nach Unterlagen des staatlichen Gesundheitsdienstes von 1957 bis 1970); am niedrigsten waren sie in den Bundesstaaten, in denen auch die entsprechenden Strontium-90-Konzentrationen am niedrigsten waren." [246]

Diese Wirkungen wurden trotz der Tatsache beobachtet, daß die Dosisraten eindeutig unter den zulässigen Grenzwerten lagen: Die geschätzte Gesamtdosis lag in den vielen Jahren der Waffentests bei nur 400 millirad gegenüber einer gesetzlich zulässigen maximalen Individualdosis von immerhin 500 millirad pro Jahr.

Der BEIR-V-Bericht zitiert auch eine neue, umfassende britische Untersuchung von Dr. Alice Stewart und ihren Mitarbeitern, die zeigt, daß ganz geringe Strahlendosen in der Umwelt die zukünftige Gesundheit einzelner beeinträchtigen können, die als Fetus radioaktiven Belastungen ausgesetzt waren. [247] Dr. Stewart hatte schon bei früheren Untersuchungen nachgewiesen, daß Krebs und Leukämie bei Kindern mit Belastungen durch Röntgenuntersuchungen während der Schwangerschaft zusammenhingen. In der letzten Untersuchung entdeckte ihr Team einen direkten Zusammenhang zwischen Krebs und Leukämie bei Kindern und Gammastrahlen auf dem Niveau der Untergrundstrahlung aus natürlichen und künstlichen Quellen in England, Wales und Schottland. Die kumulierten Dosen, denen der Fetus durch diese äußeren Quellen ausgesetzt war, schwankten zwischen nur 10 und 40 millirad und lagen im Durchschnitt bei 22 millirad. Nach einer Berichtigung mehrerer sozioökonomischer, medizinischer und demographischer Faktoren stellten die Forscher fest, daß die Auswirkungen der Radioaktivität aus dem Boden auf Feten dreimal so hoch waren wie bei einer Röntgenuntersuchung.

Diese Erkenntnisse, die auf Langzeituntersuchungen von etwa 16 Millionen Frauen über einen Zeitraum bis zu 36 Jahren beruhen, stützen die Folgerung von Dr. Stewart und ihren Mitarbeitern, daß natürliche und künstliche Untergrundstrahlung die Mehrzahl der Krebs- und Leukämieerkrankungen von Kindern in unserer Zeit erklären können. Eine Gesamtdosis Untergrundstrahlung (einschließlich kosmischer Strahlen und körpereigener Quellen) von nur 150 millirad vor der Geburt verdoppelt offenbar für ein Kind das Risiko, vor Erreichen des 15. Lebensjahres an Krebs oder Leukämie zu sterben. Das stellt eine Risikosteigerung von 0,6 Prozent pro millirad dar, die um ein Vieltausendfaches über der 0,8 prozentigen Risikosteigerung pro 10 000 millirad liegt, die der BEIR-V-Bericht aufgrund der Belastung durch hochradioaktive Gammastrahlen in Hiroshima und Nagasaki für Erwachsene abgeleitet hat.[248]

Die Stewart-Erkenntnisse weisen mit Nachdruck darauf hin, daß die für Erwachsene festgelegten Grenzwerte der Untergrundstrahlung für den heranwachsenden Fetus womöglich um ein Vieltausendfaches zu hoch sind. Ihre Arbeit stützt sich auf die Oxford-Erhebung über Krebs bei Kindern, die 22 351 Fälle umfaßt und damit eine weit größere Gruppe einbezieht als die der Überlebenden von Hiroshima und Nagasaki. Außerdem benutzt sie eine weit bessere Dosimetrie: Messungen der Gamma-Untergrundstrahlung durch Radioaktivität am Erdboden für Flächen von jeweils 100 Quadratkilometern in England, Wales und Schottland durch den *National Radiological Protection Board*. Leider hat der BEIR-V-Bericht nicht den enormen Unterschied zwischen der Empfänglichkeit des heranwachsenden Fetus für Niedrigstrahlung und der des Erwachsenen quantifiziert.

In zahllosen anderen Untersuchungen, darunter auch viele aus England, sind die Auswirkungen der künstlichen Niedrigstrahlung in der Umwelt auf Kinder erforscht worden.[249] Eine Studie hat überdurchschnittlich viele Leukämieerkrankungen von Kindern in der Umgebung des *Kernkraftwerks Windscale*

(Sellafield) und der Wiederaufbereitungsanlage an der Irischen See in der Nähe der schottischen Grenze untersucht.[250] Eine andere hat Kinder unter fünf Jahren untersucht, die im Umkreis von zehn Kilometern eines oder mehrerer Kernkraftwerke wohnten, und eine weitere beschäftigte sich mit an Leukämie erkrankten Kindern in der Umgebung von vier Kernkraftanlagen in Westschottland.[251] Eine Studie bediente sich eines automatischen Verfahrens zur geographischen Feststellung ungewöhnlicher Krebshäufigkeit und lokalisierte Seascale in der Nähe von *Sellafield* als das Gebiet im nördlichen und nordwestlichen England, das eine außerordentlich hohe Kindersterblichkeit durch akute lymphatische Leukämie aufwies.[252]

Der BEIR-V-Bericht zitiert auch viele andere neuere epidemiologische Untersuchungen, die ebenfalls unsere Erkenntnisse über die weit schwerwiegenderen Auswirkungen der Umweltstrahlung auf Erwachsene wie Säuglinge und Kinder bestätigen – weit schwerwiegender als allgemein angenommen. Er führt Untersuchungen über den Anstieg von Krebs und Leukämie unter den Menschen an, die im Wind vom Testgelände in Nevada leben, und Untersuchungen über Beteiligte an amerikanischen und britischen Atomwaffentests, bei denen man erneut auf überdurchschnittlich viele Todesfälle durch Leukämie stieß, obwohl die äußeren Gammastrahlendosen ganz gering waren.[253]

Dem BEIR-V-Bericht zufolge kam eine umfassende Erhebung über Krebshäufigkeit und -sterblichkeit in der Umgebung von Kernkraftanlagen in England, die vom *United Kingdom Office of Population Censuses and Surveys* durchgeführt wurde, zu folgendem Ergebnis: „Eine insgesamt signifikant überhöhte Krebssterblichkeit durch Lymphome, Leukämie und Hirnkrebs bei Kindern und durch Leberkrebs, Lungenkrebs, Hodgkin-Krankheit, alle Lymphome, nicht spezifizierte Hirntumoren und Tumoren des zentralen Nervensystems und alle Krebse bei Erwachsenen." [254]

Interessant ist die Feststellung, daß die bei der Untersuchung gefundenen Krebsraten bei größerer Entfernung von den Kernkraftwerken nicht abnahmen. Diesen Sachverhalt könnte unsere Hypothese erklären, daß radioaktiv verseuchte Milch und Nahrungsmittel aus landwirtschaftlichen Betrieben in der Nähe von Kernkraftwerken häufig in die Großstädte geliefert werden, so daß oft kein einfacher Zusammenhang mit der räumlichen Nähe besteht. Außerdem würde eine logarithmische Dosis-Wirkungs-Kurve, die über den kleinsten Dosen ganz flach verläuft, dazu neigen, jede Abhängigkeit von der Entfernung zu kaschieren.

Der BEIR-V-Bericht zitiert auch eine Untersuchung über überdurchschnittlich viele Leukämiefälle und andere Krebsarten des blutbildenden Systems in fünf Städten aus der näheren Umgebung des *Kernkraftwerks Pilgrim* im US-Bundesstaat Massachusetts.[255] In diesem Reaktor kam es zu mehreren großen radioaktiven Freisetzungen infolge eines fehlerhaften Aufbereitungssystems für den radioaktiven Abfall. Sie hatten 1982/83 ihren Höhepunkt. Obwohl es sich dabei mit um die schlimmsten Freisetzungen in der Geschichte der kommerziellen Kernkraftnutzung in den USA handelte, wurde das Ausmaß der Gefährdung damals geheimgehalten. Ein drastischer Anstieg der monatlichen Säuglingssterblichkeit in Massachusetts im Sommer 1982 führte dazu, daß wir die hohen gefälschten „negativen" Werte radioaktiv verseuchter Milch in Neuengland entdeckten (vgl. Kapitel 6 und Abbildung 6.7).

Die vielen Anführungen im BEIR-V-Bericht über steigende Raten bei Retardation, Leukämie und Todesfälle im Zusammenhang mit Kernkraftwerken und dem Fallout von Bombentests stützen unsere Annahme, daß die Risiken geringer Umweltstrahlendosen von den Behörden erheblich unterschätzt wurden. In Kapitel 6 haben wir angedeutet, daß diese Tendenz vielleicht sogar zu regelrechten Datenfälschungen geführt hat.

ANHANG II

Anmerkungen

Die in den Anmerkungen genannte Literatur ist meist nicht ins Deutsche übersetzt. Um das bibliographische Auffinden nicht zu erschweren, wurden die Originaltitel beibehalten.

1 Brian Jacobs: The politics of radiation: when public health and the nuclear industry collide. Greenpeace, Juli-August 1988, S. 7.

2 Seattle Times, 21. August 1986.

3 U.S. Environmental Protection Agency (EPA; Umweltschutzbehörde der USA), Environmental Radiation Report (EPA 520/5-87-004, überarbeitete Auflage) Nr. 46, September 1986, Tabellen 9.1 und 15. Die Radioaktivität von Jod-131 wird in Pikocurie pro Liter (pCi/l) gemessen. Ein Curie Jod-131 entspricht einer Billion Pikocurie.

4 Monthly Vital Statistics Report, September 1986, Tabelle 3.

5 Bezogen auf 1000 Lebendgeburten stieg die Säuglingssterblichkeit von 9,6 Todesfällen im Juni 1985 auf 10,7 im Juni 1986. Siehe Monthly Vital Statistics Report, Ausg. 36, Nr. 6, 11. September 1987, S. 1 und Monthly Vital Statistics Report, Ausg. 35, Nr. 6, 15. September 1986, S. 1.

6 In jedem Staat wurden die durchschnittlichen Spitzenwerte von Jod-131 im Mai 1986 mit der Bevölkerungszahl multipliziert, um gültige Durchschnittsangaben für jedes der neun Zensus-Gebiete abzuleiten.

7 Abram Petkau: „Radiation Carcinogenesis from a membrane perspective. In: Acta Physiologica Scandinavia, Supplement, 492, 1980, S. 81–90.

8 Jay M. Gould, Ernest J. Sternglass: Low-level radiation and mortality. In: Chemtech, Januar 1989, S. 18–21; veröffentlicht von der American Chemical Society, Washington, D.C.

9 Gunther Luning, Jens Scheer, Michael Schmidt, Heiko Ziggel: Early infant mortality in West Germany before and after Chernobyl. In: The Lancet, 4. November 1989, S. 1081–1083.

10 Jens Scheer in einem Telefoninterview am 11. Juli 1988 mit Kate Millpointer.

11 Aufgrund einer landesweiten Studie stellte das National Center for Health Statistics fest, daß 1986 die durchschnittliche Häufigkeit akuter Erkrankungen, bezogen auf hundert Haushalte, mit 189,5 höher lag als

in den Vergleichsjahren 1985 (183,1) und 1987 (180,8). Siehe U.S. Department of Health and Human Services; Health, United States, März 1989, Tabelle 49, S. 94.

12 The Wall Street Journal, 8. Februar 1988, S. 6.

13 Ebenda.

14 Seattle Times, 29. September 1987.

15 Toronto Globe, 2. Juli 1988.

16 Medical News, 26. Februar 1988.

17 David F. DeSante, Vogelwarte Point Reyes, in einem Brief vom 13. Februar 1988 an Jay M. Gould.

18 Der Rückgang betrug fast das Zehnfache der üblichen Abweichungen vom Durchschnitt der vorhergehenden zehn Jahre.

19 Petkau 1980, vgl. Anm. 7.

20 Die tödliche Auswirkung von Niedrigstrahlung auf pflanzliches Leben ist Thema des bemerkenswerten Buches „Der Petkau-Effekt" des Schweizer Ingenieurs Ralph Graeub. Es ist in deutsch, französisch und italienisch, nicht jedoch in englisch erhältlich. Das Buch beinhaltet neben einer nützlichen Zusammenfassung der Entdeckungen Petkaus und ihrer Bedeutung auch Befunde deutscher und schweizer Biologen über das jüngste Waldsterben in Europa. Daraus geht hervor, daß das Waldsterben in der Nähe von Nuklearanlagen beschleunigt ist. Die Annahme liegt nahe, daß die Auswirkungen des sauren Regens durch die Wechselwirkung zwischen künstlicher Radioaktivität und anderen Industrieemissionen verstärkt werden.

21 David F. DeSante in einem Interview am 5. Juli 1988 mit Kate Millpointer.

22 David F. DeSante, Geoffrey R. Geupel: Landbird productivity in central coastal California: the relationship to annual rainfall and a reproductive failure in 1986. In: The Condor, 89, S. 636–653.

23 Die Menge der eingesetzten Pestizide und die Größe der besprühten Fläche werden für jedes landwirtschaftliche Produkt vierteljährlich vom kalifornischen Landwirtschaftsministerium festgesetzt.

24 Donald L. Dahlsten in einem Interiew am 14. Juli 1988 mit Kate Millpointer.

25 Während des Jahres 1986 blieb in Blodgett Forest der Bruterfolg in 14 von 33 Nestern aus (42 Prozent); 1977 waren es 13 von 32 Nestern, fünf Fälle jedoch von Nesträubern verursacht. 1986 blieb in zwei Gelegen durch Nesträuber und in zwölf aus unbekannten Gründen die Brut aus (36 Prozent). 98 von 236 Eiern starben ab (41 Prozent). Aufgrund der durchschnittlichen Sterblichkeit von 24 Prozent über 15 Jahre hinweg wären 57 abgestorbene Eier zu erwarten gewesen. Mit Ausnahme des Jahres 1986 wichen diese Beobachtungen in keinem anderen Jahr so signifikant von der zu erwartenden Sterblichkeit der Gelege ab. Quelle: Anm. 24.

26 C. J. Ralph in einem Interview am 6. September 1988 mit Kate Millpointer.

27 David F. DeSante in einem Interview am 8. August 1988 mit Kate Millpointer.

28 Ebenda.

29 Mit Hilfe der Daten aus der Studie „The Coastal Scrub Avian Ecology
Program", in der das Alter einzelner Vögel durch Schädeluntersuchun-
gen festgestellt wurde, konnte DeSante das Leben einzelner Vögel drei-
er Spezies im Gebüsch des Küstenstreifens von Palomarin verfolgen. Er
ermittelte die durchschnittliche Überlebensfähigkeit, d.h. die durchschnittliche Anzahl von Vögeln, die in einem Jahr vorkommen und im
darauffolgenden Jahr auch noch am Leben sind. Er teilte die ausge-
wachsenen Vögel in drei Gruppen: einjährige, ältere (zwei- bis dreijährige) und alte Vögel (vier Jahre und älter).

30 David F. DeSante in einem Interview am 15. Februar 1989 mit Kate
Millpointer.

31 Ebenda.

32 Ebenda.

33 DeSante, der jetzt nicht mehr bei PRBO arbeitet, führt augenblicklich
unabhängige Studien über Vogelpopulationen durch. Er plant, eine or-
nithologische Zeitschrift herauszugeben, in der die Vogelpopulationen
aus globaler Sicht untersucht werden sollen: Einflüsse von radioaktiver
Niedrigstrahlung, saurem Regen, Treibhauseffekt, Zerstörung des tro-
pischen Regenwaldes, Verunreinigung durch Plastikabfälle, Öl im Meer
und andere globale Probleme, die sich auf das Leben von Vögeln auswirken.

34 The New York Times, 1. Oktober 1988.

35 The New York Times, 20. Oktober 1988.

36 The New York Times, 19. Oktober 1988.

37 Oak Ridge National Laboratory, Integrated Data Base for 1988: Spent
Fuel and Radioactive Waste Inventories, Projections, and Characteri-
stics. DOE/RW-0006 Rev. 4, Washington, D.C., USDOE, September
1988.

38 In diesem Kapitel bezieht sich die Bezeichnung „Südosten" auf die
zwei Regionen, die vom Amt für Volkszählung als südliche Atlantikstaaten (Delaware, Columbia-District, Florida, Georgia, Maryland,
Nordkarolina, Südkarolina, Virginia, West-Virginia) und Südöstliche
Zentralregion des Landes (Alabama, Kentucky, Mississippi, Tennessee)
definiert werden.

39 Messungen der gesamten Betastrahlung aus dem Niederschlag (gemessen in Nanocurie pro Quadratmeter – nCi/m^2) wurden sowohl an Pro-
beentnahmestellen in Columbia, Südkarolina und anderen Stellen im
Südosten als auch im übrigen Gebiet der USA durchgeführt. Die Meßwerte in Südkarolina stiegen von 1 nCi/m^2 im Dezember 1969 auf
6 nCi/m^2 im Dezember 1970; die entsprechenden Werte stiegen im
Südosten von 11 auf 24 und in den USA insgesamt von 5 auf 9 nCi/m^2.
Sofern nicht anders angegeben, stammen alle Daten aus den monatli-

chen Veröffentlichungen des Gesundheits-, Bildungs- und Sozialministeriums der Vereinigten Staaten: Radiological Health Data (Radiation Data and Reports), 1965–1973.

40 Die Wahrscheinlichkeit einer zufälligen Abweichung zwischen Februar 1969 und November 1970 von der allgemeinen Entwicklung in den Vereinigten Staaten ist geringer als 1 zu 10000.

41 Die Durchschnittswerte der gesamten Betastrahlung im Regen betrugen 4 nCi/m^2 im Nordosten, 4,25 im Westen und 0,304 im Mittleren Westen.

42 Die höchsten Konzentrationen betrugen 15 nCi/m^3 (Pikocurie pro Kubikmeter) in Nordkarolina, 6 in Südkarolina und 5 in Alabama.

43 Die Wahrscheinlichkeit einer zufälligen Abweichung des Meßwertes im Juli 1971 vom Durchschnitt über acht Jahre hinweg liegt unter einem Prozent. Die Strontium-90-Konzentration in Milch (gemessen in pCi/l) wurde in Charleston, Südkarolina und in anderen Laboratorien des Pasteurized Milk Network im Südosten und in den gesamten USA untersucht. Die Werte in Südkarolina stiegen von 7 pCi/l im Juli 1970 auf 11 pCi/l im Juli 1971 (57 Prozent), im Südosten von 9 auf 10 pCi/l (10 Prozent); für die gesamte USA fielen sie von 8 auf 7 pCi/l (–12 Prozent).

44 Ein Wert von 17 pCi/l wurde im Juni 1971 in den kleinen Molkereien von Nord-Augusta, Südkarolina, gemessen (Zahlen für Juli waren nicht angegeben). Die durchschnittlichen Vergleichswerte für die USA liegen im Juni bei 9 pCi/l. Siehe C. Ashley: Environmental Monitoring at the Savannah River Plant, Jahresbericht 1971 (DPSPU 72-302), Tabelle 5, S. 13; und: Radiological Health Data and Reports, Oktober 1971, Tabelle 2, S. 505–507.

45 Die Wahrscheinlichkeit, daß der in Südkarolina gegenüber dem Gesamtgebiet der USA schnellere Anstieg ein Zufallsereignis war, liegt unter 2,5 Prozent. Die Säuglingssterblichkeit stieg um 24 Prozent – von 24,6 Todesfällen, bezogen auf 1000 Lebendgeburten, im Januar 1970 auf 30,5 im Januar 1971. Die Vergleichszahlen für den Südosten zeigen eine Abnahme um 5 Prozent, von 26,3 auf 24,9, und für die gesamten USA einen dreiprozentigen Rückgang, von 21,7 auf 21,1.

46 Die Wahrscheinlichkeit, daß die langsamere Abnahme der Gesamtzahl der Todesfälle in Südkarolina ein Zufallsereignis war, liegt unter 2,2 Prozent. Von Januar 1970 bis Januar 1971 fiel die Gesamtzahl der Todesfälle in Südkarolina um 2 Prozent. Die Vergleichswerte im Südosten und in den USA zeigen einen Rückgang um 6 und 8 Prozent.

47 Die Wahrscheinlichkeit, daß der schnellere Anstieg in Südkarolina im Vergleich zu den USA eine zufällige Abweichung von der nationalen Norm war, liegt unter 0,5 Prozent. Die Säuglingssterblichkeit in Südkarolina stieg um 15 Prozent, von 19,4 Sterbefällen, bezogen auf 1000 Lebendgeburten, im Zeitraum Mai bis September 1970 auf 22,3 im Zeitraum Mai bis September 1971. Die entsprechenden Zahlen im Süd-

osten zeigten einen leichten Rückgang von 21,43 auf 21,37; in den gesamten USA lag der Rückgang bei 3 Prozent, von 19,3 auf 18,8.

48 Die Wahrscheinlichkeit, daß die Abweichung der jährlichen Säuglingssterblichkeit in Südkarolina von dem allgemeinen Trend in den USA während des Zeitraums 1968–1973 ein Zufallsereignis war, liegt unter eins zu einer Million. Die Säuglingssterblichkeit stieg in Südkarolina im Jahre 1973 auf 22,7 Todesfälle, bezogen auf 1000 Lebendgeborene, nachdem sie von 27,0 im Jahre 1968 auf 21,8 im Jahre 1971 gefallen war. Im Südosten fiel die Säuglingssterblichkeit stetig, von 24,9 (1968) auf 19,9 (1973), in den USA insgesamt von 21,8 auf 17,1.

49 Die Wahrscheinlichkeit eines Zufallsereignisses liegt unter eins zu einer Million. Die Gesamtsterblichkeit in Südkarolina stieg von 880 Todesfällen, bezogen auf 100000 Menschen, im Jahr 1968 auf 910 im Jahr 1973. Die Vergleichsdaten für den Südosten zeigen einen Anstieg von 960 auf 970 und für die gesamten USA eine Senkung von 970 auf 940.

50 1971 betrug die Gesamtsterblichkeit, bezogen auf 100000 Menschen, in Südkarolina 880 Todesfälle, im Südosten 950 und in den gesamten USA 930.

51 Diese Zahl an geschätzten überdurchschnittlich vielen Todesfällen beinhaltet nur jene, bei denen die Wahrscheinlichkeit eines Zufallsereignisses unter einem Prozent liegt; die Altersverteilung der Bevölkerung ist berücksichtigt.

52 Die hier verwendete Definition überdurchschnittlich vieler Todesfälle schließt beobachtete Todesfälle durch Krankheiten ein, die signifikant höher als erwartet sind, und zwar im Vergleich mit den entsprechenden altersspezifischen Mittelwerten der USA und getrennt nach Rasse und Geschlecht (siehe methodischen Anhang). Die geschätzten Todesfälle schließen nur jene ein, bei denen die Wahrscheinlichkeit eines Zufallsereignisses unter einem Prozent liegt. Im Gegensatz zu der früheren Kategorie der „Gesamtsterblichkeit", die Todesfälle durch „äußere" Ursache (Autounfälle, Gewaltverbrechen u. a.) und Krankheiten beinhaltet, wird bei der Schätzung überdurchschnittlich vieler Todesfälle nur die Sterblichkeit durch Krankheit berücksichtigt. Dies schließt Todesursachen nach der internationalen Klassifikation von Krankheiten (International Classification of Diseases – ICD) ein, die einen kleineren Schlüssel als E 800 haben.

53 Diese Daten sind vom National Center for Health Statistics erstellt: Mortality Surveillance System, 1968–1983. In der ersten Fünfjahresperiode, 1968–1973, sind keine Angaben für 1972 enthalten, da sie nur zu 50 Prozent als Stichproben vorlagen.

54 Zu Anfang war die Säuglingssterblichkeit durch Krankheiten leicht, jedoch im Vergleich mit den USA nicht signifikant erhöht. Die Sterblichkeit durch Säuglingskrankheiten unterscheidet sich nur wenig von der früher benutzten, üblichen Säuglingssterblichkeitsstatistik. Die Säuglingssterblichkeitsraten durch Krankheiten schließen solche Todesfälle

aus, die auf sogenannte „äußere" Ursachen, wie Autounfälle, Stürze und andere seltene, nicht krankheitsbedingte Ursachen, zurückzuführen sind.

55 Die Kategorie „Geburtsfehler" schließt „kongenitale Anomalien" und „perinatale Komplikationen" (ICDs 740–779) ein.

56 Siehe Wilson B. Riggan u. a.: U.S. Cancer Mortality Rates and Trends 1950–1979, Vol. 4 Washington, D.C., U.S. Government Printing Office, 1987, S. 157.

57 Diese Zahlen sind nach Alter vereinheitlicht und nach Statusgruppen gemittelt. Quelle siehe Anm. 56, Vol. 1–3.

58 Die Werte von Strontium-90 in der Milch in Nord-Augusta stiegen von 17 pCi/l im Juni 1971 auf einen Höchstgehalt von 26 pCi/l im Dezember 1971; ein Jahr später, im Dezember 1972, waren sie auf 9 pCi/l gefallen. Siehe C. Ashley, op. cit.; und C. Ashley, C. C. Ziegler: Environmental Monitoring at the Savannah River Plant, 1972 Annual Report (DPSPU 73–302), Tabelle 5, S. 15.

59 Im September 1971 betrug der Durchschnittswert für Strontium-90 in der öffentlichen Trinkwasserversorgung mit Oberflächenwasserzulauf 6 pCi/l, und zwar innerhalb eines Radius von 25 Meilen um das Kraftwerk, im darauffolgenden Oktober war der Wert auf 1 pCi/l gefallen. Siehe C. Ashley, op. cit., Tabelle 8; und C. Ashley und C. C. Ziegler, op. cit., Tabelle 8.

60 Diese Werte sind für Strontium-90 in Pikocurie pro Gramm Calcium einer jeden Lebensmittelsorte berechnet. Siehe C. S. Klusek: Strontium-90 in the U.S. diet, 1982 (EML-429). New York, NY, USDOE, Juli 1984, Tabelle 1, Abbildung 6, S. 9, 19.

61 Der Durchschnittswert von Strontium-90 im Jahr 1971 betrug im Fisch aus dem Savannah River nahe der Anlage 10 000 pCi/kg, d. h. 1250 pCi pro Viertelpfund. Die bundesstaatliche Strahlenkommission hatte 1961 eine tägliche Höchstmenge von 200 pCi/Tag festgelegt. Siehe: Radiation Data and Reports, Februar 1974, S. 101.

62 Über die Nahrungsaufnahme von 100 pCi werden die Knochen eines Säuglings mit 1,85 millirad belastet, 1134 pCi belasten das Knochenmark mit etwa 21 millirad. Durch ein Röntgengerät erhält ein Säugling etwa ein millirad. Die normale Untergrunddosis beträgt nur etwa 0,2 millirad am Tag. Vgl. Nuclear Regulatory Commission, Regulatory Guide 1.109: Calculation of Annual Doses to Man from Routine Releases of Reactor Effluents for the Purpose of Evaluating Compliance with 10 CFR Part 50, Appendix 1 (NRC-NUREG 1.109), Washington, D.C., NRC, Revision 1, Oktober 1977, Tabelle E 14, S. 1109–1165.

63 Der Durchschnittswert von Strontium-90 in den Knochen zehnjähriger und jüngerer Kinder, die in Südkarolina untersucht wurden, stieg von 2,66 pCi/g Ca (Pikocurie pro Gramm Calcium) im Jahr 1970 auf 3,85 pCi/g Ca im Jahr 1971. Vergleichswerte im Südosten fielen von 2,92 auf 2,59 und im Nordosten von 2,29 auf 1,86 pCi/g Ca. Meßwerte

von 4,10, 3,52, 6,93 und 3,78 pCi/g Ca in Südkarolina waren im ersten Vierteljahr 1971 die höchsten des ganzen Landes. Siehe: Radiological Health Data and Reports, Januar, April, Juni, September 1971; März, Mai, August 1972; Januar 1973.

64 Vgl. Gina Kolata: New treatments may aid women who have repeated miscarriages. The New York Times, 5. Januar 1987.

65 Ernest J. Sternglass: Proceedings of the 6th Berkeley Symposium on Mathematical Statistics and Probability. University of California Press, 1972, S. 145.

66 Jane E. Brody: Natural chemicals now called major cause of disease; The New York Times, 26. April 1988. Jean L. Marx: Oxygen free radicals linked to many diseases; Science, Vol. 235, 30. Januar 1987, S. 529–531.

67 Diesem Abschnitt liegt die Analyse von Rita Feller „1979 Lung Cancer Mortality in South Carolina" zugrunde; der Bericht wurde für Robert Alvarez, Environmental Policy Institute, Juli 1982, verfaßt.

68 Nur *eine* Messung in Südkarolina lag signifikant höher als in den gesamten USA: Es gab besonders viele Flußabschnitte, in denen die zulässigen Grenzwerte für die Nutzung des Wassers überschritten wurden. Aber in den risikoreicheren Gebieten war nach dieser Messung die Wasserqualität besser als in den risikoärmeren. Andererseits waren die Meßwerte für Pestizide in den risikoreicheren Gebieten signifikant höher, jedoch lag der durchschnittliche Einsatz von Pestiziden im gesamten Staat niedriger als in den USA. Von 34 untersuchten Verunreinigungen waren 32 Werte in den risikoreicheren Gebieten im Vergleich zu den risikoärmeren besser oder unwesentlich schlechter, ebenso im Vergleich von Südkarolina und den USA. Die Vergleichswerte aus den verschiedenen geographischen Gebieten bezogen sich auf toxische Emissionen in die Luft, auf toxische Abwässer und Abfälle, auf geschlossene toxische Mülldeponien, Pestizide, Luft- und Wasserqualität. Diskrimanten-Analyse und Abweichungen vom Mittelwert der T-Tests auf 95prozentigem Vertrauensniveau wurden für die geographischen Vergleiche benutzt. Eine genaue Erklärung der Methoden und Variablen befindet sich in: Public Data Access, Inc.: Toxics and Mortality Along the Mississippi River, Washington, D.C.; Greenpeace USA, 1988. Eine ähnliche Analyse mit mehreren Variablen für toxische Kontaminationen und gesundheitliche Auswirkungen in den Gebieten längs des Flusses wird dort beschrieben.

69 Siehe Tobacco Institute: The Tax Burden on Tobacco: Historical Compilation, Vol. 22. Washington, D.C., Tobacco Institute 1987, Tabelle 11.

70 Der Zusammenhang von Lungenkrebs mit solchen Tätigkeiten stellte sich als Ergebnis bekannter Untersuchungen heraus. Die erste stammte von W. J. Blot und J. F. Fraumeni: Geographic patterns of lung cancer: industrial correlations. American Journal of Epidemiology, Vol. 103, 1976, S. 539–550.

71 Siehe Riggan, op. cit., S. 154 f.
72 Siehe Kenneth J. Meier: Regulation: Politics, Bureaucracy, and Economics. New York, NY, St. Martins Press 1985, S. 213.
73 J. Tichler, C. Benkovitz: Radioactive Materials Released From Nuclear Power Plants. Annual Report 1981, Washington, D. C., Nuclear Regulatory Commission 1984.
74 Robert S. Norris, Thomas Cochran, William Arkin: Nuclear Weapons Data Book Working Papers: Known U. S. Nuclear Tests July 1945 to December 31, 1987 (NWD-86-2, Rev. 2 b). Washington, D. C., Natural Resource Defense Council, September 1988, S. 40.
75 In Salt Lake City, Utah, wurden 187 pCi/m^3 verzeichnet, in Boise, Idaho, 27; der US-Durchschnitt lag bei 1 pCi/m^3. Radiological Health Data and Reports, April 1971, S. 213.
76 Die Prozentänderungen beziehen sich auf Juli 1971 : Juli 1970.
77 Radiological Health Data and Reports, April 1971, S. 206.
78 E. J. Sternglass: Secret Fallout: Low-level Radiation from Hiroshima to Three-Mile Island. New York, NY, McGraw-Hill 1981, S. 205.
79 Ebenda, S. 221.
80 Ebenda, S. 226.
81 Ebenda, S. 228.
82 In Pennsylvania lag die Säuglingssterblichkeit zwischen Januar und März 1979 bei 13,06, bezogen auf 1000 Lebendgeburten, sie stieg auf 15,14 im folgenden Zeitraum April bis Juli. Vergleichszahlen in Maryland zeigen einen Anstieg von 8,66 auf 12,23, für das Gebiet nördlich von New York einen Rückgang von 15,36 auf 15,23, für New York City von 17,58 auf 16,46 und für die gesamten USA von 14,08 auf 12,03. Die Daten sind den Ausgaben von Monthly Vital Statistics Report des Jahres 1979 entnommen.
83 Das Verhältnis von beobachteter und erwarteter Sterblichkeitsrate ist 8,6 mal so hoch wie die durchschnittliche Schwankung.
84 Die durchschnittliche Anzahl von Todesfällen betrug in den drei Staaten von Januar bis März 1979 pro Monat 19 675; sie stieg im Zeitraum April bis Juli 1979 auf 20 083.
85 Diese geschätzte Zahl überdurchschnittlich vieler Todesfälle schließt nur diejenigen ein, für die die Wahrscheinlichkeit eines Zufallsereignisses unter einem Prozent liegt; die Zahl ist nach der Altersverteilung der Bevölkerung bereinigt. Die erwartete Entwicklung wurde den logarithmisierten Werten der beobachteten Sterblichkeitsraten der Jahre 1970 bis 1979 angepaßt.
86 Der Anstieg der nicht altersbereinigten Sterblichkeitsrate betrug zwischen 1979 und 1980 in den gesamten USA 3,1 Prozent; in Pennsylvania lag er bei 5,5, in New York bei 5,2 und in den 21 Staaten, die im Umkreis von 500 Meilen um TMI liegen, bei 4 Prozent (entsprechend 5,8, 6,1 und 6,4 mal höhere Abweichung gegenüber der üblichen Schwankung).

87 Dieser überdurchschnittlich hohe Anteil ist die Differenz zwischen der beobachteten Anzahl von Todesfällen in jedem Staat im Jahr 1980 und der Anzahl, die aufgrund der unbereinigten Sterblichkeitsrate von 1979 für 1980 zu erwarten gewesen wäre.

88 Vgl. Anm. 78, S. 258.

89 Harvey Wassermann: Three Mile Island did it: the fatal fallout from America's worst nuclear accident. Harrowsmith, May-June 1987.

90 Ebenda.

91 Ebenda.

92 Die Säuglingssterblichkeitsrate betrug zwischen 1979 und 1980 in Dauphin County 18,2, zwischen 1977 und 1978 dagegen 13,3; die Vergleichszahlen für die gesamten USA liegen bei 12,9 bzw. 14,0.

93 Die Säuglingssterblichkeit durch Geburtsfehler wird hier als Verhältnis zwischen beobachteten und zu erwartenden Todesfällen von Säuglingen aufgrund kongenitaler Fehlbildungen definiert. Dies ist das gleiche vereinheitlichte Sterblichkeitsverhältnis (SMR), wie es in Kap. 4 in der Diskussion über die Sterblichkeit durch Geburtsfehler in Südkarolina verwendet wurde (siehe Tab. 4.1). Der erwarteten Anzahl von Todesfällen liegen die nationalen spezifischen Normen zugrunde, getrennt nach Alter, Geschlecht und Rasse. Im Bezirk Dauphin stieg das SMR für Geburtsfehler bei Säuglingen von 1,03 (1968–1973 wegen unvollständigen Datenmaterials ohne 1972) auf 1,48 (1979–1983). In Pennsylvania stieg es in denselben Jahren von 1,06 auf 1,12. Die Signifikanz der Differenz zwischen der Änderung des SMR im Bezirk Dauphin und der Änderung des SMR in Pennsylvania wurde mit der folgenden Formel für die Standardabweichung bei Differenzen zwischen zwei relativen Größen überprüft: $S. D. = (p_o - p_e) / \sqrt{[p_o(1 - p_o)/N_o + p_e(1 - p)/N_e]}$. Dabei sind: p_o = beobachtete Größe; p_e = erwartete Größe; n_o = beobachtete Anzahl der Todesfälle; N_e = erwartete Anzahl der Todesfälle; diese Berechnung ergibt eine Differenz, die 7,8 mal höher ist als die durchschnittliche Schwankung.

94 A. M. Hilton (Hrsg.): Against Pollution and Hunger. New York, NY, John Wiley and Sons, Inc., 1974, S. 127. Nach Angaben des Zentrums für Krankheitsüberwachung wächst die Säuglingssterblichkeit durch Geburtsfehler; sie stieg im Vergleich mit der Rate der 70er Jahre etwa um 23 Prozent. Siehe Morbidity and Mortality Weekly Report, Vol. 38, Nr. 37, 22. September 1989.

95 „Es kann vorkommen, daß sich Patienten nach der Verabreichung einer medizinischen Dosis von Jod-131 über einen metallischen Geschmack im Mund innerhalb einiger Stunden beschweren; Jod-131 wird über die Speicheldrüsen ausgeschieden." Siehe Henry W. Wagner Jr.: Principles of Nuclear Medicine. Philadelphia, PA, W. B. Saunders and Company 1968, S. 359.

96 Bei der Untersuchung der Signifikanz der Abweichungen von den vereinheitlichten Sterblichkeitsverhältnissen (SMR) in den zehn Bezirken

und der Abweichung in Pennsylvania ergaben sich folgende Zahlen als Faktor der durchschnittlichen Schwankung: Alle Krankheiten 2,5; Herzkrankheiten 6,1; Säuglingserkrankungen 8,6; Geburtsfehler 7,8; alle Krebserkrankungen 7,8; Lungenkrebs 4,9; Brustkrebs 12,4; Krebs bei Kindern 7,6.

97 Auch eine breit angelegte Untersuchung von 75 anderen Faktoren konnte keine plausible Gegenhypothese aufstellen; untersucht wurden u. a. toxische Verunreinigungen, medizinische Versorgung, sozioökonomischer Status, demographische Angaben.

98 E. I. du Pont de Nemours: Savannah River Plant, January – December 1971. Radiation Data and Reports, Februar 1974, S. 102.

99 The New York Times, 4. Oktober 1988.

100 The Atomic Energy Act of 1946, Public Law 585, 79th Cong., 60 Stat. 755–75; 42 U.S.C. 1801–1819, Sec. 10(b).

101 Daniel S. Greenberg: The Politics of Pure Science. New York, NY, The World Publishing Co. 1969, S. 138.

102 U.S. Department of Health, Education, and Welfare: Radiological Health Data, Vol. 4, Nr. 10, Oktober 1963, S. 483. Die Publikation wurde später in „Radiological Health Data and Reports", danach in „Radiation Data and Reports" umbenannt.

103 Beispielsweise wurde die Sterblichkeitszahl für Januar 1971 zuerst in Monthly Vital Statistics Report, Vol. 20, Nr. 1, 2. April 1971, veröffentlicht; die überarbeiteten Angaben in den Abbildungen 4.3 und 4.4 stammen aus Vol. 21, Nr. 1, 28. März 1972.

104 Statistisch ausgedrückt war die Säuglingssterblichkeit im Januar 1971 in Südkarolina zunächst 1,89mal höher als erwartet; nach der Überarbeitung betrug der Faktor 1,96. Die ursprüngliche Zahl der gesamten Todesfälle war 1,84mal höher als erwartet, nach der Überarbeitung 2,02mal so hoch.

105 Die endgültige Angabe über die Säuglingssterblichkeit in Südkarolina lag mit einem Faktor von 0,33 über der durchschnittlichen Schwankung niedriger als erwartet, und die gesamten Todesfälle zeigten eine Abweichung von 0,08 über den erwarteten Zahlen.

106 Die Zahl von Todesfällen unter Säuglingen im Januar 1971 wurde im Monthly Vital Statistics Report für Südkarolina zuerst mit 135 angegeben. Die überarbeiteten Angaben betrugen ein Jahr später ebenfalls 135. Die endgültige Zahl, aufgelistet nach Wohnorten, betrug nur noch 97,28 Prozent der ersten beiden Angaben.

107 Die Änderung der Säuglingssterblichkeitsrate in Pennsylvania zwischen den beiden Zeiträumen Januar bis März und April bis Juli 1979 weicht in ihren ursprünglichen Daten nach dem Ort des Auftretens von der Vergleichszahl der gesamten USA um 36 Prozent ab, aber nur um zehn Prozent bei den endgültigen Angaben. Ähnlich weicht die Gesamtzahl der Todesfälle in Pennsylvania für den Zeitraum Januar bis März verglichen mit dem Zeitraum April bis Juli 1979 von den

Zahlen der USA um 1,2 Prozent in den Angaben ab, die sich auf den Ort des Auftretens der Todesfälle beziehen, aber nur um 0,6 Prozent bei den endgültigen Angaben. Eine signifikante Abweichung vom 96prozentigen Genauigkeitsniveau war, wie es in den Schlußangaben hieß, nicht gegeben.

108 Aus Montgomery, Alabama, wurden im Niederschlag 1971 die höchsten Werte von Gesamt-Beta-Strahlung in den USA gemeldet: 186 pCi/l im März, 75 im April, 148 im Juli, 28 im August, 108 im September, 98 im November, 18 im Dezember.

109 Siehe U.S. Environmental Protection Agency, Environmental Radiation Data, Nr. 10, Washington, D.C., EPA Oktober 1977, ERAMS Section 1, S. 1.

110 Nach Angaben eines Berichtes von Michael Gordon in der New York Times vom 23. Mai 1987 gab das Energieministerium zu, daß durch den unterirdischen Versuch von Mighty Oak im April 1986 unvorhergesehen Spaltprodukte freigesetzt wurden. In dem Versuch sollte die Fähigkeit eines Lasers getestet werden, Strahlung über große Entfernungen auszusenden.

111 Richard W. Clapp, S. Cobb, C. K. Chan, B. Walker Jr.: Leukemia near Massachusetts nuclear power plant. The Lancet, 5. Dezember 1987, S. 1324 f.

112 Die Zunahme von untergewichtigen Neugeborenen und der Säuglingssterblichkeit in benachbarten Städten wurden mit dieser Freisetzung in Zusammenhang gebracht. Siehe Ernest Sternglass: Birth Weight and Infant Mortality Changes in Massachusetts Following Releases from the Pilgrim Nuclear Power Plant. Vorgelegt der Legislative von Massachusetts am 10. Juni 1986.

113 Eine Anfrage, die sich auf das Recht zum freien Zugang zu Informationen stützte, wurde zum Thema Radioaktivitätswerte in computerisierter Form eingereicht. EPA, für die Überwachung der Radioaktivität Mitte der 70er Jahre verantwortlich, antwortete, daß die meisten Angaben nie computerisiert worden seien und daß es über 13 000 Dollar kosten würde, der Anfrage stattzugeben, selbst wenn das Material in kopierter Form auf Papier zur Verfügung gestellt würde. EPA Office of Radiation Programs: Re: Freedom of Information Act Request RIN-6272-86, 26. November 1986.

114 Lester B. Lave, S. Leinhardt, M. B. Kaye: Low Level Radiation and U.S. Mortality, Working Paper 19-70-1. Pittsburgh, PA, Graduate School of Industrial Administration, Carnegie-Mellon University, Juli 1971.

115 Nach den endgültigen, wohnortbezogenen Zahlen in „Vital Statistics of the United States" betrug der Unterschied zwischen der Säuglingssterblichkeitsrate in Südkarolina im Zeitraum Mai bis September der Jahre 1970 und 1971 und der entsprechenden Rate für die gesamten USA 13 Prozent; bei den vorhergehenden Angaben, die sich auf den

Ort des Todesfalles bezogen, betrug der Unterschied 18 Prozent. Ähnlich erscheint in der überarbeiteten endgültigen Statistik eine Änderung der Gesamtzahl der Todesfälle im selben Zeitraum von vier auf drei Prozent. Trotzdem zeigten die endgültigen Daten eine signifikante Glaubhaftigkeit von 95 Prozent, d. h. die Wahrscheinlichkeit einer zufälligen Abweichung war kleiner als fünf Prozent.

116 Wiederum trat nach den endgültigen Angaben, die sich auf den Wohnort im Gebiet dieser drei Staaten beziehen, in „Vital Statistics of the United States" eine Änderung der Säuglingssterblichkeitsrate im Vergleich des Zeitraums Januar bis März mit dem Zeitraum April bis Juli 1979 auf; sie unterschied sich von den übrigen USA um acht Prozent. Die ursprünglichen Daten, erfaßt nach dem Auftreten der Todesfälle, geben einen Unterschied von 36 Prozent an. Entsprechend fiel der Unterschied des Prozentsatzes der gesamten Todesfälle im selben Zeitraum von 5,3 auf 1,6 Prozent.

117 Richard Rhodes: The Making of the Atomic Bomb. New York, NY, Simon and Schuster 1986, S. 511.

118 John Gofman: An Irreverent, Illustrated View of Nuclear Power. San Francisco, CA, Committee for Nuclear Responsibility 1979, S. 227 f.

119 The Washington Post, 14. April 1979.

120 Richard S. Norris, Thomas Cochran, William Arkin: Known U.S. Nuclear Tests, July 1945 to December 1987. Washington, D.C., National Resources Defense Council 1988. – Der überraschend hohe sowjetische Anteil beruht auf Schätzungen, die auf das französische Ministerium zum Schutz der natürlichen Ressourcen zurückgehen. Siehe: Nuclear Weapons Handbook, Vol. IV, New York, NY, Harper and Row 1989, S. 373.

121 Obwohl die Sterblichkeitsdaten vor 1900 nicht sehr genau sind, läßt sich die über Jahrzehnte kontinuierliche Abnahme bis in das 19. Jahrhundert zurückverfolgen, in dem Antisepsis und bakteriologischer Ursprung von Infektionen entdeckt wurden. Mit der Zunahme der Lebenserwartung wuchs auch der Anteil älterer Menschen. Dadurch flachte die „unbereinigte" Sterblichkeitsrate ab, die das Alter unberücksichtigt läßt. Die gestiegene Lebenserwartung kann jedoch nicht die Abflachung der Säuglingssterblichkeitsraten und der „altersstandardisierten" Sterblichkeitsrate zwischen 1950 und 1965 erklären.

122 Rachel Carson: Der stumme Frühling. München 1990, S. 18.

123 S. Postel: Defusing the toxics threat: controlling pesticides and industrial waste. Worldwatch Paper, Nr. 79, September 1987, S. 8.

124 Norris, op. cit.

125 Andrei D. Sakharov: Radioactive carbon from nuclear explosion and nonthreshold biological effects. Soviet Journal of Atomic Energy, Vol. 4, Nr. 6, Juni 1958.

126 Abram Petkau: Radiation carcinogenesis from a membrane perspective. Acta Physiologica Scandinavia, Suppl. 1980, 492, S. 81–90.

127 T. Stokke, P. Oftedal, A. Pappas: Effects of small doses of stron-
tium-90 on the ratbone marrow. Acta Radiologica, 1968, 7, S. 321.

128 Sakharov, op. cit., S. 761.

129 Linus Pauling: No More War. New York, NY, Dodd Mead 1958.

130 I. M. Moriyama: The change in mortality trend in the U.S. Public
Health Reports, Nr. 1, Ser. 3. Ders.: Recent changes in infant mortality trends, ebd. 1960, 75, S. 391–406.

131 Technisch ausgedrückt zeigt „R^2" des asymptotischen Szenarios an,
daß diese Kurve etwa 96,7 Prozent der beobachteten Schwankungen
erklären kann; die Erklärungskraft des parabolischen Szenarios war
mit 97,1 Prozent etwas besser.

132 S. Shapiro, E. R. Schlesinger, R. E. L. Nesbitt: Infant, Perinatal, Ma-
ternal, and Childhood Mortality in the United States. Cambridge,
MA, Harvard University Press 1968.

133 K. S. Lee, N. Paneth, L. M. Gardner, M. A. Pearlman: Neonatal mortality: analysis of recent improvement in the U. S. American Journal
of Public Health, Vol. 70, 1980, S. 17.

134 NCHS Bulletin, 36, 17, Tabelle 5, 29. Juli 1988.

135 Von 1983 bis 1988 fiel die altersbereinigte Sterblichkeitsrate von 550,5
auf 536,3 Todesfälle, bezogen auf 100 000 Personen; für die Altersgruppe der 15- bis 24jährigen stieg sie von 96,0 auf 104,8; für die
25- bis 34jährigen von 121,4 auf 133,6; für die 35- bis 44jährigen von
201,9 auf 217,6. Siehe NCHS Annual Summary 1988, 37, 13, Tabelle
5, 26. Juli 1989.

136 C. S. Klusek: Environmental Measurement Laboratory Report 435.
New York, NY, USDOE 1984.

137 Die Zahlen wurden abgeleitet, indem zuerst die Sterblichkeitsrate jeder Jahrgangsgruppe der 25- bis 29jährigen durch die der 5- bis 9jähri-
gen geteilt wurde. Die Berechnung ergibt 0,63 für alle vor 1940 Geborenen, und das bedeutet, daß die Sterblichkeit von jungen Erwachsenen niedriger war als die der Kinder. Für die Jahrgänge nach 1940 ergab sich der Faktor 1,70, d. h. die Sterblichkeit junger Erwachsener
war höher als die der Kinder. Danach wurde das Verhältnis im späteren Zeitraum durch das im früheren geteilt, um ein Maß für die Veränderung zu erhalten. Das Ergebnis zeigt eine Verhältnisänderung von
2,70 für alle Personen. Siehe letzte Spalte der Tabelle 7.1.

138 M. Segi, M. Kurihara: Cancer mortality for selected sites in 24 coun-
tries. Japan Cancer Society, Tohoku, Japan, Tohoku University, November 1972.

139 F. Macfarlane Burnet: Leukemia as a problem in preventive medicine.
New England Journal of Medicine, Vol. 259, Nr. 9, S. 423–431.

140 J. P. Trowbridge, M. Walker: The Yeast Syndrome. New York, NY,
Bantam Books 1986.

141 Lester B. Lave, S. Leinhardt, M. B. Kaye: Low-level radiation and
U.S. mortality. Working Paper 19-70-1, Pittsburgh, PA, Carnegie-

Mellon University Graduate School of Industrial Administration, Juli 1971.

142 Ernest J. Sternglass: Environmental radiation and human health, Proceedings 6th Berkeley Symposium on Mathematical Statistics and Probability. Berkeley, CA, University of California Press, 1972, S. 145 bis 216.

143 Associated Press, 2. April 1987.

144 Associated Press, 3. April 1987.

145 In Lynchburg, Virginia, wurden im Regen Werte von 180 pCi/l von Jod-131 gemessen; in Charleston, West-Virginia, 32; in Wilmington, Delaware, 24; in Middletown und Harrisburg, Pennsylvania, 29 und 19 pCi/l.

146 Die höchste Konzentration in New York City betrug 32 pCi/l; in Philadelphia 22; in Providence, Rhode Island, 8; in Syracuse, New York, 19 pCi/l. (Diese Angaben beziehen sich auf pasteurisierte Milch; die Angaben in Kap. 2 beziehen sich auf Frischmilch.)

147 Nuclear Regulatory Commission: Safety evaluation and environmental impact appraisal by the office of nuclear reactor regulation, supporting amendment no. 29 to facility license no. DPR-44 and amendment no. 28 to facility license no. DPR-56, Philadelphia Electric Company Peach Bottom Atomic Power Station, units nos. 2 and 3, dockets nos. 50-2077 and 50-278. 18. Juni 1977, S. 4.

148 Eine genaue Chronologie über die Probleme in Peach Bottom wurde von „Susquehanna Valley Alliance und Maryland Safe Energy Coalition" zusammengestellt.

149 J. Tichler, K. Norden: Radioactive Materials Released from Nuclear Plants: Annual Report 1983. Washington, D.C., Nuclear Regulatory Commission 1986.

150 Im April 1987 lag die Gesamtsäuglingssterblichkeit in Washington, D.C., bei 38,6, bezogen auf 1000 Lebendgeburten, und bei 11,1 in den USA. Im Mai 1987 betrug die Säuglingssterblichkeit in Baltimore 24,5, in den USA dagegen 9,6.

151 Die Säuglingssterblichkeit in Washington, D.C., war im Mai 1987 mit nur 9,3 angegeben worden; die Rate für die USA betrug 9,6.

152 U.S. Department of Agriculture: The Federal Milk Marketing Order Program. Marketing Bulletin Nr. 27, Juni 1981.

153 Telefoninterview mit Sidney Hall, Leiter der Abteilung Lebensmittelüberwachung, Washington, D.C., Department of Consumer and Regulatory Affairs, 8. März 1989.

154 Brief von Sidney Hall an Ben Goldman, 9. März 1989.

155 Brief von Sidney Hall an Ben Goldman, 15. März 1989; Telefoninterviews mit verschiedenen Molkereien im April 1989.

156 U.S. Department of Agriculture, Sources of Milk for Federal Order Markets by State and County, Januar 1989, S. 4.

157 Der Pro-Kopf-Verbrauch von Milch liegt in den USA etwa bei 265 Litern jährlich.

158 1987 betrug die Säuglingssterblichkeit unter Farbigen in Pittsburgh 27,9; die nächsthöchste Rate hatte Detroit mit 23,7 (Pittsburgh Board of Health).

159 Pittsburgh Post Gazette, 28., 29. und 30. März 1989.

160 Gina Kolata: New treatments may aid women who have repeated miscarriages. The New York Times, 5. Januar 1987.

161 Jay M. Gould, B. Jacobs, C. Chen, S. Cea: Nuclear emissions take their toll, CEP Newsletter, Dezember 1986.

162 Die acht Bundesstaaten des nördlichen Mittelwestens trugen mehr als die Hälfte (55 Prozent) zum geschätzten nationalen Belastungsrisiko durch verstrahlte Milch bei. 41 Prozent der Milch stammten von dort (1982), und 22 Prozent der Strahlung von zivilen Atomkraftwerken wurden seit 1974 dort freigesetzt (rund 25 Milliarden Liter Milch multipliziert mit 8,11 Millionen Curie Radioaktivität ergeben ein Belastungsrisiko von 440). Sechs mittelatlantische Staaten (Delaware, Washington/D.C., Maryland, New Jersey, New York, Pennsylvania) folgten mit 39 Prozent des nationalen Belastungsrisikos durch verstrahlte Milch; 17 Prozent der Milch stammten von dort und 40 Prozent der freigesetzten Strahlung (etwa 10 Milliarden Liter Milch multipliziert mit 14,2 Millionen Curie ergeben ein Belastungsrisiko von 309). Die Abnahme der Säuglingssterblichkeit von 1965 bis 1969 war auffallend geringer als allgemein in den USA. Im Gegensatz dazu ging die Säuglingssterblichkeit in den drei nördlichen Staaten Neuenglands (Maine, Vermont, New Hampshire) schneller als im ganzen Land zurück; weniger als drei Prozent der Milch werden hier erzeugt, und die freigesetzte Strahlung liegt unter einem Prozent (etwa 1,5 Milliarden Liter Milch multipliziert mit 0,11 Millionen Curie ergibt ein Belastungsrisiko von 0,38). Somit liegt das Risiko der nördlichen Staaten des Mittelwestens mit 440 ungefähr 1157mal höher als das Risiko der nördlichen Staaten Neu-Englands mit 0,38. Die Daten über die Milchproduktion stammen von: U. S. Bureau of the Census: Statistical Abstract of the United States: 1986 (106th edition), Washington, D.C., Government Printing Office 1986.

163 Die Nationale Akademie der Wissenschaften hat vorgeschlagen, daß die Delaney-Klausel auch auf künstliche Radioaktivität in Lebensmitteln angewandt werden soll. Die Klausel, enthalten im Gesetz über Nahrungsmittel, Drogen und Kosmetika aus dem Jahr 1958, verbietet krebserzeugende Substanzen in Lebensmitteln. Für die Durchsetzung eines Verbots von Radioaktivität in Lebensmitteln fand sich keine zuständige Regierungsstelle. Siehe Committee on Food Protection: Radionuclides in Food; Washington, D.C., National Academy Press 1973, S. 78, 86.

164 Vgl. Anm. 149.

165 E. J. Sternglass: Strontium-90 levels in the milk near Connecticut nuclear power plants. Der Bericht wurde dem Kongreßabgeordneten C.

J. Dodd und dem Vertreter des Staates Connecticut, John Anderson, im Oktober 1977 vorgelegt.

166 Brief vom 18. Januar 1978 von J. M. Hendrie, Vorsitzender der Nuclear Regulatory Commission, an den Kongreßabgeordneten C. J. Dodd.

167 Die Krebssterblichkeit stieg im Gebiet der vier Staaten im Zeitraum 1965 bis 1969 bis zum Zeitraum 1975 bis 1982 um 30 Prozent; in Connecticut stieg sie um 24 und in den USA um 16 Prozent.

168 Hartford Courant, 14. März 1987, S. 84.

169 Lloyd Mueller: An assessment of regional variation in Connecticut cancer rates, by proximity to nuclear power facilities. Hartford, CT, Connecticut Department of Health Services 1987.

170 Hartford Courant, 17. Juli 1987.

171 Holger Hansen: Connecticut Cancer Atlas. University of Connecticut Health Center, 1988.

172 Die altersbereinigte Krebshäufigkeit stieg im Zeitraum 1963 bis 1972 im Vergleich zum Zeitraum 1978 bis 1982 für Männer, die in oder nahe Middletown („Gebiet G") lebten, um 23,9 Prozent und um 18,7 Prozent für Männer aus oder in der Nähe von Groton („Gebiet H"); beide Anstiegsraten waren signifikant höher als die entsprechende Rate von 10,9 Prozent für ganz Connecticut. Das altersbereinigte Krebsvorkommen für Frauen im gleichen Zeitraum stieg bei Middletown um 3,1 und bei Groton um 17,7 Prozent. Der Anstieg in ganz Connecticut betrug für Frauen 2,6 Prozent.

173 Dr. Hansen schätzte, daß die Rate der Geburtsfehler in Connecticut im Zeitraum 1982 bis 1984, bezogen auf 10000 Geburten, 155,5 betrug, im Gegensatz zu 116,2 im Zeitraum 1970 bis 1972. Siehe Warren Froelich: Rate of Down's Syndrome Increases Sharply in Connecticut; Hartford Courant, 11. Juli 1987.

174 Brief vom 21. März 1987 an Dr. Gould von Charles Morgan, Connecticut Citizens Action Group.

175 G. S. Habicht, G. Beck, J. L. Benarch: Lyme Disease. Scientific American, Juli 1987.

176 In ihrem „Report on Nuclear Power Plant Operating Experience" von 1982 (NUREG/CR-3430) erklärte die amerikanische Atomaufsichtsbehörde: „Am 25. April 1982 wurde bei planmäßigen Inspektionen der Brennstab-Elemente des Reaktors in Trojan eine ungewöhnliche Erosion bei allen 17 Montageeinheiten festgestellt ... die Inspektoren entdeckten acht außen beschädigte Einheiten ..., was durch vibrierende Brennstäbe verursacht worden war." Als Folge setzte das Kernkraftwerk Trojan 1981 die größte jemals von ihm emittierte jährliche Menge Jod-131 und andere toxische Partikel frei, die sich insgesamt auf 76 Millicurie beliefen.

177 Die Untersuchung von M. Morris und R. Knorr von der Abteilung der Environmental Health Assessment in Massachusetts wurde am 10.

Oktober 1990 von Nick Tate im „Boston Herald" unter der Über-schrift zusammengefaßt „Krebsraten gehen in Städten um Pilgrim in die Höhe".

178 Seit 1982 bringt das Brookhaven National Laboratory die „Annual Reports on Nuclear Power Plant Operating Experience" der amerika-nischen Atomaufsichtsbehörde NRC heraus. Die folgenden Zahlen fassen die gemeldeten Freisetzungen radioaktiven Materials durch die beiden Kernkraftwerke zusammen. Wir haben die Werte von Curie in Pikocurie umgerechnet, um dem Leser klarzumachen, um welch gi-gantische Freisetzungen es sich hier handelt. Ein Pikocurie ist ein bil-lionstel Curie und die Einheit, in der die Konzentration von Jod-131, Strontium-90 und Barium-140 in einem Liter Milch gemessen werden. Entweichung von Jod-131 und anderen Partikeln in die Luft:

	Trojan	233 Milliarden Pikocurie
	Pilgrim	1954 Milliarden Pikocurie
Flüssige Freisetzungen:		
	Trojan	11 169 Milliarden Pikocurie
	Pilgrim	14 499 Milliarden Pikocurie
Feste Abfallstoffe:		
	Trojan	3908 Billionen Pikocurie
	Pilgrim	118 977 Billionen Pikocurie

179 J. M. Gould: Qualitiy of Life in American Neighbourhoods: Levels of Affluence, Toxic Waste and Cancer Mortality in Zip Code Areas. Westview Press, Boulder, Colorado 1986, S. 12–19.

180 BEIR V, S. 376; Besprechung: V. E. Archer: Association of nuclear fallout with leukemia in the United States, Archive of Environmental Health, Vol. 42, 1987, S. 263–271.

181 W. Kneale, T. F. Mancuso, A. M. Stewart: Hanford Radiation Study III. Brit. J. Ind. Med. Vol. 38, 1981, S. 156–166.

182 A. S. Buist, W. M. Vollmer: Reflections on the Rise in Asthma Morbi-dity and Mortality. JAMA, 3. Oktober 1990, S. 1719f.

183 Siehe Anm. 161.

184 U. S. Vital Statistics, 1985, Vol. II, Part A, S. 8; Health, United States, 1988, März 1989, S. 53. Veröffentlicht vom Gesundheitsministerium der Vereinigten Staaten.

185 George P. Georghiou von der Universität von Kalifornien, Riverside, stellte diese Zahlen zusammen; sie sind zitiert von S. Postel in: Defu-sing the Toxics Threat: Controlling Pesticides and Industrial Waste, Washington, D. C., Worldwatch Institute, 1987, S. 20.

186 Ebenda, S. 19.

187 E. J. Sternglass, J. Scheer: Radiation exposure of bone marrow cells to strontium-90 during early development as a possible cofactor in the etiology of AIDS. Philadelphia, PA, American Association for the Advancement of Science, Jahrestreffen 29. Mai 1986.

188 Unterstützung findet diese These der Wechselwirkung durch die über-

raschenden Ergebnisse französischer und deutscher Wissenschaftler von 1989, wonach „hohe Konzentrationen von Ozon und saurem Regen über Regenwaldgebieten in Afrika gefunden wurden", in denen keine industriellen Schadstoffe in die Luft freigesetzt wurden, die jedoch aufgrund von starken Niederschlägen Spaltprodukten sowie industriellen und anderen Schadstoffen ausgesetzt waren. Siehe The New York Times, 19. Juni 1989.

189 Jean L. Marx: The AIDS virus can take on new guises; Science, Vol. 241, 26. August 1988, S. 1039f. In einem Bericht in der New York Times vom 9. Juni 1988 schrieb Dr. H. Schmeck die Beobachtung, die in der Zeitschrift Nature am 9. Juni veröffentlicht worden war, Dr. Temple Smith zu: daß wahrscheinlich vor etwa 40 Jahren „genetische Änderungen den Stammvirus in den tödlichen Virus von heute umgewandelt haben". Dies deckt sich mit der Hypothese von Sternglass und Scheer, die annehmen, daß die ersten AIDS-Opfer im Jahre 1980 nach 1945 geboren wurden und daß ihr Immunsystem durch radioaktiven Fallout geschädigt sein könnte.

190 B. Schacter, M. M. Lederman. M. J. Levine, J. J. Ellner: Ultraviolet radiation inhibits human natural killer cell activity and lymphocyte proliferation. Journal of Immunology, Vol. 130. Nr. 5, Mai 1983.

191 J. A. Stoff, C. R. Pellegrino: Chronic Fatigue Syndrome: The Hidden Epidemic. New York, NY, Random House 1988.

192 Mit einem knappen Votum verhinderte die Initiative am 23. September 1990 den Bau neuer Kernkraftwerke, doch für den weiteren Betrieb der bestehenden Kernkraftwerke wurden keine Beschränkungen erlassen.

193 Schlußbericht über den Zwischenfall im Versuchs-Atomkraftwerk Lucens, Kommission für die sicherheitstechnische Untersuchung des Zwischenfalles im Versuchs-Atomkraftwerk Lucens, 21. Januar 1969.

194 H. Voekle, C. Murith, H. Surbeck: Fallout from Atmospheric Bomb Test and Releases From Nuclear Installations. Radiation Phys. Chem., Vol. 34, Nr. 2, 1989, S. 261–277.

195 Vgl. Anm. 180.

196 D. L. Davis, D. Hoel, J. Fox, A. Lopez: International Trends in cancer mortality in France, West Germany, Italy, Japan, England and Wales, and the USA. The Lancet, 25. August 1990, S. 474–481.

197 Committee on the Biological Effects of Ionizing Radiation, Health Effects of Exposure to Low Levels of Ionizing Radiation: BEIR V. Washington, D. C., National Academy Press 1990.

198 Vgl. Anm. 180.

199 Der langfristige prozentuale Rückgang der Gesamttodesfälle bei den 25- bis 44jährigen diente als wichtiger Indikator für das allgemeine Wohlbefinden des produktivsten Teils der Bevölkerung und der Arbeitskräfte. In den USA z. B. war dieser Prozentsatz beständig von 11,3 Prozent im Jahr 1940 über 6,2 Prozent im Jahr 1960 auf 5,46 Pro-

zent im Jahr 1980 gesunken. Deshalb verdient die Umkehr dieses langfristigen Trends in den 80er Jahren Beachtung. Der entsprechende Prozentsatz in Frankreich stieg dem „1990 Demographic Yearbook" der Vereinten Nationen zufolge von 4,26 Prozent im Jahr 1983 auf 4,71 Prozent im Jahr 1987 und in Großbritannien und Nordirland von 2,42 Prozent im Jahr 1983 auf 2,61 Prozent im Jahr 1987. In Japan dagegen fiel dieser Prozentsatz im Zeitraum 1983–1988 von 5,48 auf 4,38 und in Österreich von 4,16 auf 3,62. Vielleicht sollte man anmerken, daß Österreich keine Kernkraftwerke besitzt und Japan als Land, in dem keine Milch getrunken wird, nicht mit J-131-verseuchter Milch belastet wurde.

200 Jane E. Brody: Natural chemicals now called major cause of disease. The New York Times, 26. April 1988.

201 Vgl. Anm. 78, S. 272.

202 Die Sowjetunion veröffentlichte nicht die Säuglingssterblichkeitsraten der Jahre 1972 bis 1975. Die Rate für 1976 betrug 31,1 Todesfälle, bezogen auf 1000 Lebendgeburten; das waren 38 700 Todesfälle bei Säuglingen mehr, als – ausgehend von einer Rate von 22,9 aus dem Jahr 1971 – erwartet worden waren. Offizielle Erklärungen wurden nicht abgegeben. Gerade in dieser Zeit nahmen jedoch die sowjetischen Reaktoren ihren Betrieb auf, und zwar ohne Schutzummantelung, wie sie in den USA benutzt wird, um die Strahlenfreisetzung gering zu halten. Angaben über die Sowjetunion bei C. Davis, M. Fessbach: Rising infant mortality in the U.S.S.R. in the 1970s; Serie P-95, Nr. 74, Washington, D.C., U.S. Census Bureau.

203 Investors Daily, 6. Februar 1989.

204 New Scientist, 26. November 1988.

205 The New York Times, 4. Januar 1989.

206 Marvin Resnikoff: The Next Nuclear Gamble: Transportation and Storage of Nuclear Waste. New York, NY, Council on Economic Priorities 1983.

207 The New York Times, 8. Januar 1989.

208 Benjamin Friedman: Day of Reckoning. New York, NY, Random House, 1988, S. 85.

209 Vgl. Anm. 78, S. 181.

210 Bernard Rimland, Gerald Larsen: Manpower qualitiy decline: an ecological perspective. Armed Forces and Society, Fall 1981.

211 Daten über jüngste Punktzahlen der SAT-Tests erhielten wir von der Schulbehörde von New York City, jedoch zu spät, um sie im Text ausführlich zu diskutieren. Sie zeigen, wie von Sternglass vorhergesagt, einen Anstieg der durchschnittlichen Punktzahl im Sprachtest, und zwar vom mit 424 Punkten absoluten Tiefpunkt 1980 auf Spitzenwerte von 431 Punkten 1985 und 1986. Gleichzeitig stiegen auch die Punktzahlen bei den mathematischen Tests in den USA – von 466 auf 475. Das alarmierende Sprachtestergebnis mit einem Punktabfall von 4

auf 427 Punkte im Jahr 1989 wirft die Frage auf: Was passierte vor 18 Jahren? Die Antwort kann in der Tatsache liegen, daß, soweit bekannt, zwischen Oktober 1969 und Oktober 1971 durch fünf unterirdische Versuche in Nevada (Pod, Snubber, Mint Leaf, Baneberry und Diagonal Line) mindestens etwa sieben Millionen Curie Radioaktivität in die Atmosphäre freigesetzt wurden. Aus den folgenden Staaten, die in der Nähe des Testgebiets von Nevada liegen, sind die folgenden scharfen Punktrückgänge in den SAT-Sprachtests zwischen 1985 und 1989 bekannt: Süd-Dakota -36; Wyoming -33; Montana -23; Arizona -21; Oklahoma -21. Die entsprechenden Zahlen für die SAT-Tests in weit entfernten städtischen Bundesstaaten waren weniger auffällig: New York -8; New Jersey -2; Pennsylvania -6; Columbia-District -6. Solche großen Schwankungen in der regionalen Entwicklung könnten die gegenwärtige Diskussion über den Mangel an höherer Bildung in Amerika erweitern.

212 C. Silverman: Mental function following scalp X-irradiation for tinea capitatis in childhood. Washington, D.C., Bureau of Radiation and Health of the U.S. Department of Health and Human Services 1980.

213 Vgl. Anm. 78, S. 195.

214 R. J. Pellegrini: Nuclear fallout and criminal violence: preliminary inquiry into a new biogenic predisposition hypothesis. International Journal of Biosocial Research, Vol. 9(21), 1987, S. 125–143.

215 „Auf die U.S.-Wirtschaft kommt ein Desaster zu: Für die Arbeit unqualifizierter Arbeitnehmer", The New York Times, 24., 25. September 1989.

216 Korrespondenz mit Prof. Scheer im Jahr 1989 über seine Forschungen zur Auswirkung der Strahlung von Tschernobyl auf die Säuglingssterblichkeit in West-Deutschland; vgl. Anm. 9.

217 Die durchschnittliche Säuglingssterblichkeit betrug, bezogen auf 1000 Lebendgeburten 1987 und 1988 5,8 Todesfälle in Wyoming, 7,0 in Montana und 10,0 in den USA. Siehe NCHS Bulletin, 37, 12, 28. März 1989.

218 M. C. Hatch, J. Beyea, J. W. Nieves, M. Susser: Cancer Near the Three Mile Nucleare Plant: Radiation Emissions. Am. J. Epidemiology Vol. 132, September 1990, S. 397–412.

219 Wir haben die gleiche Formel für die statistische Signifikanz des Unterschieds zwischen einem registrierten und einem theoretisch zu erwartenden Wert verwendet, die in Anm. 93 behandelt ist.

220 Vgl. Anm. 177.

221 Als statistischer Prozeßsachverständiger während vieler Jahre habe ich festgestellt, daß Laienrichter die einfachsten statistischen Verfahren verstehen, ohne daß man ins Fachchinesische verfallen muß. 1962 z.B. bestätigte das Oberste Bundesgericht meine Aussage als Sachverständiger für das Justizministerium im Fall Brown Shoe.

222 J. W. Buehler, O. J. Devine, R. Berkelman, F. M. Chenarley: Impact

of the Human Immunodeficiency Virus Epidemic on Mortality Trends in Young Men, United States. Am. J. Public Health, September 1990, Vol. 80, Nr. 9.

223 John Allen Paulos: Innumeracy: Mathematical Illiteracy and its Consequences. New York, NY, Hill and Wang 1988, S. 105.

224 Eine technischere Beschreibung der Berechnungsmethode zusätzlicher Todesfälle findet sich in: Public Data Access, Inc.: Mortality and Toxics Along the Mississippi River; Washington, D.C., Greenpeace USA 1988. Die hier angewandte Methode ist in dem Greenpeace-Bericht dokumentiert, und zwar unter Einbeziehung der Rasse in den Standardisierungsprozeß.

225 A. Petkau: „Effect of 22 Na^+ on a phospholipid membrane; Health Physics, Vol. 22, 1972, S. 239. Siehe auch A. Petkau: A Radiation carcinogenesis from a membrane perspective; Acta Physiologica Scandinavia, Suppl. Vol. 492, 1980, S. 81–90.

226 A. Petkau, W. S. Chelack: Radioprotective effect of Superoxide dismutase on model phospholipid membranes; Biochemica et Biophysica Acta, Vol. 433, 1976, S. 445–456. Siehe auch A. Petkau, W. Kelly, W. S. Chelack, S. D. Pleskach, C. Barefoot, B. E. Meeker: Radioprotection of bone marrow stem cells by superoxide dismutase; Biochemical and Biophysical Research Communications, Vol. 67, Nr. 3, 1975, S. 1167–1174. A. Petkau, W.S. Chelack, S.D. Pleskach: Protection of postirradiated mice by superoxide dismutase; International Journal of Radiation Biology, Vol. 29, Nr. 2, 1976, S. 297–299. A. Petkau Radiation Protection by superoxide dismutase; Photochemistry and Photobiology, Vol. 28. 1978, S. 765–774. A. Petkau: Protection and repair of irradiated membranes, Free Radicals, Aging, and Degenerative Diseases; Alan R. Liss, Inc. 1986, S. 481–508. A. Petkau: Role of superoxide dismutase in modification of radiation injury; British Journal of Cancer, Vol. 55, Suppl. VIII, 1987, S. 87–95.

227 Irwin Fridovich: The biology of oxygen radicals: the superoxide radical is an agent of oxygen toxicity; superoxide dismutases provide an important defense. Science, Vol. 201, 1978, S. 875–880.

228 Charles Waldren, Laura Corell, Marguerite A. Sognier, Theodore T. Puck: Measurement of low levels of x-ray mutagenesis in relation to human disease. The Proceedings of the National Academy of Sciences, Vol. 83, 1986, S. 4839–4843.

229 T. Stokke, P. Oftedal, A. Pappas: Effects of small doses of strontium-90 on the ratbone marrow. Acta Radiologica, Vol. 7, 1968, S. 321–329.

230 Ebenda.

231 Peter A. Cerutti: Prooxidant states and tumor production. Science, Vol. 227, 1985, S. 375–381.

232 Siehe New York Academy of Science: Antioxidants may prevent or slow down heart disease"; Science Focus, Vol. 3, Nr. 4, Frühjahr 1989, S. 8. Jane E. Brody: Natural chemicals now called major cause

of disease; The New York Times, 26. April 1988. Jean L. Marx: Oxygen free radicals linked to many diseases; Science, Vol. 235, 1987, S. 529–531.

233 Elizabeth Rosenthal: Transplant patients illuminate link between cancer and immunity. The New York Times, 5. Dezember 1989.

234 Ebenda.

235 O. Heller, H. Wigzell: Suppression of natural killer cell activity with radioactive strontium: Effector cells are marrow dependent; Journal of Immunology, Vol. 110, 1977, S. 1503–1506. Ebenso fand E. Sternglass 1973, daß eine auffallende Veränderung im Auftreten von Zervikalkarzinom und -sterblichkeit bei Frauen in Baltimore direkt mit einer Veränderung des Gehalts an kurzlebigem Strontium-89 in Milch zusammenfiel. Siehe Epidemiological studies of fallout and patterns of cancer; in: Radionuclides and Carcinogenesis, U.S. AEC Symposium Series 29, Conference-720505, hrsg. von C. L. Sanders et al., Washington, D.C., U.S. Atomic Energy Commission, Juni 1973, S. 254–277.

236 Vgl. Anm. 197.

237 Ebenda, S. 218.

238 Ebenda, S. 47.

239 Ebenda.

240 Ebenda, S. 139 und Abbildungen 3.4, 3.5, S. 146. Weitere Angaben in E.S. Copeland (Hrsg.): A National Institutes of Health Workshop Report: Free radicals in promotion – a chemical pathology study section workshop; Cancer Research, Vol. 43, 1983, S. 5631–5637. S. M. Fisher, L. M. Adams: Suppression of tumor-promoter induced chemiluminescence in mouse epidermal cells by several inhibitors of arachinoic acid metabolism; Cancer Research, Vol. 45, 1985, S. 3130–3136. B.O. Goldstein, G. Witz, M. Amoruso, D.S. Stone, W. Troll: Morphonuclear leukocyte superoxide anion radical (O^2) production by tumor promoters; Cancer Letters, Vol. 11, 1981, S. 257–262. D.R. Jaffe, J.F. Williamson, G.T. Bowden: Ionizing radiation enhances malignant progression of mouse skin tumors; Carcinogenesis, Vol. 8, 1987, S. 1753–1755. J.B. Little, J.R. Williams: Effects of ionizing radiation on mammalian cells; in: S.R. Geiger, H.L. Falk, S.D. Murphy, P.H.K. Lee (Hrsg.); Handbook of Physiology; Bethesda, MD, American Physiological Society, 1977, S. 127–155. J.H. Marx: Do tumor promoters affect DNA after all?; Science, Vol. 219, 1983, S. 158f. J.E. Trosko, L.P. Yotti, S.T. Warren, G. Tsushimoto, C.C. Chang: Inhibition of cell-cell communication by tumor promoters; Carcinogenesis, Vol. 7, 1982, S. 565–585.

241 BEIR V, S. 355–362. Weitere Belege bei W.J. Blot, R.W. Miller: Mental retardation following in utero exposure to the atomic bombs of Hiroshima and Nagasaki; Radiology, Vol. 106, 1973, S. 617–619. W.J. Blot: Review of thirty years study of Hiroshima and Nagasaki atomic bomb survivors; II Biological effect; C. Growth and develop-

ment following prenatal and children exposure to atomic radiation; Journal of Radiation Research, Vol. 16 (Suppl.), 1975, S. 82–88. International Commission on Radiological Protection: Developmental Effects of Irradiation on the Brain of the Embryo and Fetus; ICRP Publication 49, Oxford; Pergamon, 1986. R.W. Miller, J.H. Mulvihill: Small head size after atomic irradiation; Teratology, Vol. 14, 1976, S. 335–338. M. Otake, W.J. Schull: In utero exposure to A-bomb radiation and mental retardation. A reassessment; RERF Technical Report Nr. 1–83, 1983. W.J. Schull, M. Otake: Effects on intelligence of prenatal exposure to ionizing radiation; RERF Technical Report 7–86, 1986. United Nations Scientific Committe on the Effects of Ionizing Radiation (UNSCEAR): Genetic and Somatic Effects of Ionizing Radiation; Report E.86.IX.9, New York, NY, United Nations, 1986. J.W. Wood, K.G. Johnson, Y. Omori, S. Kawamoto, R.J. Keehn: Mental retardation in children exposed in utero, Hiroshima and Nagasaki; American Journal of Public Health, Vol. 57, 1967, S. 1381–1390.

242 Siehe W. J. Schull, M. Otake, Y. Yoshimaru: Effect on intelligence test score of prenatal exposure to ionizing radiation in Hiroshima and Nagasaki. A Comparison of the old and new dosimetry systems. 1988 Revised RERF Technical Report 3–88.

243 BEIR V, S. 362; Besprechung: E. Ron, B. Modan, S. Flora, I. Harkedar, R. Gureurt: Mental function following scalp irradiation during childhood; American Journal of Epidemiology, Vol. 116. 1982, S. 149–160.

244 Ebenda, S. 8.

245 Vgl. Anm. 163.

246 Vgl. Anm. 180.

247 BEIR V; S. 387; Buchbesprechung: E.G. Knox, A.M. Stewart, E.A. Gilman, G.W. Kneale: Background radiation and childhood cancer; Journal of Radiology Protection, Vol. 8, Nr. 1, 1988, S. 9–18.

248 Ebenda, S. 6.

249 Eine Untersuchung aus den USA: J.K. Lyon, M.R. Klauber, J.W. Gardner, K.S. Udall, Childhood leukemias associated with fallout from nuclear testing; New England Journal of Medicine, Vol. 300, 1979, S. 397–402.

250 M.J. Gardner, P.D. Winter: Mortality in Cumberland during 1959–1978 with reference to cancer in young people around Windscale (Brief); The Lancet, Vol. i, 1984, S. 216f. M.J. Gardner, A.J. Hall, S. Downes, J.D. Terrell: Follow up study of children born to mothers resident in Seascale, West Cumbria (birth cohort); British Medical Journal, Vol. 295, 1987, S. 822–827.

251 E. Roman, V. Beral, L. Carpenter et al.: Childhood leukemia in the West Berkshire and Basingstoke and North Hampshire District Health Authorities in relation to nuclear establishments in the vicinity; British Medical Journal, Vol. 294, 1987, S. 597–602. D.J. Hole,

C. R. Gillis: Childhood leukemia in the west of Scotland; The Lancet, Vol. 2, 1986, S. 525.

252 BEIR V, S. 379; Buchbesprechung: S. Openshaw, M. Charlton, A. W. Craft, J. M. Birch: Investigation of leukemia clusters by use of a geographical analysis machine; The Lancet, Vol. i, 1988, S. 272 f.

253 J. L. Lyon, K. L. Schuman: Radioactive fallout and cancer (Brief), Journal of the American Medical Association, Vol. 252, Nr. 14, 1984, S. 1845–1855. C. J. Johnson: Cancer incidence in an area of radioactive fallout downwind from the Nevada test site; Journal of the American Medical Association, Vol. 251, 1984, S. 230–236. G. G. Caldwell, D. Kelley, M. Zack, H. Falk, C. W. Heath: Leukemia among participants in military maneuvers at a nuclear bomb test: a preliminary report; Journal of the American Medical Association, Vol. 244, 1980, S. 1575–1578. G. Caldwell, D. Kelley, C. W. Heath Jr., M. Zack: Mortality and cancer frequency among military nuclear test (Smoky) participants, 1957 through 1979; Journal of the American Medical Association, Vol. 250 Nr. 5, 1983, S. 620–624. G. Caldwell, D. Kelley, C. W. Heath Jr., M. Zack: Polcythemia vera among participants of a nuclear weapons test; Journal of the American Medical Association, Vol. 252, 1984, S. 662–664. S. C. Darby, G. M. Kendall, T. P. Fell et al.: A summary of mortality and incidence of cancer in men from the United Kingdom who participated in the United Kingdom's atmospheric nuclear weapon tests and experimental programs; British Medical Journal, Vol. 296, 1988, S. 332–338.

254 BEIR V, S. 378; Buchbesprechung: D. Forman, P. Cook-Mozaffari, S. Darby et al.: Cancer near nuclear installations; Nature, Vol. 329, 1987, S. 499–505. P. Cook-Mozaffari, F. L. Ashwood, T. Vincent et al.: Cancer incidence and mortality in the vicinity of nuclear installations in England and Wales, 1950–1980; Studies on Medical and Population Subjects, Nr. 51, Her Majesty's Stationery Office, London 1987. In einer früheren Studie war kein klares Verteilungsmuster für eine gestiegene Zahl von Krebserkrankungen bei den Menschen zu finden, die in der Nähe von 14 Atomanlagen und fünf nichtnuklearen Anlagen in England und Wales lebten. Siehe J. A. Baron: Cancer mortality in small areas around nuclear facilities in England and Wales; British Journal of Cancer, Vol. 50, 1984, S. 815–829.

255 Vgl. Anm. 111.

Verzeichnis der Bildquellen

Abb. 2.1   EPA, Environmental Radiation Data Report
Abb. 2.2   Nach: NCHS, Monthly Vital Statistics Report
Abb. 2.3   Nach: NCHS; Monthly Vital Statistics Report
Abb. 2.4   Nach: EPA, Environmental Radiation Data Report, und NCHS, Monthly Vital Statistics Report
Abb. 2.5   Nach: EPA, Environmental Radiation Data Report; NCHS, Monthly Vital Statistics Report; von Jens Scheer mitgeteilte Daten
Abb. 2.6   Nach: Daten, die den Autoren von Jens Scheer mitgeteilt wurden
Abb. 2.7   David F. DeSante, Geoffrey R. Geupel; Landbird productivity in central coastal California: the relationship to annual rainfall and a reproductive failure in 1986. The Condor, Vol. 89, 1987, S. 641
Abb. 4.1   Nach: EPA, Radiological Health Data and Reports
Abb. 4.2   Nach: EPA, Radiological Health Data and Reports; EPA, Radiation Data and Reports
Abb. 4.3   Nach: NCHS, Monthly Vital Statistics Report
Abb. 4.4   Nach: NCHS, Monthly Vital Statistics Report
Abb. 4.5   Nach: NCHS, Vital Statistics of the United States
Abb. 4.6   Nach: NCHS, Vital Statistics of the United States
Abb. 4.7   Nach: NCHS, Mortality Surveillance System
Abb. 5.1   Nach: Assessment of offsite radiation doses for the Three Mile Island unit accident, TDR-TMI-116; erstellt für die Metropolitan Edison Company by Pickard, Lowe and Garrick, Washington, D. C., 31. July 1979
Abb. 5.2   Nach: NCHS, Vital Statistics of the United States
Abb. 5.3   Nach: NCHS, Vital Statistics of the United States
Abb. 5.4   Nach: NCHS, Vital Statistics of the United States
Abb. 5.5   Nach: NCHS, Mortality Surveillance System
Abb. 6.1   Nach: NCHS, Monthly Vital Statistics Report; NCHS, Vital Statistics of the United States
Abb. 6.2   Nach: NCHS, Monthly Vital Statistics Report; NCHS, Vital Statistics of the United States
Abb. 6.3   Nach: NCHS, Monthly Vital Statistics Report
Abb. 6.4   Nach: NCHS, Monthly Vital Statistics Report
Abb. 6.5   Nach: EPA, Radiological Health Data and Reports; EPA, Radiation Data and Reports
Abb. 6.6   Nach: EPA, Environmental Radiation Data Report
Abb. 7.1   Nach: NCHS, Vital Statistics of the United States
Abb. 7.2   Nach: NCHS, Vital Statistics of the United States

Abb. 7.3   Nach: NCHS, Vital Statistics of the United States
Abb. 7.4   Nach: NCHS, Vital Statistics of the United States
Abb. 7.5   Nach: NCHS, Vital Statistics of the United States
Abb. 7.6   Nach: NCHS, Vital Statistics of the United States
Abb. 8.1   Nach: EPA, Environmental Radiation Data Report
Abb. 8.2   Nach: NCHS, Vital Statistics of the United States; sowie Daten, die den Autoren vom Maryland Department of Human Health and Hygiene mitgeteilt wurden
Abb. 8.3   Nach: NCHS, Vital Statistics of the United States; J. Tichler und K. Norden, Radioactive Materials Released from Nuclear Plants: Annual Report, 1983, Washington, D. C., Nuclear Regulatory Commission, 1986
Abb. 8.4   Nach: NCHS, Monthly Vital Statistics Report; sowie Daten, die den Autoren vom Maryland Department of Human Health and Hygiene mitgeteilt wurden
Abb. 8.5   Federal Milk Market Administrator, Federal Order No. 4: Annual Statistical Report 1987, Alexandria, VA
Abb. 8.6   Nach: NCHS, Vital Statistics of the United States; Census Bureau, Statistical Abstract of the United States
Abb. 10.1   Nach: 1982 NRC Annual Report, Nuclear Power Plant Operating Experience
Abb. 10.2   Nach: Oregon Vital Statistics, Annual Reports
Abb. 10.3   Nach: Oregon Vital Statistics, Annual Reports
Abb. 10.4   Nach: Oregon Vital Statistics, Annual Reports
Abb. 10.5   Nach: NRC Annual Reports, Operating Experience of Nuclear Power Plants
Abb. 10.6   Nach: Oregon Vital Statistics, Annual Reports
Abb. 10.7   Nach: Oregon Vital Statistics, Annual Reports
Abb. 10.8   Nach: Oregon Vital Statistics, Annual Reports
Abb. 10.9   Nach: Oregon Vital Statistics, Annual Reports
Abb. 10.10 Nach: Oregon Vital Statistics, Annual Reports
Abb. 10.11 Nach: Oregon Vital Statistics, Annual Reports
Abb. 12.1   Nach: NCHS; Schweizerisches Bundesamt für Statistik
Abb. 12.2   Nach: Schweizerisches Bundesamt für Statistik
Abb. 12.3   Nach: Annual Reports of the United Nations Scientific Committee on the Effects of Atomic Radiation
Abb. 12.4   Nach: Völkle et al., Fallout from Atmospheric Bomb Tests and Releases from Nuclear Installations, Radiat. Phys. Chem. Vol. 34, Nr. 2, S. 261–277, 1989
Abb. 12.5   Nach: Völkle et al., Fallout from Atmospheric Bomb Tests and Releases from Nuclear Installations, Radiat. Phys. Chem. Vol. 34, Nr. 2, S. 261–277, 1989
Abb. 12.6   Nach: Völkle et al, Fallout from Atmospheric Bomb Tests and Releases from Nuclear Installations, Radiat. Phys. Chem. Vol. 34, Nr. 2, S. 261–277, 1989

Abb. 12.7   Nach: Völkle et al., Fallout from Atmospheric Bomb Tests and Releases from Nuclear Installations, Radiat. Phys. Chem. Vol. 34, Nr. 2, S. 261–277, 1989

Abb. 12.8   Nach: Schweizerisches Bundesamt für Statistik

Abb. 12.9   Nach: Schweizerisches Bundesamt für Statistik

Abb. 12.10 Nach: Schweizerisches Bundesamt für Statistik

Abb. 12.11 Nach: Schweizerisches Bundesamt für Statistik

Abb. 12.12 Nach: Schweizerisches Bundesamt für Statistik

Abb. 1 Nachwort.   Nach: M. C. Hatch, J. Beyea, J. W. Nieves und M. Susser, Cancer Near the Three Mile Island Plant: Radiation Emissions, American Journal of Epidemiology, Vol. 132, 9/1990, S. 397 bis 412

Verzeichnis der Quellen für die Tabellen

Tab. 4.1   Nach: NCHS, Mortality Surveillance System

Tab. 4.2   Nach: C. Ashley, Environmental Monitoring at the Savannah River Plant, 1971 Annual Report (DPSPU 72–302), Tabellen 4, 5 and 8, S. 11–15; C. S. Klusek, Strontium-90 in the U.S. Diet, 1982 (EML-429), U.S. Department of Energy Environmental Measurements Laboratory, New York, Juli 1984, Tabelle 1, S. 9; U.S. EPA, Radiation Data and Reports, Februar 1974, Tabelle 12, 14, 15, S. 99–101

Tab. 5.1   Nach: NCHS, Mortality Surveillance System

Tab. 6.1   Nach: NCHS, Monthly Vital Statistics Report

Tab. 6.2   Nach: NCHS, Monthly Vital Statistics Report

Tab. 7.1   Nach: NCHS, Vital Statistics of the United States

Tab. 10.1 Nach: Cancer in Populations Living Near Nuclear Facilities, National Cancer Institute Report, 11. Juli 1990

Tab. 10.2 Nach: Oregon Vital Statistics, Annual Reports; U.S. NCHS

Tab. 1 Nachwort.   Nach: M. C. Hatch, J. Beyea, J. W. Nieves und M. Susser, Cancer Near the Three Mile Island Plant: Radiation Emissions, American Journal of Epidemiology, Vol. 132, September 1990, S. 397 bis 412

Tab. 2 Nachwort.   Nach: Annual Reports of the National Center for Health Statistics, 1983–1989

Abkürzungen

AEC: Atomic Energy Commission – Atomenergiekommission der USA

AMA: American Medical Association – Amerikanische Medizinervereinigung

BEIR: Biologic Effects of Ionizing Radiation – Berichte der Nationalen Akademie der Wissenschaften in den USA über die biologischen Auswirkungen ionisierender Strahlung

CCAG: Connecticut Citizen's Action Group – Aktionsgruppe der Bürger von Connecticut

DOE: Departement of Energy – US-Ministerium für Energie

EERF: Eastern Environmental Radiation Facilities – Meßstationen der nationalen Umweltbehörde für Radioaktivität im Osten der USA

EPA: Environmental Protection Agency – Nationale Umweltschutzbehörde der USA

HEW: Health, Education and Welfare – Ministerium für Gesundheit, Erziehung und Soziales

LLNC: Lawrence Livermore National Laboratory – Nationales Forschungszentrum in Livermore, Kalifornien

MVS: Monthly Vital Statistics Report – Monatsberichte über Geburts- und Sterbedaten

NCHS: National Center for Health Statistics – Nationales Zentralinstitut für Gesundheitsstatistik

NCHS: National Center for Health Studies – Nationales Zentralinstitut für Gesundheitsforschung

NCI: National Cancer Institute – Nationales Krebsinstitut

NCRP: National Council on Radiation Protection – Nationaler Rat für Strahlenschutz

NRC: Nuclear Regulatory Commission – Kommission zur Überwachung der Atomenergie

NRDC: National Resources Defense Council – Rat zur Verteidigung der natürlichen Ressourcen (privates Institut)

OSHA: Occupational Safety and Health Administration – Zentralbehörde für Arbeitssicherheit und Arbeitsschutz

PDA: Public Data Access, Inc. – Gesellschaft für die Zugänglichkeit öffentlicher Daten (privates Institut)

PRBO: Point Reyes Bird Observatory – Vogelwarte Point Reyes, Kalifornien

RPHP: Radiation an Public Health Project – Project Strahlung und öffentliche Gesundheit (privat finanziertes Projekt)

SAT: Standardized Achievement Test/Scholastic Aptitude Test – Einheitlicher Abschlußtest für alle Schulen der USA

SPHC: Senate Public Health Committee – Komitee des US-Senats für öffentliches Gesundheitswesen

SRP: Savannah River Plant – Nuklearanlage Savannah River

TMI: Three Mile Island – Kernkraftwerk Three Mile Island, Harrisburg

UNSCEAR: United Nations Scientific Committee on Effects of Atomic Radiation – Wissenschaftliches Komitee der Vereinten Nationen für die Auswirkungen atomarer Strahlung

WISE: World Information Service on Energy – Weltweiter Informationsdienst zu Energiefragen (privater Dienst)

Buchanzeigen

Natur und Umwelt

Rachel Carson
Der stumme Frühling
Aus dem Amerikanischen übertragen von Margaret Auer.
Mit einem Vorwort von Theo Löbsack
118.–122. Tsd. 1990. 348 Seiten. Paperback
Beck'sche Reihe Band 144

Hartwig Walletschek/Jochen Graw (Hrsg.)
Öko-Lexikon
Stichworte und Zusammenhänge
3. Auflage. 1991. 250 Seiten, 9 Abbildungen
und zahlreiche Tabellen. Paperback
Beck'sche Reihe Band 344

Paul J. Crutzen/Michael Müller (Hrsg.)
Das Ende des blauen Planeten?
Der Klimakollaps: Gefahren und Auswege
3. Auflage. 1991. 271 Seiten, 21 Abbildungen, 9 Tabellen. Paperback
Beck'sche Reihe 385

Rolf Peter Sieferle (Hrsg.)
Natur
Ein Lesebuch
1991. 458 Seiten, 6 Abbildungen. Paperback
Beck'sche Reihe 430

Dirk Cornelsen
Anwälte der Natur
Umweltschutzverbände in Deutschland
1991. 156 Seiten, 7 Abbildungen. Paperback
Beck'sche Reihe 440

Hans-Joachim Werner
Eins mit der Natur
Mensch und Natur bei Franz von Assisi, Jakob Böhme,
Albert Schweitzer und Pierre Teilhard de Chardin
1986. 164 Seiten. Paperback
Beck'sche Reihe Band 309

Verlag C. H. Beck München